中级实验动物专业技术人员考试参考教材

郑振辉　李根平　陈振文　孙德明　主编

中国农业大学出版社
·北京·

编委会名单

主　编　郑振辉　李根平　陈振文　孙德明

副主编　王禄增　王靖宇　康爱君　李学勇　田　枫

编　委　尚昌连　宗阿南　岳秉飞　史晓萍　任文陟　袁　宝　周淑佩
王兆绰　李慧玲　张　阔　何　诚　朱德生　尹良宏　郑振辉
李根平　陈振文　孙德明

主　审　郑振辉　李根平

前　言

实验动物科学是研究实验动物和动物实验的一门综合性边缘学科。为进一步促进我国实验动物科学的发展，以适应生命科学领域各学科的研究发展需要，国家科技部组织国内有关专家制定了《实验动物人才分类分级标准》和《实验动物人才培训考核评估办法》，并组织编写了相应的实验动物人才培训教材。培训教材根据《实验动物人才分类分级标准》和《实验动物人才培训考核评估办法》的要求，分为《实验动物从业人员上岗培训教材》、《初级实验动物专业技术人员考试参考教材》、《中级实验动物专业技术人员考试参考教材》、《高级实验动物专业技术人员考试参考教材》、《初级动物实验专业技术人员考试参考教材》、《中级动物实验专业技术人员考试参考教材》和《高级动物实验专业技术人员考试参考教材》。

《中级实验动物专业技术人员考试参考教材》共 6 章，分别为绪论、实验动物质量控制、实验动物环境控制、实验动物营养与饲料、常用实验动物、实验动物安死术和废弃物的无害化处理。本书内容安排充分考虑到中级实验动物专业人员应较全面地掌握实验动物科学专业知识，在通过培训考核后应能独立开展实验动物专业相关工作，具备管理一个中型实验动物设施或小型饲养场的能力和水平。

本书著者实力雄厚、经验丰富、文笔流畅，图书内容新颖、取材精辟，是一本十分难得的全面且实用的培训教材。本书对实验动物科学专业人员以及从事医学、药学及其他生命科学领域的广大科技人员均有较高的参考价值，必将对生命科学各研究领域的发展产生积极的促进作用。

由于编者知识、水平和能力所限，加之实验动物科学发展迅速，新知识、新技术不断涌现，虽然参编者已尽全力，但遗漏和错误在所难免，恳请同行专家和读者见谅，敬请不吝指正。

郑振辉

2011 年 8 月

目　录

第一章　绪　　论

第一节　基本概念及实验动物学发展概况

一、实验动物学及其研究领域

(一)实验动物学及其研究领域概述

实验动物学诞生于20世纪50年代初期，现在已发展成为一门独立的、综合性的基础学科，它是融合生物学、动物学、兽医学和医学等科学，并引用了其他自然科学的成就发展起来的。因此这门科学是综合性的，它所涉及的知识面很广泛，它所包括的内容极为丰富，其中不仅要以生物学、医学、药学、兽医学、畜牧学等为对象，以遗传学、育种学、病理学、生理学、营养学、微生物学等为基础，还要引用机械工程学、环境卫生学、建筑学等科学，对实验动物和动物实验方法进行开发和研究。

半个多世纪以来，实验动物科学以相关科学为基础，结合自身的目标和特点，从理论和实践两个方面不断丰富学科的内容，加强学科的建设，使该学科逐渐形成了完整的理论体系，同时派生出实验动物遗传学等众多分支学科。

(二)实验动物学的主要分支学科

(1)实验动物遗传学(Laboratory Animal Genetic Science)　实验动物遗传学利用遗传调控原理，利用传统和现代的生物技术手段，控制动物的遗传特性，培育新的动物品系和各种动物模型。

(2)实验动物微生物学(Laboratory Animal Microbiology)　实验动物微生物学研究实验动物的微生物与实验动物疾病的相互关系，探讨与实验动物疾病作斗争的措施，建立实验动物微生物学质量标准，实行对实验动物微生物的质量监控，以控制和防治实验动物的疾病。

(3)实验动物寄生虫学(Laboratory Animal Parasitology)　实验动物寄生虫学研究实验动物寄生虫与实验动物疾病的相互关系，实验动物寄生虫病分类、致病机理，建立实验动物寄生虫病质量标准、质量控制、质检技术，制订控制措施，消灭实验动物寄生虫病。

(4)实验动物病理学(Laboratory Animal Pathology)　实验动物病理学是研究实验动物疾病病因、疾病表达、病理变化、发病机理从宏观到微观的科学。

(5)实验动物营养学(Laboratory Animal Nutriology)　实验动物营养学是研究饲料(营养素)与实验动物机体生长、发育、繁殖、健康及实验结果关系的学科。

(6)实验动物环境生态学(Laboratory Animal Environmental Ecology)　实验动物环境生态学是研究实验动物与外界环境相互关系的科学。实验动物被限制在人为的控制之下，因此，必须研究诸如理化因素(温度、湿度、通风、光照、噪声、有害气体等)、营养因素(饲料、饮水等)、居住环境(房舍、笼具、垫料、饮食器具等)、生物因素(饲养密度、微生物、寄生虫等)对实验动物的影响作用。

(7)实验动物管理学(Laboratory Animal Husbandry Science)　实验动物管理学研究实验动物生产和使用的管理,包括法制化、标准化管理,单位内部规章制度、标准操作规程(SOP)、岗位职责等。

(8)动物实验技术(Animal Experiment Techniques)　动物实验技术是进行动物实验时的各种操作技术和实验方法,也包括实验动物本身的饲养管理技术和各种监测技术等。

(9)比较医学(Comparative Medicine)　比较医学是研究动物和人的基本生命现象的科学。主要是通过建立实验动物疾病模型来研究人类相应的疾病。对各种疾病进行类比研究是这门学科的主要特征。

二、实验动物学发展概况

(一)实验动物科学发展史

实验动物科学的形成和发展是从动物实验开始的。最早有文字记载的原始动物实验可追溯到公元前4—前3世纪。古希腊哲学家和医学家亚里士多德(Aristotle,公元前384—前322)通过对动物的解剖,了解动物的内在差别。

公元2世纪,古罗马医学家盖伦(Galen,129—199)总结了前人做过的若干实验并通过用猪、猴等动物进行实验,创立了医学知识和生物学知识体系,提出实验研究是科学发展的基础。

到了中世纪,由于教会统治,动物实验被禁止,因而在盖伦以后的1 400年间,动物实验发展缓慢。

15世纪,欧洲文艺复兴,动物实验再度兴起。从公元16世纪到20世纪中叶,通过动物实验,人们获得了许多生物医学上的重大发现。例如:

英国医生哈维(William Harvey,1578—1657)采用犬、蛙、蛇、鱼和其他动物进行了一系列的动物实验,发现了血液循环和心脏在血液循环中的作用。

德国细菌学家科赫(Robert Koch,1843—1910)采用牛、羊和其他动物做实验,发现了结核杆菌。他发明了用固体培养基的"细菌纯培养法",首先采用染色体观察细菌的形态,并运用这些方法分离出炭疽杆菌、结核杆菌和霍乱杆菌,同时确证这些细菌与疾病的关系,提出了"科赫原则",作为判断某种微生物是否为某种疾病的病原的准则。

法国微生物学家、化学家、近代微生物学的奠基人巴斯德(Louis Pasteur,1822—1895)在研究蚕病、鸡霍乱和炭疽病中,证实传染病是由病原微生物所引起,奠定了医学微生物学的基础。

法国生理学家贝尔纳(Claude Bernard,1813—1878)做了大量动物实验,有许多重要发现,如:胰液在脂肪消化中的作用,美洲箭毒在麻痹骨骼肌肉中的作用。特别重要的是发现了肝脏的产糖功能和血管运动神经。

德国细菌学家莱夫勒(Friedrich Loffler,1852—1915)做了大量动物实验。虽经多次失败,但最后证实增加细菌培养时间能够制成毒性很大的滤液,这一发现导致了预防白喉的免疫法,并使抗血清用于治疗(1890年 Von Behring 发现患白喉病愈后豚鼠的血清中含有某种物质,可以保护其他豚鼠),从而开始了抗毒素治疗的新时代。

德国内科医生冯梅林(Baron Joseph Von Mering,1849—1908),俄国内科医学、病理学家闵可夫斯基(Oscar Minkowsk,1858—1931),1889年手术切除了一只犬的胰脏,过后发现这只犬的尿中含有糖的成分。正是这一发现,使人们认识了糖尿病和后来用胰岛素控制糖尿病的方法。这一发现拯救了无数糖尿病患者的生命。

俄国生理学家巴甫洛夫(Иван Петрович Павлов,1849—1936)一生中做了大量的动物实验。在心脏生理、消化生理和高级神经活动3个方面做出了重大的贡献。

法国生理学家里基特(Charles Ricet)在用实验动物试验海葵触手提取物时意外发现了过敏的本质是抗原抗体的反应,从而推动了变态反应性疾病的研究。

1914年,日本人山极和市川用沥青长期涂抹兔的耳朵,成功地诱发出皮肤癌,后经分析发现沥青中含有化学致癌物,从而证实了化学物质的致癌作用。从这以后,许多化学物质都相继被证实可诱发动物的肿瘤,为肿瘤病因的化学因素提供了更多的证据。

上述动物实验的发展为实验动物科学的形成奠定了基础。但是,上述实验所用动物并非现在所说的实验动物,而是实验用动物。前面提到,实验动物科学包括了实验动物和动物实验两部分内容,其中实验动物方面的内容主要是20世纪以后发展起来的。

20世纪以来,动物实验在生命科学研究中的应用越来越广泛,为了提高动物实验的科学性、准确性和可重复性,人们开始有选择、有目的地开发某些动物的新品种、品系,并对实验动物开展系统的研究,对实验动物进行微生物学和寄生虫学控制,进而对实验动物病理学、营养学、生态学、比较医学、管理学、福利学、实验技术、模型制备等进行不断深入的探讨,取得了一系列突破性进展。

1909年,美国Jackson实验室Little教授育成了世界上第一个近交系动物(DBA近交系小鼠)。从此以后,各国科学家先后培育出一系列近交系动物、突变系动物、杂交一代动物,总结并探索出一整套实验动物选种、育种、保种等繁殖育种技术,从而奠定了实验动物遗传学基础。

1945年,美国圣母大学Lobund实验室J. A. Reynier博士培育出无菌大鼠。1955年,无菌小鼠和无菌豚鼠先后培育成功。在这个基础上,实验动物科学工作者把环境控制、空气净化、自动控制、建筑工程等工程技术运用到动物实验设施的建设方面,实验动物屏障环境、隔离环境得到有效的应用和发展,同时也奠定了实验动物环境生态学的基础。

到20世纪50年代末,实验动物科学各分支学科都得到突飞猛进的发展。至此,实验动物科学初步成为一门独立的学科。

(二)现代科学技术革命与实验动物科学

20世纪后期,以信息科学和信息技术为标志的现代科学技术迅猛发展。进入21世纪,生命科学与生物技术已经成为当今最为活跃的科技领域之一。随着基因组学、蛋白质组学、代谢组学、调控组学等前沿技术的迅速发展,人类对生命活动基本规律的认知水平达到了前所未有的程度,其地位和重要性是不言而喻的。如果说信息技术极大地提高了人类的工作效率,那么生命科学、生物技术快速发展的影响则是不可估量的,因为它正在改变的是人类自身和整个社会的进程。

众所周知,生命科学和生物技术的发展从一开始就与实验动物科学结下了不解之缘。如今,在现代科学技术革命推动下,人类基因组学、干细胞工程学、分子生物学、克隆技术、转基因技术、基因敲除技术、基因芯片技术等新技术的进展,使生命科学和生物技术呈现出前所未有的绚丽色彩,而所有这些都离不开实验动物科学技术平台的支撑。实验动物科学不仅作为生命科学和生物技术的重要支撑条件,同时作为生命科学研究的模式动物和比较医学的主要对象,在阐明基因的结构与功能、模拟人体正常与疾病生命现象等诸多方面具有不可替代的作用。然而，随着现代科学技术的发展，传统的实验动物已经不能满足生命科学和生物技术发展的需要，因此要求实验动物科学必须开发适应于现代科学技术研究需要的新品系和实验动物模型。于是，科学家们应用现代生物技术，如基因工程技术等，创造出遗传组成和生物学特性特殊的动物新品系和新的模式动物，如转基因动物(transgenic animal)、嵌合体动物(chimera animal)、基因敲除动物(gene knock-out animal)等。目前所有这些实验动物新品系和新的实验动物模型已广泛用于前沿科学的研究。

如前所述，转基因技术、嵌合技术、基因打靶技术等一系列现代生物技术都是在动物实验的基础上发展起来的。现在，现代生物技术反过来促进实验动物科学的发展。人们利用这些现代生物技术创造了一系列新的实验动物模型，而借助于这些新的实验动物模型，现代生物技术也得到不断的发展。例如，最初的转基因技术只有显微注射和逆转录病毒转染法，现在发展有精子载体法、胚胎干细胞介导法、人工酵母染色体法和电转移法等，此外还有畸胎肿瘤介导法、受体介导法、高效微弹法、扎刺法、激光导入法、原生质细胞介导法和磷酸钙共沉淀法等。这一切构成了“实验动物—现代生物技术—新一代实验动物”这样的良性循环技术。再如，利用嵌合技术制备出嵌合体动物，这种动物可用于细胞谱系、实验胚胎学、发生遗传学以及免疫学等研究领域，大大加快了这些研究领域的发展。

综上所述，实验动物科学既是生命科学和现代生物学研究的基础和重要支撑条件，也是生命科学的重要组成部分。实验动物科学为生命科学的发展提供技术平台，生命科学研究把实验动物科学带进分子水平时代并把它推到现代科学技术的前阵地。

三、基因修饰技术在实验动物学领域的应用

通过导入外源基因对生物体的某一或某些性状进行改良的技术称为基因修饰技术。通过基因修饰技术获得的含外源基因的生物体称为遗传工程体或转基因生物，包括转基因植物、转基因动物和转基因微生物。在基因修饰技术中主要是转基因技术和基因打靶技术。

基因修饰技术是在20世纪80年代初发展起来的。这项技术诞生以来发展非常快，并在现代科学技术中显示了广阔的应用前景。

基因修饰技术在实验动物科学领域的应用体现在3个方面。

(一)为建立人类疾病动物模型开辟了新的途径

人类疾病动物模型是研究人类疾病，特别是人类疑难病症、遗传性疾病、传染病等最常用的实验材料和手段。据美国哈佛大学医学研究院刊物 Harvard Health Letter 1996年统计报道，在过去的5年间全世界在人类与健康研究中有51项突破性的重大研究成果，其中有22项是通过实验动物模型遗传研究获得的。然而，某些病毒在动物身上不易感染，某些遗传性疾病、复合性疾病用自发突变、化学诱变等常规方法很难建立所需要的动物模型，而基因修饰技术则提供了新的方法。目前，利用基因修饰技术已经成功地构建了许多疾病理想的动物模型，例如乙型肝炎病毒感染转基因小鼠模型、人血红蛋白β链突变转基因小鼠模型、高胆固醇血症转基因小鼠模型、乳腺癌转基因小鼠模型、囊性纤维化转基因小鼠模型以及动脉粥样硬化、镰状细胞贫血症、痴呆症、自身免疫病、淋巴系统病、真皮炎及前列腺癌等多种疾病的模型动物。据不完全统计，到20世纪90年代中期，国际上已成立了数十家转基因动物公司，美国杰克逊实验室目前已保存了610余种转基因小鼠的人类疾病动物模型，这个数字还在不断增加。德国马克斯-布朗克免疫学研究所也保存了350余个基因修饰动物品系和290余个冷冻胚胎品

系。可以说，基因修饰技术为研制人类疾病动物模型开辟了新的途径。

(二)为培育实验动物新品系提供了简单、方便的新方法

过去，按照常规的方法培育实验动物新品系是一项很复杂的工作，需要的时间很长。利用基因修饰技术中的单亲纯合双倍体动物育成技术，可大大加快动物新品种的培育，使过去需要几十年甚至上百年才能育成的实验动物，现在只用一年的时间就可完成，并可在纯合过程中解决致死基因造成的胚胎期死亡问题。

(三)丰富了动物实验技术，使动物实验进入高新技术领域

基因修饰技术无论应用于哪个领域，都离不开动物实验。例如，利用转基因技术培育人体器官，作为人类器官移植的供体；利用转基因动物作为生物反应器生产人类药用蛋白等。从结果来看，前者属于在生物医学领域的应用，后者属于在药物开发领域的应用。但从应用过程来看，都是通过动物实验实现的，都属于实验动物科学领域。例如，在人体器官供体培育方面，最早用小鼠进行试验，如今大部分用猪进行试验，并且已经生产出了可为人类提供器官的转基因猪。这些实验都是在分子水平上进行的，所用仪器设备都是当代最先进的。因此，这些实验使动物实验技术发生了重大变革，成为高新技术的组成部分。

第二节 实验动物伦理与福利

一、实验动物伦理概述

伦理学原本是研究人类道德以及人与人之间关系的学科。随着社会的进步和人类文明程度的不断提高，人与自然、人与动物的关系都被纳入到伦理学研究的范畴，因而出现环境伦理、生命伦理和动物伦理等学科。动物伦理学研究的是人类道德及人与动物之间的关系，诸如人类应该如何科学地认识动物、如何人道地对待动物、如何合理地利用动物、如何保护动物等。

实验动物伦理则是在保证动物实验结果科学、可靠的前提下，针对人的活动对实验动物所产生的影响，从伦理方面研究保护动物的必要性。它所关注的是人类对实验动物抱什么态度的问题，是人类对动物实验的深层反思，主要研究人类对动物实验的伦理责任，其中包括实验动物自身价值研究、人类对动物实验道德原则的确立与道德行为规范的研究、现实科学研究活动中动物实验问题的研究。

实验动物和人类一样是有血有肉的生命体，一样有感知、感情和喜怒哀乐。使用动物进行实验，将不同程度地造成动物肉体或精神上的伤害。为此，人们正在努力寻求动物实验的替代方法，以避免或减少动物实验。与此同时，人们也在寻求避免或减轻动物痛苦的方法。例如，在进行可能造成动物疼痛的实验时，首先进行麻醉处理；在动物出现剧烈疼痛而无法缓解时，以仁慈终点结束实验，并采用安死术处死动物。

伦理道德本应是一种自觉的行为，但仅靠个人的自觉是不够的。在某些情况下，有人会自觉或不自觉地违背伦理原则，这就需要加强管理与监督。为此，各国普遍实行动物实验伦理审查制度。动物实验伦理审查制度包括：建立监督与管理机构——实验动物伦理委员会（或实验动物管理委员会，或其他名称），制定委员会章程和其他规章制度，确定伦理评估审查内容、依据、基本原则和主要程序等。

二、实验动物福利概述

爱护动物、保护动物、善待动物是全人类的责任。随着社会的发展和进步，实验动物福利问题越来越受社会各界的关注，并已呈现全球化趋势。人们越来越深刻地认识到，保障实验动物福利是人类道德的需要、人类文明的需要，也是人类与大自然协调发展的需要。

"动物福利"的概念与"动物权利"、"动物解放"的概念是有本质区别的。"动物权利"和"动物解放"是一些人在动物保护问题上提出的一种极端的观点，持这种观点的人认为一切物种均为平等，主张禁止使用畜产品(皮革、裘皮、羊毛)，禁止笼养动物及工厂化养猪等；主张素食主义，反对人们吃鱼吃肉，甚至反对人们食用禽蛋、牛奶及其制品；他们强烈反对进行动物实验，认为动物实验是非人道的做法，主张全面制止动物实验，只有这样才能达到保护动物的目的。

保障实验动物福利，不是说人类不能利用实验动物，而是应该解决好如何利用实验动物的问题。要保证和提高那些为人类做出贡献和牺牲的实验动物享有最基本的福利待遇。

为了保障实验动物福利，各国都采取了很多措施。发达国家把实验动物管理的重点放在实验动物福利方面，而不是实验动物质量方面，并以立法的形式来保障实验动物的福利。目前，世界上已经有100多个国家设立了动物福利法，其中有相当一部分是专门针对实验动物的。为了实验动物科学的持续发展，缓和动物保护与动物实验的矛盾，科技界做出了不懈的努力，提出科学、合理、人道地使用动物的主张，其中"3R"原则受到各国政府和社会各界的认可和推崇。在"3R"原则的推动下，发达国家投入越来越多的人力、物力开展实验动物替代方法研究。在"3R"原则的推动下，各级实验动物伦理委员会应运而生，伦理审查成为动物实验的重要程序。在"3R"原则的推动下，近20年来，常用实验动物的用量总体水平呈下降趋势。

动物福利是社会进步和经济发展到了一定阶段的必然产物。如今，实验动物福利问题已不仅仅是观念问题、伦理问题和动物保护问题，而且与国际学术交流、国际贸易有着密切的关系。在国际活动中，凡涉及动物实验的科研成果、学术论文，如果完成人所在国家或所在地区没有实验动物福利法规，其实验方案未经伦理委员会审查批准，那么再好的科研成果、水平再高的论文都得不到承认。

同样，涉及动物实验的商品或以动物产品为原料的商品，如果在动物福利方面达不到某些规定要求，将被排斥在国际市场大门之外。这样的实例已经发生多起，我们必须引以为戒。

一些国际组织的文件，如《欧洲宪法(草案)》、WTO(世界贸易组织)的《关贸总协定》、《服务贸易总协定》等都有与实验动物福利相关的规定。发达国家还把动物福利问题与国际贸易和国际学术交流活动紧密联系在一起，设置新的贸易壁垒。实验动物福利方面的法规已经成为某些商品及某些科研成果通往国际市场的通行证。正如中国WTO/TBT(世界贸易组织贸易技术壁垒协议)通报咨询中心指出的那样：保证动物福利是一种国际趋势，我国必须适应也正在适应这一趋势。如今，我国加入世贸组织已经5年多时间了，在新的形势下，我们必须尽快更新观念，跟上国际社会的潮流。这不是赶时髦，而是我国走向国际市场的必然选择。

三、"3R"原则

(一)"3R"原则的概念

"3R"是 reduction(减少)、replacement(替代)和 refinement(优化)的简称。

Reduction(减少)是指在科学研究中,使用较少量的动物获取同样多的试验数据或使用一定数量的动物获得更多试验数据的方法。

Replacement(替代)是指使用其他方法替代以往的动物实验,或者是使用没有知觉的试验材料代替以往使用神志清醒的活的脊椎动物进行实验的一种科学方法。替代还包括使用低等级的动物替代以往使用的高等级动物。

Refinement(优化)是指通过改进和完善实验程序,减轻或减少给动物造成的疼痛和不安,提高动物福利的方法。疼痛和不安可由实验或非实验因素引起,而这些都可通过良好的试验方案设计得以解决。近代科学技术和实验动物医学的最新成就可为进一步降低和避免给动物造成疼痛和不安提供新的途径。

(二)"3R"原则的形成和发展概况

1959 年,英国动物学家 Russell 和微生物学家 Burch 在研究工作的基础上发表了《人道主义试验技术原理》一书。在这本书中,第一次全面系统地提出了"3R"原则。可以说这本书对启动"3R"研究在世界范围内的广泛开展起到了非常重要的作用。

Russell 和 Burch 的书在发表后的一段时期内并没有对人们的思想和行为产生太大的影响。直到 1969 年,Dorothy Hegarty 教授创建了医学试验中动物替代法基金会(FRAME),再一次提出了 Russell 和 Burch 的观点,认为"3R"的系统性研究及合理的应用可使科学从中受益,鼓励和支持在生物医学研究中实施"3R"精神。从此,"3R"原则受到各国政府和科学界的高度重视,"3R"研究工作及研究成果得到广泛开展和应用。

四、实践要点

(一)保障实验动物福利和伦理要求的技术措施

保障实验动物福利和伦理要求的技术措施主要有麻醉、保定和安乐死。

1. 麻醉

麻醉的目的是让动物暂时失去知觉,使其感觉不到疼痛。麻醉是一项专业性、技术性很强的工作,必须由职业麻醉师或受过专门训练的其他人员来完成。一般来说,进行啮齿类动物实验不太可能配备专职麻醉师。因此,实验人员必须接受麻醉专业培训,掌握麻醉技术。

实验动物麻醉的方法很多,麻醉前必须根据实验目的、实验方法、动物种类、手术部位、麻醉对动物机体的影响等因素,选择最合适的麻醉方法。

不同的麻醉剂有不同的药理作用和副作用,各自有各自的优点和不足。另外,麻醉剂的剂量是影响麻醉深度的直接因素。因此,麻醉前,必须根据实际要求和动物品种等综合因素,选择最合适的麻醉剂,确定合适的剂量。

在麻醉过程中,麻醉深度至关重要。麻醉过深,动物处于深度抑制,甚至处于濒死状态,术后恢复慢。麻醉过浅,将会引起不同程度的疼痛刺激,使动物的全身特别是呼吸、循环功能发生改变,不但不能保障动物的福利,而且使实验得不到预期效果。

2.保定

保定就是用手工或器械的手段，部分或全部限制动物的活动，以实现对动物的检查、采集样本、施用药物、治疗或其他实验操作。保定动物时，应充分体现动物福利理念，遵循“善良抚慰、温和保定、避免或减轻动物的痛苦和应激反应”的原则。

抓取动物和保定动物也是一项技术性的工作，如果方法不当，不但伤害动物，还有可能伤害自己。凡直接接触实验动物的工作人员都应经过培训，掌握保定技术。

3.安乐死

安乐死的含义是使动物在没有惊恐和焦虑的情况下安静地、无痛苦地死去。

处死实验动物应根据动物种类及数量而选择恰当有效的安死术。安乐死的方法较多，不同的动物适合不同的方法，不同的方法有其适用范围、特点和操作要领。如果方法选择不得当，操作不规范，将会影响安乐死的效果，给动物带来痛苦和伤害。

(二)保障实验动物福利和伦理要求的行政措施

保障实验动物福利和伦理要求的行政措施包括：实施实验动物许可证制度，建立实验动物管理委员会，对动物实验目的及其实施方案进行审查和控制，对实验动物从业人员进行培训和管理，对虐待实验动物者进行处分，等等。这些措施都是我国实验动物管理与国际接轨的具体体现，不容忽视。

(1)实施实验动物许可证制度　许可证制度实际上是行业准入制度。取得许可证必须具备规定的条件，这些条件不但是实验动物质量的保证，而且有利于贯彻“3R”原则，有利于实验动物福利。我国已经自2002年起实施“实验动物许可证制度”，几年来的实践证明，实施实验动物许可证制度是保障实验动物福利和伦理要求的重要措施。

(2)建立监督机制和监督管理机构　监督机制包括对实验的必要性进行监督，对动物实验实施方案的科学性、合理性进行监督，对实验动物环境和设施是否符合国家标准的规定、实验动物从业人员是否经过培训和身体是否定期检查、各项规章制度是否建立健全等进行检查和监督。

为贯彻、落实监督机制，必须建立相应的监督机构，即建立实验动物伦理委员会或实验动物管理委员会。机构名称并不重要，重要的是其职责是对动物实验进行监督，保证动物福利。

(3)对实验动物从业人员进行培训，实行持证上岗制度　实验动物的命运完全取决于从业人员，从业人员的素质，包括专业知识、专业技能水平、职业道德、事业心、责任感，都将影响动物的福利。加强实验动物从业人员培训和继续教育，提高从业人员素质，实行持证上岗制度是保障实验动物福利和伦理要求的重要措施。

(4)对虐待实验动物者进行处分　在某些国家，虐待动物属于违法行为，将依法受到惩罚。目前在我国尚无这样的法律，为保障实验动物福利，只能依据有关法规采取必要的行政措施，对虐待实验动物者进行处分。

第三节　实验动物法制化管理

在国家科技条件发展的五年规划中，每次都特别强调要把实验动物质量管理纳入法制化管理的轨道，并要求加快政策法规建设，建立健全法制化管理体系，规范实验动物市场，营造竞争有序的市场环境。健全执法队伍，加大执法力度，严格执行实验动物标准，全面贯彻实验动物许可证制度，在科研立项、成果鉴定、产品检验与监督管理中逐步实行实验动物一票否决制。推动建立与国际接轨的动物福利保障制度。

一、我国实验动物法制化管理概况

改革开放前，我国实验动物工作发展缓慢，一个重要原因就是法制化管理体系不健全，使得我国实验动物管理工作无法可依、无章可循。改革开放后，我国开始借鉴和大量吸收发达国家先进的科技管理经验，开始建立法制化的管理模式，实验动物管理工作逐步进入法制化和规范化管理轨道，使我国实验动物科学水平和管理工作进入快速发展期。

1988 年，经国务院批准，国家科委以 2 号令发布了《实验动物管理条例》。这是我国科技管理中一项重要的科技立法，是国务院正式批准发布的关于实验动物管理工作的第一个法规，也是目前我国实验动物管理工作中法律地位最高的"法规性"文件。该条例理顺了我国实验动物管理各方面的关系，使我国实验动物管理有章可循，对加强我国实验动物管理，推动我国实验动物科学的发展起到了非常重要的作用。同时，也标志着我国实验动物管理工作开始进入法制化管理轨道。

1997 年，国家科技主管部门为了贯彻落实《科研条件发展"九五"计划和 2010 年远景目标纲要》，进一步加强实验动物管理工作，保证实验动物和动物实验的质量，根据《实验动物管理条例》，针对当时实验动物质量管理中存在的问题，发布了《实验动物质量管理办法》。该办法提出了两个原则，即：全国执行统一的实验动物质量国家标准，全国实行统一的实验动物质量管理制度，从而结束了我国实验动物管理一度出现的混乱局面。该办法还明确提出了我国实验动物生产和使用将实行许可证制度，对许可证的申请和管理做出了规定；为进一步加强实验动物质量管理，保证实验动物和动物实验质量，提出建立"国家实验动物种子中心"和"检测机构"等措施，明确两机构的组织构成、任务、条件要求、申请和审批程序。该管理办法的发布和实施，极大地推动了我国实验动物管理科学化和规范化的发展进程。

为落实《实验动物质量管理办法》中提出的任务，科技部先后制定和发布了《国家实验动物种子中心管理办法》、《国家啮齿类实验动物种子中心引种、供种实施细则》、《关于当前许可证发放过程中有关实验动物种子问题的处理意见》、《省级实验动物质量检测机构技术审查准则》和《省级实验动物质量检测机构技术审查细则》。这些规范性文件的出台，有力地促进了实验动物种质的保存利用和资源共享，推动了国家和地方两级检测机构的建设和全国实验动物质量检测体系的形成。

2001 年，科技部与卫生部等七部（局）联合发布了《实验动物许可证管理办法（试行）》，规定了申请许可证的行为主体、条件、标准、审批和发放程序，强调了许可证的管理和监督。实验动物认证制度和规范管理模式的建立，标志着我国实验动物质量管理体系的初步形成，为推动实验动物事业的健康发展起到了历史性的作用。

2006 年 9 月 30 日，科技部发布了《关于善待实验动物的指导性意见》（国科发财字〔2006〕398 号），这是我国科技管理部门第一次专门为实验动物福利伦理管理而制定的规范性文件。全文共 6 章 30 条。主要内容是：提出了饲养管理过程、应用过程和运输过程中善待实验动物的指导性意见及善待实验动物的相关措施。

该指导性意见所称善待实验动物，是指在饲养管理和使用实验动物过程中，要采取有效措施，使实验动物免遭不必要的伤害、饥渴、不适、惊恐、折磨、疾病和疼痛，保证动物能够实现自然行为，受到良好的管理与照料，为其提供清洁、舒适的生活环境，提供充足的、保证健康的食物和饮水，避免或减轻疼痛和痛苦等。其核心有两条：一是避免不必要的伤害，二是提供舒适的生活条件。这与《实验动物管理条例》第二十九条“对实验动物必须爱护，不得戏弄或虐待”的规定较为接近，但内涵有一定的区别。

该指导意见的发布实施：①表明我国政府对实验动物福利问题非常重视，并且做了大量卓有成效的基础性工作；②显示出我国在动物福利立法方面迈出了可喜的一步，结束了我国没有专门的动物福利法规的历史，填补了我国实验动物福利管理法规的空白，促进了我国在实验动物管理方面与国际接轨；③对进一步提高我国实验动物管理工作水平，维护动物福利，都具有重要的和积极的意义。

二、我国实验动物法制化管理前景

尽管我国实验动物科学技术进入了一个较快速发展的阶段，但与世界发达国家相比，我们的整体水平还比较低，地区之间、行业之间、部门之间、学科之间的发展水平还很不平衡。客观地分析，我国实验动物工作法制化管理的基础还比较薄弱。《实验动物管理条例》虽然在我国实验动物科学发展中起到了非常重要的推动作用，但已执行了 20 年，相对科学的发展和实验动物工作的要求来讲，都凸显出《实验动物管理条例》的滞后与不适应。为此，修订《实验动物管理条例》是当前一项十分紧迫的工作。国家科学技术部等有关部门曾立项开展条例的修订工作。相信在不久的将来，一部全新的、符合社会主义市场经济规律的、立法层次更高的实验动物管理法规将展现在世人面前，使我国实验动物法制化管理跃上一个新的台阶。

第二章 实验动物质量控制

第一节 实验动物遗传学分类及遗传质量控制

实验动物遗传学作为遗传学的一个分支，主要是利用遗传调控原理，按照人类的意愿和科学研究的需要，控制和改造实验动物的遗传特性，培育新的动物品系和各种动物模型，以此阐明动物的外在表现型与遗传特性之间的关系。根据遗传学原理和相关技术，开展实验动物遗传监测和特性测定也是实验动物遗传学的研究范畴。

一、实验动物遗传分类及命名

根据遗传特点的不同，实验动物分为近交系（inbred strain）、封闭群（closed colony）和杂交群（hybrids）。此外，有人把突变系也单独列出。实际上，突变系可以归类于近交系。

（一）近交系

1. 定义

经至少连续 20 代的全同胞兄妹交配培育而成。品系内所有个体都可追溯到一对共同祖先。

经连续 20 代以上亲代与子代交配和全同胞兄妹交配有等同效果。

近交系以兄妹交配方式维持。近交系的近交系数（inbreeding coefficient）应大于 99%。

2. 命名

近交系一般以大写英文字母命名，亦可以用大写英文字母加阿拉伯数字命名，符号应尽量简短，如 A 系、TA1 系等。近交过程中有共同祖先但分离为不同的近交系，用相近的名称，如 NZB、NZC、NZO 等。有些品系没有按照这个规则进行命名，如 129P1/J、615 等。为了方便，近交系常用缩写表示，表 2-1 列出了一些近交系的缩写，供参考。

表 2-1 常用小鼠近交系名称缩写

品系名	缩写	品系名	缩写
AKR	AK	C57BL/10	B10
BALB/c	C	C57BR	R111
CBA	CB	DBA/1	D1
C3H	C3	DBA/2	D2
C57L	L	HRS/J	HR
C57BL/6	B6	129（含亚系）	129

3. 近交代数

近交系的近交代数用大写英文字母 F 表示。例如当一个近交系的近交代数为 87 代时，写成（F87）。如果对以前的代数不清楚，仅知道近期的近交代数为 25，可以表示为（F?+25）。

4. 特性

(1)基因位点的纯合性(homozygosity) 近交系动物经20代以上近交培育后，其任何一个基因位点上的纯合概率均高达98.6%以上，导致动物群体不再携带未知的隐性基因，品系将会保留和表现所有的遗传性状，品系内个体能繁殖出完全一致的纯合子后代。因此，采用近交系动物进行实验时，不会因为隐性基因的暴露而影响实验结果。

(2)遗传组成的同源性(isogenicity) 一个近交系内，所有动物都可追溯到其原始的一对共同的祖先。这种同源性在经过近交培育以后，所有位点的基因都是纯合的，并且只来源于共同祖先的一个拷贝，所以近交品系中任意两个个体之间的基因型都是相同的。因此，在同一品系内的动物个体间进行皮肤或其他组织移植，植入物不会被当作异己而排斥。另外，如能应用生化或免疫学的方法检测个体在各条染色体上的基因标记，会发现同一品系内不同个体间的基因型完全一致。

(3)表型的一致性(uniformity) 由于遗传上的同源性，近交品系内个体在表型上极为相同，尤其是那些高度由遗传决定的生物学特征。近交系表型上的一致性使得使用较少量的动物即可达到统计学的精确程度。

(4)长期的遗传稳定性(stability) 近交系动物虽然在遗传上并不是绝对稳定不变的，但是人为选择不会改变其基因型，个体遗传变异仅发生在少量残留杂合基因作用、基因突变和遗传污染3种情况下。

(5)遗传特征的可分辨性(identification) 近交系一旦培育成功，动物群体内几乎不再存在遗传多态性，即每个位点只有一种基因类型，而不会存在其他的等位基因。通过对各个位点进行遗传监测，研究者可以建立每个品系标准的遗传概貌，得知每个位点上的基因类型。此后采用相同的遗传监测方法，对动物品系随时随地进行辨认，可以轻而易举地将混合在一起的两个外貌近似的品系分辨出来。

(6)对外界因素的敏感性(sensitivity) 近交系由于高度近交而降低其在某些生理过程中的稳定性，使其对外界因素的变化更为敏感。近交系的这一特征使其更容易成为模型动物为研究所用。但这一特征的缺点是，在饲养和实验过程中，由于很难控制外界因素对每只动物都完全相同，从而导致对实验处理的反应不同。另外，在近交品系的维持保种过程中，一些未知或难以控制的外界因素常常使动物的生活力和生育力下降，甚至断种，因此需要在环境因素和饲料营养方面更好地加以控制。

(7)遗传组成的独特性(individuality) 自然界动物的基因以纯合或杂合状态等多种形式存在，而近交系动物的基因由于纯化而仅有其祖先基因的一部分。所以每个近交品系在遗传上都是独特的，具有独特的表型特征。如有些品系可能自发某些疾病，成为研究人类疾病理想的动物模型。这些遗传和表型的独特性使各个近交品系之间的差异相当大，容易成为模型动物广泛地应用于生理、形态和行为研究中。而在某些情况下，品系间的差别显示在量上，而不在质上。这一点在研究上也非常有用，因此要在众多的近交系中筛选出对某些因子敏感或非敏感的品系，以满足不同实验目的的要求。

(8)分布的广泛性(extensive distribution) 近交系动物的任何个体均携带着该品系的基因库。目前，大部分近交系动物都已分布在世界各地，使各国研究者可以饲养和使用在遗传上几乎完全相同的标准近交动物，这从理论上保证了不同地区、不同国家的科学家有可能去重复或验证已取得的数据。

(9)资料的可查性(retrievalable background data) 由于近交系动物在培育和保种的过程中都有详细记录,加之这些动物分布广泛,经常使用,已有相当数量的文献记载着各个品系的生物学特征,这些基本数据为设计新的实验和解释实验结果提供了便利条件。

(10)生活力(vigour/vigor) 由于近交衰退,近交系一般具有较低的生育力和生活力。这一特征也使动物不能接受剧烈的实验处理,如大剂量的毒性实验等。同时,这一特征使得近交系繁殖力低,产仔数少,对环境变化的适应性弱,很容易断种,需要严格的饲养管理,相对来说生产和实验的成本较高。

5. 特殊近交系概念、命名及应用

(1)重组近交系(recombinant inbred strain)和重组同类系(recombinant congenic strain)

1)定义

重组近交系(RI):由两个近交系杂交后,再经连续 20 代以上兄妹交配育成的近交系。

重组同类系(RC):由两个近交系杂交后,子代与两个亲代近交系中的一个近交系进行数次回交(通常回交 2 次),通过不对特殊基因进行选择的连续兄妹交配(通常大于 14 代)而育成的近交系。

2)命名

①重组近交系的命名:在两个亲代近交系的缩写名称中间加大写英文字母 X 命名。由相同双亲交配育成的一组近交系用阿拉伯数字予以区分。常用近交系小鼠的名称缩写见表 2-1。

例如:由 BALB/c 与 C57BL 两个近交系杂交育成的一组重组近交系,分别命名为 CXB1、CXB2……

如果父系缩写为数字,如 CX8,为区分不同 RI 组则加连接符表示为 CX8-1、CX8-2……

因多因素性状遗传分析的需要,RI 品系之间杂交产生的 F1,亦即重组近交系杂交子一代(recombinant inbred intercrosses,RIX),仍按近交系间杂交表示。如:(BXD1/Ty X AXB19/Pgn)F1 为雌的 BXD1/Ty 品系和雄的 AXB19/Pgn 品系之间的 F1。

②重组同类系的命名:在两个亲代近交系的缩写名称中间加小写英文字母 c 命名,其中做回交的亲代近交系(称受体近交系)的缩写名称在前,供体近交系的在后。由相同双亲育成的一组重组同类系用阿拉伯数字予以区分。如 CcS1,表示由以 BALB/c(C)为亲代受体近交系,以 STS(S)品系为供体近交系,经 2 代回交育成的编号为 1 的重组同类系。供体缩写为数字的加连接符表示。

同样,如果父系缩写为数字,如 Cc8,为区分不同 RC 组则加连接符表示为 Cc8-1、Cc8-2……

3)应用 重组近交系在对祖系之间有差异的性状和基因的遗传分析中是非常有用的实验材料,尤其是针对因测试需要而使动物不能繁殖的性状,以及需要对多个个体进行平均估计的性状。虽然一个重组近交系系列是一个相互关联的整体,但如果一个重组近交系系列品系数量较多的话,就可以同时进行下列分析。

①分离分析:一个重组近交系系列可用于测试某个性状的遗传性和遗传规律。如果是单基因决定的性状,在重组近交系系列中就有一半品系有类似于一个祖系的性状,而另一半带有另一个祖系的性状。如果是两个或多个基因控制的性状,则在重组近交系系列中就会出现祖系之间分级过渡的性状。

②连锁分析：重组近交系可用于对未知基因进行染色体定位，估计该未知基因与其他基因的连锁关系。把未知基因的品系分布模式与一些已知的标记基因进行比较，就能进行基因定位。

③功能分析：重组近交系可用于分析单基因多效性或决定基因型和表型的关系。如果在重组近交系中没有发现两个性状的交换，这两个性状就有可能由同一基因所控制，或者由两个紧密连锁的基因所控制。

重组近交系在应用中也有一定局限性，只能用于祖系中存在的并且有差异的性状和基因的分析。再者，在一个重组近交系系列中，如果品系太少，所做出的分析就不可靠。通常维持重组近交系的费用也较大。

(2)同源突变近交系(coisogenic inbred strain)

1)定义　除了在一个特定位点等位基因不同外其他遗传基因全部相同的两个近交系，简称同源突变系。

同源突变系一般由近交系发生基因突变或者人工诱变(如基因剔除)形成。用近交代数表示出现突变的代数，如 F110＋F23，是近交系在 110 代出现突变后近交 23 代。

由 ES 细胞制作的品系，通过与 ES 细胞来源的近交系交配来维持的也作为同源突变系，但要考虑染色体的变异。同样，通过化学物质或放射线诱发的突变也可作为同源突变系，但基因组上有可能存在其他突变。

同源突变系如果不定期与亲本品系回交，可能因基因漂变(genetic drift)产生变异。

2)命名　以发生突变的近交系名称后加突变基因符号(用英文斜体印刷体)表示，二者之间以连接号分开，如 DBA/Ha-*D*。

当突变基因必须以杂合子形式保持时，用"＋"号代表野生型基因，如 A/Fa-＋/*c*。

129S7/SvEvBrd-Fyn^{tm1Sor} 表示用来源于 129S7/SvEvBrd 品系的 AB1 ES 细胞株制作的 *Fyn* 基因变异的同源突变系。

(3)同源导入近交系(congenic inbred strain)

1)定义　通过回交(backcross)方式形成的一个与原来的近交系只是在一个很小的染色体片段上有所不同的新的近交系，称为同源导入近交系(同类近交系)，简称同源导入系(同类系)。

同源导入系至少要回交 10 个世代，供体品系的基因组占基因组总量的 0.01 以下。通过选择适当的标记基因进行交配，可在 5 个世代达到同样效果，称作"快速导入法"。对这样的同源导入近交系，在发表时应注明选择的标记基因和染色体上的间隔。

组织相容性抗原(MHC)基因位点不同、互相移植排斥的同类近交系称为同源抵抗(congenic resistant，CR)。

2)命名　同源导入近交系名称由以下几部分组成：

①接受导入基因(或基因组片段)的近交系名称；

②提供导入基因(或基因组片段)的近交系的缩写名称，并与①之间用英文句号分开；

③导入基因(或基因组片段)的符号(用英文斜体)，与②之间以连字符分开；

④经第三个品系导入基因(或基因组片段)时，用括号表示；

⑤当染色体片段导入多个基因(或基因组片段)或位点时，在括号内用最近和最远的标记表示出来。

例如：B10.129-*H-12b* 表示该同源导入近交系的遗传背景为 C57BL/10sn(即 B10)，导入

B10 的基因为 *H-12b*，基因提供者为 129/J 近交系；

C. 129P(B6)-$Il2^{tm1Hor}$表示经过第三个品系 B6；

B6. Cg-(*D4Mit25-D4Mit80*)/Lt 表示导入的片段标记为 *D4Mit25-D4Mit80*。

3)应用　同源突变近交系和同源导入近交系主要应用在下列方面：

①在同一遗传背景下比较某基因位点上不同等位基因的遗传效应。例如，在小鼠中不同的组织相容性基因(H-2 系统)对免疫反应、动物寿命和繁殖有不同的影响。

②在不同遗传背景中，研究同一基因与遗传背景及其他基因的关系。例如不同遗传背景对小鼠糖尿病基因(*db*)的表达有一定的影响。

③清除杂合遗传背景对某些突变基因表达的影响，以获得更为稳定的实验动物模型。例如，在杂合背景的小鼠群中发现裸基因(*nu*)，导入近交系后就能获得重复性更好的免疫和肿瘤研究模型。

④对复杂的多基因性状进行遗传分析。例如小鼠组织相容性性状是由多个位点上的基因所决定。

(4)转基因动物 (transgenic animals)

1)定义　指通过非同源重组(如原核显微注射)、逆转录病毒感染插入或者通过同源插入等方法，把一个外源 DNA 片段整合或者插入到动物的基因组中形成的品系。

2)命名　转基因动物命名的原则是背景品系加连接符号加转基因符号。

一个转基因符号由以下几部分组成：

TgX (YYYYYY) # # # # # Zzz

其中各部分符号的含义为：

TgX	方式(mode)
(YYYYYY)	插入片段标示(insert designation)
# # # # #	实验室指定序号(laboratory assigned number)
Zzz	实验室注册代号(laboratory code)

①方式：转基因符号通常冠以 Tg 字头，代表转基因(transgene)。随后的一个字母(X)表示 DNA 插入的方式：H 代表同源重组，R 代表经过逆转录病毒载体感染的插入，N 代表非同源插入。

②插入片段标示：插入片段标示是由研究者确定的表明插入基因显著特征的符号，通常由放在圆括号内的字符组成，可以是字母(大写或小写)，也可由字母与数字组合而成，不用斜体字，也不用上下标、空格及标点等符号。研究者在确定插入标示时应注意以下几点：

标示应简短，一般不超过 6 个字符。

如果插入序列源于已经命名的基因，应尽量在插入标示中使用基因的标准命名或缩写，但基因符号中的连字符应省去。

确定插入片段标示时，推荐使用一些标准的命名缩写，目前包括：

An	匿名序列
Ge	基因组
Im	插入突变
Nc	非编码序列
Rp	报告基因

Sn　合成序列

Et　增强子捕获装置

Pt　启动子捕获装置

插入片段标示只表示插入的序列，并不表明其插入的位置或表型。

③实验室指定序号及实验室注册代号：实验室指定序号是由实验室对已成功的转基因系给予的特定编号，最多为5位数字。而且，插入片段标示的字符与实验室指定序号的数字位数之和不能超过11。

实验室注册代号是对从事转基因动物研究生产的实验室给予的特定符号。

3)举例　C57BL/6J-TgN(*CD8Ge*)23Jwg 表示来源于美国杰克逊研究所(J)的C57BL/6品系小鼠被转入人的*CD8*基因组(Ge)；转基因在Jon W. Gordon(Jwg)实验室完成，获取于一系列显微注射后得到的序号为23的小鼠。

TgN(*GPDHIm*)1 Bir 表示以人的甘油磷酸脱氢酶基因(*GPDH*)插入(C57BL/6J X SJL/J)F1代雌鼠的受精卵中，并引起插入突变(Im)，这是Edward H. Birkenmeier (Bir) 实验室命名的第一只转基因小鼠。

根据转基因动物命名的原则，如果转基因动物的遗传背景是由不同的近交系或远交群之间混合而成，则该转基因符号应不使用动物品系或种群的名称。

4)转基因符号的缩写　转基因符号可以缩写，即去掉插入片段标示部分，例如TgN(*GPDHIm*)1 Bir 可缩写为TgN 1 Bir。一般在文章中第一次出现时使用全称，以后再出现时可使用缩写名称。

5)应用

①基础生物学研究：利用转基因技术，可以通过对基因结构进行修饰，在动物发生、发育的全过程中研究体内基因的功能及其结构/功能的关系；可以将所引入的DNA片段作为环境诱变剂作用的靶DNA，通过对它回收后进行结构分析，研究诱变剂造成DNA损伤和诱发基因突变的规律。

②动物育种及改造：通过基因修饰培育拥有高产、抗病等性状的各类动物。

③生物制药：可以在动物基因组引入病毒基因组以模拟病毒性疾病的发病过程；可以通过引入具有重要药用价值蛋白的编码基因，使动物成为该药物蛋白的生产农场，通过乳腺反应器等生产tPA（治疗血栓）、Erythropoietin（EPO）（治疗贫血）和Blood clotting factor Ⅷ/Ⅸ（治疗血友病）等药物。

④疾病动物模型：通过转基因技术，人们可以在动物基因组的特定位点引入所设计的基因突变，模拟造成人类遗传性疾病的基因结构或数量异常，目前已经制作了大量动物模型。

转基因动物技术不仅在生命科学研究中的应用越来越广，技术本身的发展也越来越快，朝着修饰的精确性与可调性日益逼近。

(5)其他特殊近交系

①染色体置换系(consomic strains or chromosome substitution strains)：为把某一染色体全部导入到近交系中，反复进行回交而育成的近交系。与同类系相同，将F1作为第1个世代，至少要10个回交。表示方法为HOST STRAIN-Chr $\#^{\text{DONOR STRAIN}}$。如：

C56BL/6J-Chr 19^{SPR} 为*M. spretus*的第19染色体回交于B6的染色体置换系。

SHR-YBN为BN品系的Y染色体回交于SHR大鼠的染色体置换系。

②分离近交系(segregating inbred strains):将特定的基因或遗传变异以杂合子的形式保存的近交系。如:

B6.Cg-*m Lepr*^{db}/++表示来自同一亲本染色体上 *m* 和 *Lepr*^{db} 等位基因一起发挥作用,各自的野生型等位基因来源于另一亲本的染色体。

③核转移系(conplastic strains):将某个品系的核基因组移到别的品系细胞质而培育的品系。命名方法为 NUCLEAR GENOME-mt$^{\text{CYTOPLASMIC GENOME}}$,如:

C57BL/6J-mt$^{\text{BALB/c}}$ 指带有 C57BL/6J 核基因组和 BALB/c 细胞质的品系。这样的品系是以雄的 C57BL/6J 小鼠和雌的 BALB/c 小鼠交配,子代雌鼠与 C57BL/6J 雄鼠反复回交 10 代而成。

④混合系(mixed inbred strains):由两个亲本近交系(其中一个是重组基因的 ES 细胞株)混合制作的品系。表示时两个品系缩写之间用分号,如:

B6;129-*Acvr2*^{tm1Zuk} 为 C57BL/6J 和敲除 *Acvr2* 基因的 129 ES 细胞株制作的品系。

由两个以上亲本品系制作的近交系,或者受不明遗传因素影响的突变系,作为混合系,用 STOCK 空格后加基因或染色体异常来表示,如:

STOCK Rb(16.17)5Bnr 为具有 Rb(16.17)5Bnr 的、含有未知或复杂遗传背景的混合系。

⑤互交系(advanced intercross lines,AIL):是两个近交系间繁殖到 F2,采取避免兄妹交配的互交所得到的多个近交系。由于其具有较高的相近基因位点间的重组率而被应用于突变基因的精细定位分析。如:

Pri:B6,D2- G# 为 Priceton 研究所用 C57BL/6J 和 DBA/2 制作的 AIL 品系,G# 表示自 F2 后交配的代数。

以上这些近交系在基因功能分析、动物模型制作、研究工具鼠的生产以及遗传分析等方面具有广泛应用。

(二)封闭群

1.定义

以非近亲交配方式进行繁殖生产的一个实验动物种群,在不从其外部引入新个体的条件下,至少连续繁殖 4 代以上的群体称为封闭群,亦称远交群(outbred stock)。

封闭群动物的关键是不从外部引进新的基因,同时进行随机交配,以保持动物群体基因杂合性,这样封闭群动物的生产力、生育力均会超过近交系。从群体遗传学的角度看,动物群体的基因频率达 15 代后才趋于稳定,动物群体的基因频率稳定后才称得上封闭群。

封闭群除了来源清楚,遗传背景明确,有较完整的档案材料(种群名称、遗传组成特点及主要生物学特征),与公开发表的有关材料相符外,为了保持其遗传异质性及基因多态性的稳定,引种或留种还应达到有效数量。如小型啮齿类封闭群动物群体的有效大小一般不能少于 25 对。假设有一个由 N 个个体组成的群体,能产生 $2N$ 个配子。在下一代中,两个来自同一个体的配子结合成合子的概率为 $1/2N$。这就是近交系数的增加量。即

$$\Delta F = 1/2N$$

国际实验动物委员会规定封闭群每代近交系数增加量不得超过 1%。根据公式 $\Delta F = 1/2N$,可知每代动物数量不能少于 25 对。但是从抽样误差导致随机遗传漂变来看,25 对个体的群体极容易发生基因频率的改变。因此尽可能地保持繁殖个体是必要的。

2. 命名

封闭群用2～4个大写英文字母命名，种群名称前标明保持者的英文缩写名称，第一个字母须大写，后面的字母小写，一般不超过4个字母。保持者与种群名称之间用冒号分开。如：

N:NIH 表示由美国国立卫生研究院(N)保持的NIH封闭群小鼠。

Lac:LACA 表示由英国实验动物中心(Lac)保持的LACA封闭群小鼠。

某些命名较早又广为人知的封闭群动物，名称与上述规则不一致时，仍可沿用其原来的名称。如Wistar大鼠封闭群、日本的ddy封闭群小鼠等。

把保持者的缩写名称放在种群名称的前面，而二者之间用冒号分开，是封闭群动物与近交系动物命名中最显著的区别。除此之外，近交系命名中的规则及符号也适用于封闭群动物的命名。

3. 特点及其应用

目前，国内外在生物医药等领域使用的实验动物大多是封闭群动物，从使用量上看封闭群也远远超过近交系，这是因为近交系品系繁多又不易大量生产，大大限制了其使用范围，而封闭群则不然，因具有下面特点而得到较广泛应用：

①封闭群动物的遗传组成具有很高的杂合性。封闭群动物个体间的重复性和一致性没有近交系、杂交群动物好。但是，封闭群具有类似于人类群体的遗传异质性，因此，在人类遗传学研究、药物筛选、安全性评价实验、生物制品和化学制品的检定等方面起着不可替代的作用。

②封闭群动物具有较强的繁殖力和生产力。封闭群动物采用随机交配避免了近交，从而避免了近交衰退，表现为每胎产仔多、胎间隔短、成活率高、生长快、成熟早、对疾病抵抗力强、寿命长。封闭群动物容易生产，成本低，可大量生产，供应充足，因而广泛应用于预试验、用量较大的疫苗的生产、教学和一般性实验中。

③封闭群中突变种所携带的突变基因通常导致动物在某些方面异常，从而可成为生理学、胚胎学和医学生物学研究的模型。

目前常用的封闭群动物有昆明(KM)小鼠、NIH小鼠、LACA小鼠、ICR小鼠、Wistar大鼠、SD大鼠、Hartley豚鼠、大耳白兔、青紫蓝兔等，尤其是KM小鼠，在我国应用较广，约占小鼠用量的70%。

(三)杂交群

1. 定义

杂交群是由不同品系之间杂交产生的后代群体，子一代简称F1，其遗传性状均一，具有杂交优势，可接受父母的组织移植，产生的后代可以继续繁殖，但遗传均一性差。有时为了特殊目的也采用种群之间杂交。

2. 命名

杂交群应按以下方式命名：以雌性亲代名称在前，雄性亲代名称居后，二者之间以大写英文字母“X”相连表示杂交。将以上部分用括号括起，再在其后标明杂交的代数(如F1、F2等)。

对品系或种群的名称可使用通用的缩写名称，亚系有差异的应注明亚系名称，如BALB/cBy不能缩写为C，应为CBy。

例如：(C57BL/6 X DBA/2)F1＝B6D2F1；

B6D2F2 指 B6D2F1 同胞交配产生的F2；

B6(D2AKRF1)是以B6为母本，与(DBA/2 X AKR/J)的F1父本回交所得。

3.特性

①遗传和表型上的均质性:虽然它的基因不是纯合子,但是遗传性稳定表型也一致,就某些生物学特征而言,杂交一代比近交系动物具有更高的一致性,不容易受环境因素变化的影响。

②具有杂交优势:杂交一代具有生命力较强、适应性和抗病力强、繁殖旺盛、寿命长、容易饲养等优点,在很大程度上可以克服因近交系繁殖所引起的各种近交衰退现象。

③具有同基因性:F1 代虽然具有杂合的遗传组成,其基因型是整齐一致的,具有亲代双亲的特点,可接受不同个体及至两个亲本品系的细胞、组织、器官和肿瘤的移植。

④国际上应用广泛:已广泛用于各类实验研究,实验结果便于在国际间进行重复和交流。

4.应用

由于 F1 动物具有与近交系动物基本相同的遗传均质性,又克服了近交系动物因近交繁殖所引起的近交衰退,所以受到科学工作者的欢迎,在医学生物学研究中得到广泛应用。

①干细胞的研究:F1 动物是研究外周血中干细胞的重要实验材料。

②移植免疫的研究:F1 动物是进行移植物抗宿主反应(graft versus host reaction, GVHR)的良好实验材料。

③细胞动力学研究:如选用 BCF1(CBAXC57BL/6)小鼠做小肠隐窝细胞繁殖周期实验。

④单克隆抗体研究:目前大多数采用 BALB/c 和 CBA 杂交 F1 代小鼠作单克隆抗体研究,比单独用 BALB/c 小鼠要好,其 F1 代小鼠的脾脏比同日龄的 BALB/c 小鼠的脾脏要大。

⑤作为某些疾病研究的模型:例如 NZBXNZWF1 是自身免疫缺陷的模型,C3HXIF1 是肥胖病和糖尿病的模型。

二、实验动物繁殖育种

由于近交系、封闭群、杂交群与突变系动物具有不同的遗传特点,因此应分别选择相应的培育和繁殖方法。

(一)近交系动物

1.培育方法

近交系动物的培育如定义所述,是全同胞交配 20 代以上育成的品系,亲子交配具有同样的效果。培育一个新品系,首先确定培育目标,根据培育目标选择合适的选育指标,如选择对某些微生物敏感,选择自发高血压或高血脂等指标进行逐代筛选,这是定向培育。还有不定向的培育,在近交过程中发现某些有益性状的突变进行选育,培育成近交系。近交包括亲子、全同胞、半同胞、叔侄、祖孙等方式,对实验动物来说,亲子和全同胞是最有效的近交方式。采取全同胞交配培育近交系的基本方法分为 3 种,这也是近交系保种的方法。亲子交配也可参照这 3 种方法。

(1)单线法　从原种中选出 3～5 对兄妹进行交配,从中选出生产能力最好的一对进行繁殖。从子代中再选出 3～5 对进行繁殖,然后从中选出一对作为下一代的双亲,依此类推。此法个体均一性好,缺点是选择范围太小,易发生断代。

(2)平行线法　从原种中选出 3～5 对兄妹进行交配,每对生产的子代中都要选留下一代的种动物,平行向下延续。此法优点是选择范围大,有利于种的维持。其缺点是个体不太均一,易发生分化,长期下去可使动物分成不同的亚系。

(3)优选法　这种方法保留了上述两种方法的优点，克服了两种方法的缺点，是个好的保种育种方法。如果每代选6对，每对都选自同一双亲的子代同胎兄妹，在繁殖过程中，每一代均保持6对，当某对不怀孕或生产能力低时，则可以从另一对所生的后代中选择优良者代替。这种代替可以是一对，也可以从雌雄中选一只。

2.谱系记录

近交系的培育和保种必须做好谱系记录，防止发生错误交配，出现遗传污染。在现实工作中发现了许多因记录不完善导致近交系出现遗传污染的现象。近交系的培育和维持需要很长的时间，有时需要追溯以前的情况，应该尽最大的可能留下详细的记录，并予以保存。最少应记录以下各项：①近交代数；②双亲的号码；③出生年月日；④离乳年月日；⑤将雌雄分开的日期；⑥交配日期和时间；⑦分娩日期和产仔数；⑧幼仔的离乳日期和雌、雄的只数；⑨其他关于品系特性的指标；⑩淘汰的年月日。将以上信息分成下面几个步骤进行记录较为方便。

(1)谱系档案　相当于人的户籍账本，记录其品系名称、近交代数、个体号码、出生年月日、双亲的号码，长期保存。

(2)个体卡片　相当于履历书，将个体号码、出生年月日、交配年月日、体重、分娩、离乳和特性检查情况、淘汰年月日等所有与该个体有关的经历记录下来，不断更新，长期保存。

(3)饲养笼标签　相当于住户的门牌，装在饲养笼具上，有的只记有品系名称，雌、雄的个体号码，也有的在此基础上增加记入分娩、离乳的情况等，注意标签应与动物同步，在换窝或转移时随动物一起移动，防止弄错。表2-2为繁殖记录卡，供参考。

表2-2　近交系小鼠繁殖记录卡

<table>
<tr><td colspan="12">近交系小鼠繁殖记录卡</td></tr>
<tr><td colspan="2">品　系</td><td colspan="3"></td><td colspan="2">代　数</td><td colspan="5"></td></tr>
<tr><td colspan="2">盒　号</td><td colspan="3"></td><td colspan="2">来　源</td><td colspan="5"></td></tr>
<tr><td colspan="12">交配日期：　　年　　月　　日</td></tr>
<tr><td rowspan="3">胎次</td><td colspan="5">产　　仔</td><td colspan="5">离　　乳</td><td rowspan="3">备注</td></tr>
<tr><td colspan="2">日期</td><td colspan="3">数目</td><td colspan="2">日期</td><td colspan="3">数目</td></tr>
<tr><td>月</td><td>日</td><td>♂</td><td>♀</td><td>合计</td><td>月</td><td>日</td><td>♂</td><td>♀</td><td>合计</td></tr>
<tr><td></td><td></td><td></td><td></td><td></td><td></td><td></td><td></td><td></td><td></td><td></td><td></td></tr>
<tr><td></td><td></td><td></td><td></td><td></td><td></td><td></td><td></td><td></td><td></td><td></td><td></td></tr>
<tr><td></td><td></td><td></td><td></td><td></td><td></td><td></td><td></td><td></td><td></td><td></td><td></td></tr>
<tr><td></td><td></td><td></td><td></td><td></td><td></td><td></td><td></td><td></td><td></td><td></td><td></td></tr>
<tr><td></td><td></td><td></td><td></td><td></td><td></td><td></td><td></td><td></td><td></td><td></td><td></td></tr>
</table>

3.主要生产繁殖方法

选择近交系动物繁殖的原则是保持近交系动物的基因纯合性。因此，从引种开始一直到繁殖生产过程，始终牢记这一点尤为重要。

(1)引种　作为繁殖用原种的近交系动物必须遗传背景明确，来源清楚，有较完整的资料。引种动物应来自近交系的基础群。

(2)繁殖　继续保持兄妹交配方式。近交系动物的繁殖可分为基础群(foundation stock)、血缘扩大群(pedigree expansion stock)和生产群(production stock)。当近交系动物生产供应数量不是很大时，一般不设血缘扩大群，仅设基础群和生产群。

1）基础群　设基础群的目的，一是保持近交系自身的传代繁衍，二是为扩大繁殖提供种动物。①基础群严格以全同胞兄妹交配方式进行繁殖；②基础群应设动物个体记录卡(包括品系名称、近交代数、动物编号、出生日期、双亲编号、离乳日期、交配日期、生育记录等)和繁殖系谱；③基础群动物不超过 5～7 代都应能追溯到一对共同祖先。

2)血缘扩大群　血缘扩大群的种动物来自基础群。①血缘扩大群以全同胞兄妹交配方式进行繁殖；②血缘扩大群动物应设个体繁殖记录卡；③血缘扩大群动物不超过 5～7 代都应能追溯到其在基础群的一对共同祖先。

3)生产群　设生产群的目的是生产供应实验用近交系动物，生产群种动物来自基础群或血缘扩大群。①生产群动物一般以随机交配方式进行繁殖；②生产群动物应设繁殖记录卡；③生产群动物随机交配繁殖代数一般不应超过 4 代(红绿灯制度)，所以，要不断从基础群或血缘扩大群向生产群中引入动物，确保基础群与生产群动物的血缘关系和遗传一致性。应注意生产的动物要全部作为实验用动物提供，不得留种，种子动物从扩大群中引入。

将基础群、血缘扩大群和生产群的相互关系及动物生产的流程概括如图 2-1 所示。基础群原则上每一代需要有 4～8 只(雌、雄各 2～4 只)为下一代所用，剩余的动物直接供给血缘扩大群，经过血缘扩大群的扩至一定规模，提供给生产群，用于动物的大量生产。

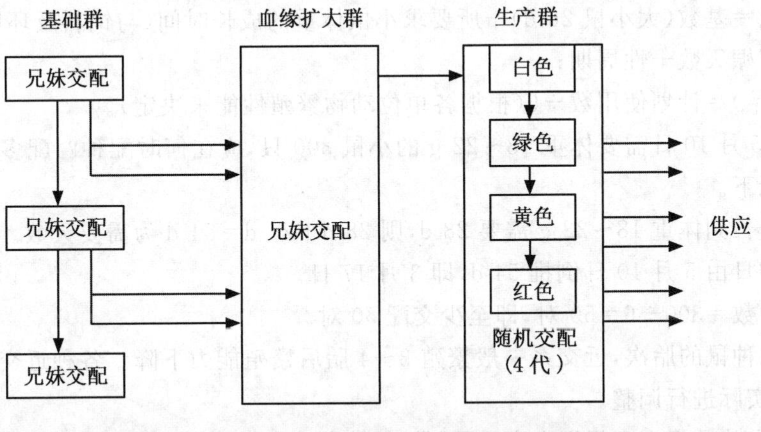

图 2-1　近交系动物的生产过程(→表示动物的流向)

4. 生产计划的制订及相关卡片、表格的设计、填报

(1)生产计划　实验动物是一种特殊商品，生产不足影响科研使用，生产过剩会造成大的浪费，既不能存放仓库，又难以向市场推销。因此，实验动物生产供应与使用的合理衔接，是实验动物生产管理的重要环节。同时，由于实验动物对生活环境的高度依赖，科研使用的规格要求严格，可供利用的时间较短，保持质量标准有特殊要求，决定了我们必须科学地、有效地组织生产，及时合理地加以利用。因此，生产的组织安排显得尤其重要。

生产计划的制订原则是：

①按动物种类、品种、品系分别制订生产计划。

②根据教学、科研、销售计划制订生产计划，在数量上应以供销定产并留有余地。

③要保证种群的正常淘汰、更新和后备。

④要注意计划的衔接。

(2)生产计划的内容

①年生产及供应计划:按动物品种、品系分项,注明年初的存留数,逐月计划配种数、产仔数、断奶数、出栏数和年终存留数。统计各个品种、品系、级别的实验动物逐月(最好以10 d为一个单元)的供应数。

②配种计划:按照逐月计划的出栏数、留种数,制订动物配种、断奶、选种、出栏的时间和数量。

③年动物种群周转计划:按动物品种、品系分项,确定各代、各级别种群数、种群年龄(月龄)结构、逐月选留数、淘汰更新时间表,有条件的场还应考虑定期地采用剖宫产、保姆动物代乳或人工哺乳重建核心种群的计划。

④实验动物质量控制计划:制订对实验动物房舍、设施、动物饲料、饮水定期抽样进行环境微生物、遗传、营养检测的计划及检测时间表。

⑤房屋、设施使用与周转计划:实验动物的饲养应采用全进全出制,定期对房屋设施进行彻底的全面的消毒,制订实施这个计划的房屋设施使用与周转的时间表。

(3)生产计划举例　以小鼠为例说明具体组织生产的过程。如确定了需要小鼠的日期及体重规格,就可以推算配种日期。

计划配种日期＝使用日期－需要天数;

需要天数＝基数(大小鼠 26 d)＋所要求小鼠体重的成长时间(与饲料及环境有关);

基数＝妊娠天数＋性周期;

配种数(♀)＝计划使用数÷6(根据各单位动物繁殖性能来决定)。

例:明年 5 月 10 日需要体重 18～22 g 的小鼠 300 只,应在何时配种?配多少对?假定种鼠充足的情况下。

设小鼠生长到体重 18～22 g 需要 28 d,则 28 d＋26 d＝54 d 为需要天数。

计划配种日由 5 月 10 日倒推 54 d,即 3 月 17 日。

计划配种数＝300÷6＝50 对,即至少交配 50 对。

还需考虑种鼠的胎次,近交系一般繁殖 3～4 胎后繁殖能力下降。各种近交系的繁殖性能不同,应结合实际进行调整。

(4)相关卡片及报表　根据生产需要制订相关卡片及报表,如表 2-2 的繁殖卡片,其他还有种用动物卡、繁殖卡、实验观察卡等,在此不一一列举。下面给出一个报表(表 2-3),供实际工作参考。

表 2-3　实验动物生产报告单

年　　月　　日　　　　　　　　　　　　　　　　制表人:

动物品系	总数	配种数		产仔数	待发数			离乳数		发出数		淘汰数	死亡数	饲料消耗
		♀	♂		规格	♀	♂	♀	♂	♀	♂			

据此可以汇总生成每月的报表。此外还有生长发育记录表、供应统计表、繁殖记录表等。

5.保种方法

近交系的保种方法依然采取单线法、平行线法和选优法，和培育方法一致。此外，为节省空间和饲养成本，人们开发了胚胎冷冻保种方法，用于保存动物的胚胎，在需要时进行复苏，请参考有关书籍。

(二)封闭群动物

1.培育方法

封闭群动物的培育方法比较简单，只要不引进新品种，进行避免近交的繁殖，封闭 4 代以上就符合要求。但长期保持封闭群就必须控制各种条件，采取有效措施，减少群体内遗传变异，使群体的性状、特征保持稳定不变，避免分化为小群体或出现严重近交现象。对培育的封闭群，最好能够了解群体特性，每年实施监测，采取措施保持稳定。

2.主要生产繁殖方法

选择封闭群动物繁殖方法的原则是尽量保持封闭群的动物的基因异质性及多态性，避免近交系数随繁殖代数增加而上升过快。基于此，从开始引种一直到繁殖生产过程，不能忽视基因异质性。

(1)引种　作为繁殖用原种的封闭群动物必须遗传背景明确，来源清楚，有较完整的资料。

为保持封闭群动物的遗传异质性及基因多态性，引种动物数量要足够多，小型啮齿类封闭群动物引种数目一般不能少于 25 对。

(2)繁殖　为保持封闭群动物的遗传基因的稳定，封闭群应该足够大，并尽量避免近亲交配。根据封闭群的大小，选用适当的方法进行繁殖。

①当封闭群中每代交配的雄种动物数目为 10～25 只时，一般采用最佳避免近交法，也可采用循环交配法。

②当封闭群中每代交配的雄种动物数目为 26～100 只时，一般采用循环交配法，也可采用最佳避免近交法。

③当封闭群中每代交配的雄种动物数目多于 100 只时，一般采用随选交配法，也可采用循环交配法。

(3)交配方法

1)最佳避免近交法 (maximum avoidance of inbreeding system)

①留种：每只雄种动物和每只雌种动物，分别从子代各留一只雄性动物和雌性动物，作为繁殖下一代的种动物。

②交配：动物交配时，尽量使亲缘关系较近的动物不配对繁殖，编排方法尽量简单易行(表 2-4)。

a.对某些动物品种，如小鼠、大鼠等，生殖周期较短，易于集中安排交配，可按下述方法编排配对进行繁殖：假设一个封闭群有 16 对种动物，分别标以笼号 1、2、3、…、16。设 n 为繁殖代数(n 为自 1 开始的自然数)，n 代所生动物与 $n+1$ 代交配编排见表 2-4。

b.某些动物品种，如犬、猫、家兔等，生殖周期较长，难以按上述方式编排交配。只要保持种群规模不低于 10 只雄种、20 只雌种的水平，留种时每只雌、雄动物各留一只子代的雌、雄动物做种用，交配时尽量避免近亲交配，则可以把繁殖中每代近交系数的上升控制在较低的程度。

表 2-4 最佳避免近交法的交配编排

$n+1$ 代笼号	雌种来自 n 代笼号	雄种来自 n 代笼号	$n+1$ 代笼号	雌种来自 n 代笼号	雄种来自 n 代笼号
1	1	2	9	2	1
2	3	4	10	4	3
3	5	6	⋮	⋮	⋮
⋮	⋮	⋮	16	16	15
8	15	16			

2)循环交配法 (rotational mating system)

①应用范围:循环交配法广泛适用于中等规模以上的实验动物封闭群。其优点一是可以避免近亲交配,二是可以保证种用动物对整个封闭群有比较广泛的代表性。

②实施办法:

a.将封闭群划分成若干个组,每组包含有多个繁殖单位(一雄一雌单位,一雄二雌单位,一雄多雌单位等);

b.安排各组之间以系统方法进行交配,可参照表 2-4 进行编排。

3)随选交配法(chance mating system)

①应用范围:当封闭群的动物数量非常多(繁殖种动物在 100 个繁殖单位以上),不易用循环交配法进行繁殖时,可用随选交配法。

②实施办法:从整个种群中随机选取种用动物,然后任选雌雄种动物交配繁殖。

3.培育资料的管理

封闭群的培育应按照近交系动物的培育进行资料管理,繁殖卡片和谱系记录等基本信息资料不可缺少。因封闭群动物较多,资料管理难度较大,应给予足够重视。

4.生产计划的制订及相关卡片表格的设计、填报

生产计划的制订及相关卡片表格参照近交系动物,应注重群体特性,尤其要突出反映生产性能的生产指数。

5.保种育种方法

根据种群的大小,选用最佳避免近亲交配法、循环交配法和随选交配法,注意保持群体特性,避免近交。

维持封闭群的时候,需注意以下两点:

第一是群体内部分化成若干个小群,要防止其出现分化进行繁殖的可能。若出现分化,各小群独立进行繁殖,则各小群之间有生产出不同品质动物的危险,进一步会导致分化后各小群动物繁殖数目减少,对防止近亲交配不利。

第二是尽可能维持群体内遗传杂合性不发生变化,为此,需避免近亲交配。在此所述的近亲交配不仅仅是指兄妹交配,还包括血缘较近的个体之间的交配。

但是,不管怎样避免近亲交配,在有限的数量并且无外部动物进入的封闭群内,随着代数的延续其群体整体的近交系数会上升。为防止近交系数上升,增大群体内繁殖个体数量是最为有效的方法。然而,繁殖个体数量不仅受到经济条件、设施面积等方面的种种限制,而且也不能完全防止近交系数的上升,所以,现在把封闭群的近交系数控制在每代 1%以下。

(三)杂交群动物

1.生产繁殖方法

杂交群动物的繁殖比较简单,只是将两个用于生产杂种一代的亲本品系或种群进行交配,

所得子代即为 F1 代动物。如前所述，在 F1 代动物生产中，两个亲本的互交情况则表达所用品系的性别。因为虽然是用同样的两个近交系杂交，由于所用的雌雄不同，则 F1 代动物因母体环境不同或性染色体的不同而出现差异。F1 代动物直接用于实验，不能留种。亲本规模大小可根据 F1 代动物的需要量来决定。

2. 生产计划的制订

一般按照订单来制订相应生产计划，当然也可按照年度计划来安排。根据所需 F1 代动物的数量、规格、生长发育情况，以及怀孕和哺乳期来安排配种时间，具体可参照前述的近交系生产计划制订过程，不再赘述。

(四)免疫缺陷动物的繁殖育种与管理

免疫缺陷动物(immunodeficient animal)是指由于先天性遗传突变或用人工方法造成一种或多种免疫系统组成成分缺陷的动物，有 T 细胞、B 细胞、NK 细胞和联合免疫缺陷等多种动物模型，常用的有裸小鼠和 SCID 小鼠。对于不同的免疫缺陷动物，其生理机能不同，繁殖和管理的方法各异。下面举两个实例加以说明，其他动物可以参照。

1. 裸小鼠

(1)概况　1962 年苏格兰医师 Issacson 等首先发现无胸腺裸小鼠(nude mouse)，导致这种异常状态的裸基因(*nu*)是一个隐性突变基因。裸小鼠具有两个主要缺陷特征：①毛发生长异常；②无胸腺，T 细胞功能缺失。B 细胞和 NK 细胞功能正常。

这种小鼠在微生物学和寄生虫学、免疫学、肿瘤学、临床医学等方面具有广泛的应用。

(2)饲养和繁殖

①繁育：由于雌性裸鼠母性及泌乳能力差，一般采用隐性纯合子雄性裸鼠与杂合子表型正常的雌鼠交配，其后代将出现表现型正常的仔鼠和裸小鼠，前者可选择用于继续繁殖，后者则可供实验用。具体如图 2-2 所示。

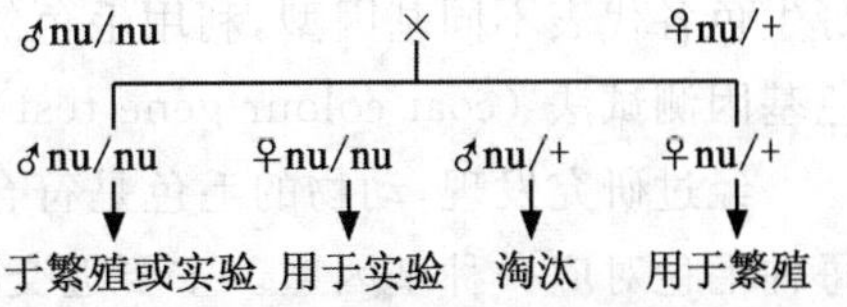

图 2-2　裸鼠的繁殖示意图

②饲养条件：在 SPF 级洁净饲养室，宜在隔离层、超净层流架等设备中饲养。

2. 严重联合免疫缺陷小鼠

(1)概况　严重联合免疫缺陷小鼠(severe combined immunodeficient mice，SCID 小鼠)在 1983 年由美国学者 Bosma 首先发现于 C.B-17 小鼠，是位于第 16 号染色体的称之为 SCID 的单个隐性突变基因所导致。由于 C.B-17 小鼠是 BALB/cAnIcr 的同源近交系，因此 SCID 小鼠与 BALB/cAnIcr 小鼠遗传背景基本相同。

SCID 小鼠外观与普通小鼠无异，但胸腺、脾、淋巴结的重量一般均不及正常的 30%，组织学上表现为淋巴细胞显著缺乏，胸腺多为脂肪组织包围，缺少皮质；脾白髓不明显，红髓正常，脾小体无淋巴细胞聚集；骨髓结构正常，外周白细胞较少，淋巴细胞仅占白细胞总数的 10%～20%，而正常小鼠应占 70%。SCID 小鼠的所有 T 和 B 淋巴细胞功能测试均为阴性，但非淋巴性造血细胞分化不受突变基因影响，NK 细胞和 LAK 细胞也呈正常状态。该种小鼠不仅能接受人体正常组织的移植而被称之为 SCID-hu 模型，如将人胎肝、人胎胸腺及淋巴结等移植于 SCID 小鼠后，能在其体内分化为成熟的 T、B 细胞，并在小鼠的外周血中出现人 CD4＋和 CD8＋T 细胞及人 IgG，而且在接受人类肿瘤移植后成活率高，易于发生浸润和转移，并已在黑色素瘤、肺癌、淋巴瘤及白血病等的移植中获得证实，尤其在白血病及淋巴瘤的研究中更为突出。

SCID小鼠免疫缺陷是由于T细胞和B细胞受体在免疫重组时发生异常，其内源性T细胞和B细胞不能接受正常的发育信号，因而不能发育成功能性T细胞和B细胞。

(2)饲养和繁殖　SCID小鼠两性均能生育，但胎仔数比正常少，为3～5只。在SPF环境下SCID小鼠寿命可达1年。

SCID小鼠在SPF条件下饲养，在隔离环境中保种，纯合子兄妹交配繁殖。

三、实验动物遗传质量监测主要方法

监测是一种定期检测的制度，具有系统性，而检测是指每次对样品的检验。遗传检测的目的是证实各品系应具有的遗传特性，检查是否发生遗传突变和是否混入其他血缘动物以及是否发生错误交配而造成遗传污染等，以确保被检测对象符合该品系的要求。由于品系的特性易受许多因素影响而发生变化，并且直接关系到试验结果的可靠性，使用发生遗传污染的动物进行实验往往导致错误的结论，因此，实验动物遗传质量检测应作为常规工作，在某种程度上讲，实验动物遗传质量比微生物质量对动物实验结果的影响更大、更严重。

用于遗传质量检测的主要方法有以下几种。

(一)毛色基因测试法

因为动物的毛色依据外观即可判别其性状，可以直观地通过表型判断其基因型，进行遗传分析。如果具有遗传学的基础知识，在检测性状上无需特殊技术，是检测技术中最为简便的性状。当近交系固定于某些特定的毛色时，只需观察其毛色即可进行一定程度的检测，如白色或野生色各代表不同基因型，利用毛色的表型分离可以推断近交系的毛色基因。该方法称为毛色基因测试法（coat colour gene test）。

经过研究发现，动物的毛色是符合遗传规律的质量性状，主要由a、b、c、d、s等基因控制，每种毛色对应一种基因型。主要近交系的毛色和对应的基因型见表2-5和表2-6。表中显示了可用于小鼠和大鼠遗传检测、与质量性状有关的基因位点及其在染色体上的位置关系。利用孟德尔的自由组合定律和分离定律，通过与已知基因型的动物进行交配，观察其后代的毛色分离情况就可以进行基因型判定。

表2-5　主要小鼠近交系的毛色和对应的毛色基因

毛色	基因型(染色体号)					代表品系
	a (2)	b (4)	c (7)	d (9)	s (14)	
野生色	AA	BB	CC	DD	SS	C3H，CBA
黑色	aa	BB	CC	DD	SS	C57BL/6，C57BL/10
巧克力色	aa	bb	CC	DD	SS	RR，NBR，C57BR/cd
肉桂色	AA	bb	CC	DD	SS	NC
淡褐色	aa	bb	CC	dd	SS	DBA/1，DBA/2
白化	**	**	cc	**	**	A/J，AKR，BALB/c，ICR
白斑	**	**	CC	**	ss	KSB，KSA

*：任意一个等位基因。

A：野生色，a：非野生色；B：黑色，b：褐色；C：有色，c：白化；D：毛色加深，d：毛色淡化；S：无色斑，s：有色斑。

表 2-6　主要大鼠近交系的毛色和对应的毛色基因

毛色	基因型					代表品系
	A	b	c	d	h	
野生色	AA	BB	CC	DD	h^ih^i	ACI
巧克力色	Aa	bb	CC	DD	h^ih^i	BN
白化	Aa	BB	cc		hh	F344
鼠灰色	AA	BB	CC	DD	HH	IS
黑色头巾斑	Aa	BB	CC	DD	hh	LE
白化	AA	BB	cc	DD	hh	W/Hok

A：野生色，a：非野生色；B：黑色，b：褐色；C：有色，c：白化；D：+（毛色加深），d：毛色淡化；H：+（毛色加深），h^i：毛色中等，h：有头巾。

毛色基因的交配测定，可以把隐藏的毛色基因显示出来，是最简单的遗传质量检定方法。该方法常用于观察近交系的白化小鼠是否纯化，因此需要使用具有特殊毛色的品系，如 DBA/2 小鼠。

具体方法是：将白化动物与复隐性毛色动物交配后，观察 F1 代的毛色，其结果将完全依赖于白化品系所带的毛色等位基因。例如用 DBA/2 品系，它的毛色基因为 a、b、C。把它与 TA1 品系交配，所得的 F1 代全为深褐色，基因型为 aa bb Cc，因此 TA1 的基因型为 aabbcc。另外用 TA2 与 DBA/2 进行杂交，所生产的杂交 F1 代全为黑色。如图 2-3 所示。通过交配测验结果，参照表 2-5 可推断出 TA1 和 TA2 两个品系所蕴藏着的毛色基因。

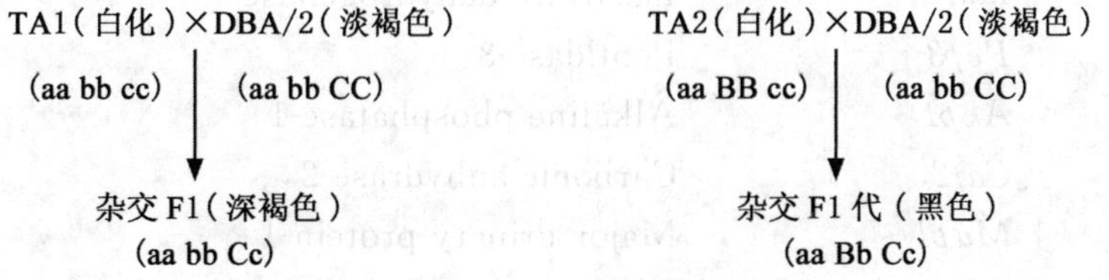

图 2-3　TA1 和 TA2 小鼠毛色基因测试

采用毛色基因测试需要繁殖一代动物，花费时间比较长，不太适合做常规检测，多用于新培育品系的鉴定、出现遗传污染时的原因分析以及基因连锁分析等方面。

（二）皮肤移植法

皮肤移植法是国际上用于遗传质量检测的最早也是经典的方法之一。皮肤移植作为评价实验动物遗传质量的一项重要指标，在我国制定国家标准时也被采纳，成为两个推荐检测方法之一。因为皮肤移植具有操作比较简单、不需要贵重的仪器设备等优点，仍然是国际上公认的遗传检测方法，一直沿用至今。皮肤移植法适用于近交系大、小鼠在培育过程中纯度的检查以及在饲养繁殖过程中的遗传检测。

皮肤移植主要用于检测组织相容性抗原（H-2）基因的异同，它是一个敏感、使用广泛的方法。其技术原理为移植排斥反应是组织相容性差异的表现，移植物在同一近交系中可以被互相接受，即同系移植（isograft）是成功的。移植物在不同近交系中互相排斥，亦即同种移植（allograft）是不成功的。F1 代动物可以接受任何一个双亲的组织移植物，双亲则不能接受 F1 代的移植物。F1 代动物可以接受 F2 代以后各代动物的移植物。亲本品系可以接受某些 F2 代以后各代动物的移植物，但是绝大部分被排斥。

皮肤移植方法分背部和尾部两种操作方式。背部的皮肤移植比较适合近交系小鼠，因为小鼠体形小、皮肤比较薄，操作起来比较方便。具体操作见 GB/T14927.2，不再赘述。

(三)下颌骨形态测量分析法

下颌骨的形状(mandible shape)与遗传的因素有密切的关系，被认为是比较稳定的数量遗传性状。测定下颌骨 11 个部位的长度，将这些测定值进行多变量解析处理，即可识别不同品系。

虽然该方法比较复杂，但随着自动化测量技术的发展，测试分析逐步简易化，大大提高了该方法的实用性。国内一些单位开发出计算机测试分析系统，较好地应用于实际工作，值得进一步推广。具体操作请参见有关书籍。

(四)生化标记基因检测法

小鼠和大鼠相当多的同工酶和同种结构蛋白表现出多态性，显示出支配这些酶和蛋白质的基因多态性。选择一些在品系间具有多态性的同工酶和异构蛋白作为生化标记，它们的基因即为生化标记基因。这些多为支配动物体内酶、蛋白质变异的基因。将动物脏器组织匀浆上清液、血液中的酶、蛋白质等进行电泳后，以特异的生物化学方法进行染色来识别待测的性状。因为这些性状大部分为共显性，根据其表现型即可判别基因杂合型和纯合型，所以成为检测的有效方法(表 2-7)。

表 2-7 小鼠的生化标记基因

染色体	基因位点	基因名称	等位基因*
1	*Idh1*	Isocitrate dehydrogenase-1	a,b
1	*Pep3*	Peptidase-3	a,b,c
1	*Akp1*	Alkaline phosphatase-1	a,b
3	*Car2*	Carbonic anhydrase-2	a,b
4	*Mup1*	Major urinary protein-1	a,b
4	*Gpd1*	Glucose phosphate dehydrogenase-1	a,b,c
5	*Pgm1*	Phosphoglucomutase-1	a,b
6	*Ldr1*	Lactate dehydrogenase regulator-1	a,b
7	*Gpi1*	Glucose phosphate isomerase-1	a,b
7	*Hbb*	Hemoglobin beta chain	d,p,s
8	*Es1*	Esterase-1	a,b
8	*Es2*	Esterase-2	a,b,c
9	*Trf*	Transferrin	a,b
9	*Mod1*	Malic enzyme-1	a,b
11	*Es3*	Esterase-3	a,b,c
14	*Es10*	Esterase-10	a,b,c

*:野生小鼠的变异除外。

其他动物如沙鼠、地鼠和家兔等生化位点研究也比较多，筛选出一些多态位点用于检测，取得了实际效果。小鼠、大鼠生化位点的具体操作见 GB/T 14927.1。

(五)DNA 多态性检测法

由于生物个体间的差异在本质上是 DNA 分子的差异，因此，DNA 是最为可靠的遗传标记。随着分子生物学技术的迅猛发展，出现了许多测定 DNA 多态性的方法。这些方法概括起来主要有三大类：①以 DNA-DNA 杂交为基础的方法，主要包括用相应的限制性内切酶（restriction enzyme）切开核 DNA、细胞质线粒体 DNA 即可知道其长度，DNA 片段长度因品系的不同而有所不同，被称为限制酶切片段长度多态性（restriction fragment length polymorphism，RFLP）及 DNA 指纹图谱（DNA fingerprint）方法；②以 PCR 方法为基础，主要包括 RAPD（random amplified polymorphic DNA）法和微卫星（microsatellite DNA）法；③单核苷酸多态性（single nucleotide polymorphism，SNP）测定法。今后，这些方法应用于遗传检测的可能性将逐步增强，尤其是一些显现出自动化分析的技术有广阔的前景，如 DNA 变性分析技术、基因芯片技术等。这方面的资料较多，不做过多介绍。

四、遗传质量标准

（一）近交系动物的遗传质量标准

近交系动物必须符合以下要求：

①具有明确的品系背景资料，包括品系名称、近交代数、遗传组成、主要生物学特性等，并能充分表明新培育的或引种的近交系动物符合近交系定义的规定。

②用于近交系保种及生产的繁殖系谱及记录卡应清楚完整，繁殖方法科学合理。

③经遗传检测（生化标记基因检测法、皮肤移植法、免疫标记基因检测法等）质量合格。

（二）封闭群动物的遗传质量标准

由于封闭群动物的遗传组成不如近交系稳定，目前尚没有统一的质量标准，但基本要求如下：

①作为繁殖用原种的封闭群动物必须遗传背景明确，来源清楚，有较完整的资料（包括种群名称、来源、遗传基因特点及主要生物学特性等）。

②保持封闭群条件，无选择，以非近亲交配方式进行繁殖，每代近交系数上升不超过 1%。

③具有一定的种群规模，保持封闭群的主要生物学特性。

五、常见遗传质量问题及处理

（一）遗传检测的实施

1. 近交系小鼠、大鼠遗传检测方法及实施

（1）生化标记（biochemical markers）基因检测法　这是近交系动物遗传纯度常规检测中的常规方法。

①抽样：对基础群，凡在子代留有种鼠的双亲动物都应进行检测。

对于生产群，雌性种鼠数量在 100 只以下的，从每个近交系中随机抽取成年动物 6 只；雌性种鼠数量在 100 只以上的，随机抽取量应≥6%，雌雄各半。

②生化标记基因的选择及常用近交系动物的生化遗传概貌：近交系小鼠选择位于 10 个染色体上的 14 个生化位点，近交系大鼠选择 6 条染色体上的 9 个生化位点，作为遗传检测的生化标记。以上生化标记基因的名称及常用近交系动物的生化标记遗传概貌见 GB 14923《实验动物　哺乳类实验动物的遗传质量控制》附录 C。

③检测结果判断：见表 2-8。

表 2-8 生化标记基因检测法遗传检测结果的判定

检测结果	判 断	处 理
与标准遗传概貌完全一致	未发现遗传变异，遗传质量合格	—
有一个位点的标记基因与标准遗传概貌不一致	可疑	增加检测位点数目和增加检测方法后重检，确实只有一个标记基因改变可命名为同源突变系
两个或两个以上位点的标记基因与标准遗传概貌不一致	不合格	淘汰，重新引种

(2)皮肤移植法(skin grafting) 每个品系随机抽取至少 10 只相同性别的成年动物，进行同系异体皮肤移植。移植全部成功者为合格，发生非手术原因引起的移植物的排斥判为不合格。具体方法参见 GB 14927.2《实验动物 近交系小鼠、大鼠皮肤移植法》。

(3)检测时间间隔 近交系动物生产群每年至少进行一次遗传质量检测。

2. 封闭群动物的遗传检测

到目前为止，实验动物的遗传学质量标准是针对近交系而制定的。封闭群动物的遗传组成不如近交系稳定，以基因频率或数量遗传参数来表示封闭群动物的遗传结构有一定的误差。因此，封闭群动物的遗传检测是一个比较困难的问题。已制定的封闭群繁殖制度虽能减小基因纯合度的上升率，但仍不足以保持封闭群遗传性状的稳定，许多群体的近交系数已有一定程度的上升。

(二)常见遗传质量问题及处理

对于近交系动物，通过定期遗传检测，发现问题按照表 2-8 所示的原则处理。遗传污染不像微生物污染那样可以通过剖腹净化等方式加以解决。发生遗传污染后，要么按同源近交系进行培育，要么淘汰重新引种。所以平时一定要加强实验动物的遗传质量控制，一旦出现问题，后果比较严重，这在实际工作中多有发生，必须引起饲养管理技术人员的高度重视。

对于封闭群动物的遗传质量控制主要针对两个方面：①在群体内保持其个体间较大的遗传性状差异；②所有基因的相对频率保持稳定，如果一个群体足够大，而且没有选择力量的存在，群体的遗传特性几乎不发生变化。然而在实践中所有的子代并非都有可能参与下一代的交配繁殖。封闭群小鼠一般只有 2%～8%的后代进入下一代繁殖。对于清洁级以上的群体因微生物污染经常需要由少数孕鼠通过剖腹取胎，然后扩大繁殖成新群体。群体的遗传特性将会由于奠基者效应而发生变化。即使保持足够大的有效群体和较小的近交系数上升率(ΔF)，随着世代的增加或清洁级群体的建立和更新也会发生遗传性状的漂移。这种漂移并不局限于繁殖性能，还发生在全身的数量性状，这具有生物学和医学实验上的意义。20 世纪 80 年代中期由 Rapp 提出的“二次优选法(quadric optimization)”将生物学特性监测的结果用于指导封闭群的选种。对封闭群动物，关键是通过科学的选种、合理的交配体系来保证群体特性的稳定。出现问题时应及时进行调整，加强群体性状的选育，维持一定规模的种群，保持群体特性。

第二节 实验动物微生物学和寄生虫学质量控制

微生物学、寄生虫学质量控制是实验动物标准化的重要内容之一。实验动物多来源于野生动物，通过定向培育形成不同的品种品系，并经剖腹净化，达到微生物学控制标准。由于实验动物多采取群体饲养，易被各自的易感病原所感染，因此极易造成疾病的暴发和流行，从而对实验研究产生严重干扰。造成实验动物传染病流行的病原多种多样，一般会引起动物隐性感染，当实验研究或其他因素导致动物抵抗力降低时可引起动物发病，表现临床症状和病理改变，甚至发生死亡，使实验中断，造成人力、物力和时间的极大浪费。特别是在动物体内呈隐性感染者，一般不引起死亡，但可影响动物自身的稳定性和反应性，并可改变机体的免疫功能，形成肿瘤，或与其他病原协同、起激发或拮抗作用，使实验结果受到干扰，以至导致错误的结论。有的病原宿主广泛，属人畜共患病病原，可同时引起人和动物的疾病，更具有危险性。因此开展实验动物传染病的监测与控制工作对保证实验动物和动物实验的质量具有十分重要的意义。

根据国家标准(GB 14922.1，GB 14922.2)，按微生物和寄生虫的控制程度，将实验动物划分为普通级动物、清洁动物、无特定病原体动物和无菌动物 4 个等级。悉生动物是来源于无菌动物的一类特殊用途动物，不在国标分类中单独列出。

一、普通级动物

(一)定义

普通级动物(conventional animal，CV 动物)是不携带所规定的人畜共患病病原和动物烈性传染病的病原的动物。

(二)应排除的微生物与寄生虫种类

如沙门菌、结核分枝杆菌、狂犬病病毒和兔出血症病毒等。常见的普通级动物有豚鼠、地鼠、兔、犬和猴。2001 版实验动物国家标准取消了普通级小鼠和大鼠等级标准，故不设普通级大、小鼠等级。

(三)饲养管理要点

普通级动物饲养在普通环境中，对温度、换气次数和落下菌数实行控制，饲养管理上采取一定的防护措施，以预防人畜共患病及动物烈性传染病的发生。如建立严格的消毒防疫制度，保持环境卫生；房舍要有防野鼠、防昆虫设施，并定期进行环境和笼器具的消毒；应限制无关人员进入动物室；工作人员进出要遵守普通级动物室操作规范，如更衣、换鞋等；垫料要消毒，使用标准颗粒饲料，饮用水要符合城市卫生标准；要做好引种动物的检疫工作，淘汰和死亡的动物要严格处理等。

由于采用普通级动物做实验，刺激因素可能诱发隐性感染动物发生显性感染，并出现有关组织器官的结构、生理生化与免疫学改变，从而不同程度影响实验结果，因此该等级动物仅供教学和科研预实验使用。

二、清洁动物

(一)定义

清洁动物(clean animal，CL 动物)是指除普通级动物应排除的病原外，还应不携带对动物健康有危害和对科学研究干扰较大的病原的动物。

(二)应排除的微生物与寄生虫种类

清洁动物的种群来源于 SPF 动物或无菌剖宫产动物，常见的清洁动物有小鼠、大鼠、豚鼠、地鼠和兔。按标准,清洁大鼠应当排除10种病原菌、2种病毒、5种(类)寄生虫;清洁小鼠应当排除10种病原菌、5种病毒、5种(类)寄生虫。

(三)饲养管理要点

清洁动物应饲养在温度、湿度相对恒定的屏障环境中,该环境严格控制人员、物品和环境空气的进出。所使用的笼器具、器械、垫料等一切用具及饲料、饮用水都须经过消毒灭菌处理。进出动物室的人员必须遵守屏障环境动物室的操作规范,要淋浴、穿灭菌衣、戴灭菌手套和口罩等。

清洁动物应当排除的微生物和寄生虫多于普通级动物,在实验中受动物疾病的干扰较少,其敏感性和重复性也较好,而又比SPF动物容易达到质量标准。目前,清洁动物在我国已广泛应用于科学研究和其他用途。

三、无特定病原体动物

(一)定义

无特定病原体动物(specific pathogen free animal, SPF动物)是指除清洁动物应排除的病原外,还应不携带主要潜在感染或条件致病和对科学实验干扰大的病原的动物。

(二)应排除的微生物与寄生虫种类

如绿脓杆菌和金黄色葡萄球菌等。SPF动物的种群来源于无菌动物或剖宫产净化动物。常见的SPF动物有小鼠、大鼠、豚鼠、地鼠、兔、犬和猴。

(三)饲养管理要点

SPF动物能否培育成功与设施装置有密切关系,应饲养于屏障系统、超净生物层流架内,实行严格的微生物控制,污染动物依不同情况降低等级使用或全部淘汰。饲养时一般每周更换1~2次垫料,饲料、饮水不足时及时添加,饲料可用商品的SPF全价灭菌饲料或自行配制,自行配制时要注意补充灭菌过程中受破坏的营养成分,主要是一些维生素和氨基酸。正常情况下SPF动物生长发育良好,动物健康。但屏障内一旦遭到污染,病原体的传播比在开放环境中更快,动物感染死亡率高。其中设施的破坏、停电事故、空气过滤装置的故障及进入屏障系统内的物品消毒不严格是污染的重要原因,但最大的污染源是工作人员。工作人员不按规定的程序进入屏障设施进行操作往往会造成严重后果。因此,SPF动物饲养管理的关键在于要有无菌观念,任何操作、管理和行为都必须遵循既定的操作规程,不能给屏障系统造成污染,这就要求除了设施的完善外,在屏障系统中管理动物或进行实验的人员都必须经过严格的技术训练,对屏障设施的一切规章制度都要认真遵守。

四、无菌动物

(一)定义

无菌动物(germ free animal, GF动物)是指在动物体内无可检出一切生命体的动物。

无菌动物发展已有近百年的历史,1957年塑料薄膜无菌隔离器问世,这一设施造价低、应用方便,大大地推进了无菌动物的应用和发展,至今已育成多种无菌动物。

在我国,从20世纪80年代初开始涉足无菌动物技术领域,在短短的十几年间,已自行研制成功塑料薄膜无菌隔离器,培育出的无菌动物有小鼠、大鼠、豚鼠、兔、金黄地鼠等。

(二)应排除的微生物与寄生虫种类

无菌动物是普通级动物经无菌剖宫产手术,幼仔在无菌隔离器中人工哺育或由其他无菌动物代乳饲育而成。常见的无菌动物有小鼠、大鼠、豚鼠、地鼠和兔。但应当明确,这里的“无菌”只是一个相对概念,仅仅指以目前的技术手段未能查出微生物。

(三)饲养管理要点

无菌动物必须饲养在隔离器内。进入隔离器的空气经过高效过滤,内部物品均经高压灭菌或化学药品灭菌。空气的排出也经过过滤器,防止外界空气逆流进入隔离器。隔离器内无菌状态的保持具有长期性、连续性、绝对性和不可逆性,偶然的污染将导致全过程的失败。

五、悉生动物

(一)定义

目前,悉生动物并没有明确的国家标准,它是根据特殊需要定向培育的一类动物。悉生动物也称已知菌动物或已知菌群动物,是指在无菌动物体内植入已知微生物的动物。根据植入无菌动物体内细菌种类的不同,悉生动物可分为单菌、双菌和多菌动物。

(二)饲养管理要点

悉生动物来自无菌动物,在生物学特性及应用方面与无菌动物有许多相似之处,又可弥补无菌动物的某些缺点。无菌动物肠道里没有细菌,所以不能在肠道内合成所需的某些维生素和氨基酸,必须在日常补充。无菌动物抵抗力差,饲养管理较困难,而对已知菌动物选择地投入几种有益的肠道菌,会使动物抵抗力增强,饲养较容易。

与无菌动物一样,悉生动物也是饲养于无菌隔离器中,饲养方法、管理手段基本相同。悉生动物应定期进行微生物检查,一方面检查是否被污染,另一方面检查接种微生物是否在体内定植,对未能定植的菌株应及时补充接种。

六、实验动物微生物和寄生虫质量监测

(一)外观指标

动物外观健康、无异常。

(二)微生物和寄生虫指标

病原菌和病毒检测按 GB 14922.2 规定的内容进行;寄生虫学检测按 GB 14922.1 规定的内容进行。

(三)检查程序

检测的动物应当按寄生虫、细菌、真菌、病毒学要求联合取样检查。步骤为:动物编号—外观检查—麻醉—皮肤取样(真菌、体外寄生虫)—取血(分离血清、检查病毒或其他病原抗体)—无菌解剖(取气管分泌物、肠内容物、脏器培养、细菌分离)—检测—提出报告。

(四)检查方法

寄生虫学检测以镜检为主,具体方法参照国标中的规定分项进行。细菌学检测以分离培养鉴定为主,病毒学检测以免疫学检查抗体为主,必要时进行病毒分离鉴定,具体方法参照国标中的规定分项进行。

1. 实验动物病毒学检测方法

血清学检测适用于各级各类实验动物的经常性检测和疫情普查,常用的方法有酶联免疫

吸附试验(ELISA)、免疫荧光试验(IFA)、免疫酶染色试验(IEA)、血凝试验(HA)、血凝抑制试验(HI)、病毒中和试验、琼脂扩散试验。

病原学检测适用于动物群确有疾病流行、需要检出病毒或确认病毒存在的情况。检测方法有:病毒分离与鉴定,病毒颗粒、抗原或核酸检出,潜在病毒激活,抗体产生试验等。例如:采用免疫组化的方法在光镜下检查病变组织中的特异性抗原;采用 HA 或 HI 方法检查患病动物排泄物或组织悬液中的血凝素抗原;采用电镜或免疫电镜技术检查组织或排泄物中的病毒颗粒;采用聚丙烯酰胺凝胶电泳(SDS-PAGE)检查病毒基因组;采用核酸分子杂交技术或聚合酶链反应(PCR)检出组织或排泄物中的病毒核酸。

2. 实验动物细菌学检测方法

最常用的方法是病原菌的分离与培养或进行动物接种。对于部分病原菌,如鼠伤寒沙门菌、鼠棒状杆菌、布氏杆菌、沙门菌等,可采取血清学方法,但仍需结合分离培养结果做出最后诊断。对于泰泽菌,由于不能在人工培养基上生长,因此采用组织压片、镜检的方法进行检查并结合病理检查结果做出最后诊断。

3. 实验动物真菌学检测方法

目前主要采用沙氏培养基分离培养,皮肤真菌一般在 25℃ 培养,深部真菌在 37℃ 培养。不同的真菌具有一定的菌落特点。镜下染色检查可进行种属鉴定。有时还需借助于生物化学反应结果和免疫学方法进行最后诊断。

4. 实验动物寄生虫学检测方法

体外寄生虫:有肉眼观察法、透明胶纸粘取法、拔毛取样法、皮屑刮取法、黑背景检查法、解剖镜下通体检查法等方法,主要检查蚤、虱、螨等节肢动物。

体内寄生虫:主要检查蠕虫和原虫,可采用直接涂片法(粪便、血液、脏器、肠内容物)、饱和盐水漂浮法或沉淀法、透明胶纸肛门周围粘取法、组织或器官剖面压印法、病变组织切片或压片法、尿液的离心法(如查鼠膀胱线虫)等。

(五)监测规则

①监测规则:普通级动物、清洁动物和无特定病原体动物每 3 个月至少检测动物一次;无菌动物每年检测动物一次,每 2~4 周检查一次动物的生活环境标本和粪便标本。

②取样要求:应选择成年动物用于检测。取样数量应按每群小鼠、大鼠、地鼠、豚鼠和兔的生产繁殖单元,以及每群犬、猴的生产繁殖群体,根据动物多少决定取样数量。要求小于 100 只的群体取样不少于 5 只;100~500 只的群体,取样数量不少于 10 只;而大于 500 只的群体,取样数量应不少于 20 只。

③送检要求:取样时应在每一个繁殖单元的不同方位(如四角和中央)选取动物,动物的送检容器应按动物级别要求编号和标记,包装好,安全送达检测实验室,并附送检单,写明送检动物的品种品系、级别、数量和检测项目。无特殊要求时,兔、犬和猴的活体取样可在生产繁殖单元进行。

④检测项目:国标对必须检测和必要时检测的项目作了限定性说明:必须检测项目是指在进行实验动物质量评价时必须检测的项目;必要时检测的项目是指从国外引进实验动物时、怀疑有本病流行时、申请实验动物生产许可证和实验动物质量合格证时必须检测的项目。

(六)结果判定及报告

在检测的各等级动物中,如有一只动物的一项指标不符合该等级标准要求,则判该群动物为不符合该等级标准。检测报告应包括检测结果、检测结论等内容。

(七)出现不良结果的处理

①及时发现、诊断和上报疫情,并通知邻近单位,做好预防工作。

②迅速隔离原病动物,污染的环境和器具要及时消毒,停止实验观察或淘汰实验用动物。

③若发生危害性大的疫病,如鼠疫、流行性出血热等,应采取紧急隔离等综合性措施。

④疫情扑灭经消毒处理后,至少经过一个潜伏期监测,确认无新发病例后,方可解除隔离。

⑤病死和淘汰动物应采取焚烧等措施合理处理。

第三节 实验动物常见传染性疾病及控制

一、概述

在实验动物的饲养环境及动物体表、黏膜和消化道中,存在着种类繁多的微生物与寄生虫。这些微生物对实验动物可以是致病性的、条件致病性的和非致病性的,有的可能是有益的,而有的还可能是人畜共患病的病原体。

影响实验动物质量的因素来自许多方面,其中微生物和寄生虫感染是影响实验动物质量的主要因素。能够感染实验动物的微生物和寄生虫种类很多,所造成的危害主要表现在以下几个方面。

(1)影响实验结果 实验动物的微生物和寄生虫感染可不同程度干扰实验结果,从而影响研究工作的准确性和可靠性,甚至得出错误的结论。隐性感染常导致动物生理生化指标的改变,使实验得不到应有的结果,或因实验处置,动物抵抗力下降,使隐性感染显性化,导致疾病的发生。另外,隐性感染所造成的组织学改变也影响实验结果的判定。如仙台病毒感染引起肺鳞状化病变,鼠肝炎病毒感染引起血清谷草转氨酶、谷丙转氨酶增高等。

(2)影响动物生产 某些烈性传染病如鼠痘、兔出血症、犬细小病毒性肠炎等的流行,可导致动物大批死亡或质量下降,从而给动物的生产和实验的正常进行带来严重影响。

(3)威胁人类健康 许多实验动物传染病为人畜共患性疾病,这些传染病可在人与动物之间传播流行,因而也对饲养和研究人员的健康构成威胁。特别是那些在动物呈隐性感染而对人类呈致死性感染的病原微生物(如流行性出血热病毒),应引起高度重视。

(4)污染实验材料 如果病原微生物污染了细胞培养物、肿瘤移植物或以动物组织和细胞为生产原料的生物制品,不仅干扰实验,而且还可将病原扩散,以至危害人类的健康。

(5)寄生虫对实验动物的影响 实验动物感染寄生虫后不仅虫体对机体造成一定的损害,而且动物机体也对虫体产生反应,使动物机体的生理、生化及免疫学指标发生改变,从而影响实验结果。寄生虫对实验动物的影响主要有以下几个方面:①掠夺宿主的营养;②体外寄生虫骚扰动物;③对宿主机体产生机械性损伤;④对宿主产生毒性作用;⑤对宿主生理、生化和免疫系统产生影响。

二、实验动物传染病的传播途径及其防疫措施

(一)实验动物传染病流行的基本环节

传染病在动物群体中的发生、发展以及引起流行必须具备3个基本条件，即需有传染源、合适的传播途径和易感动物群体。缺少其中任何一个条件，传染病就不可能流行起来。对于已经流行起来的感染性疾病，只要切断其中任何一个环节，均可使流行停止。

1. 传染源

体内已有病原体生存、繁殖，并能将病原体排出体外的动物。

2. 传播途径

病原体由传染源排出后，经一定的方式再侵入其他易感动物所经的途径称为传播途径。研究传染病传播途径的目的在于切断病原体继续传播的途径，防止易感动物受传染，这是防治实验动物传染病的重要环节之一。

传播途径可分两大类。一是水平传播，即传染病在群体之间或个体之间以水平形式横向平行传播；二是垂直传播，主要指病原微生物经胎盘传播。

3. 动物群体的易感性

易感性是抵抗力的反面，指实验动物对于某种传染病病原体感受性的大小。实验动物群体中易感个体所占的百分率，直接影响到传染病是否能造成流行以及疫病的严重程度。实验动物易感性的高低虽与病原体的种类和毒力强弱有关，但主要还是由实验动物的遗传特征等内在因素、特异免疫状态决定的。外界环境条件如气候、饲料、饲养管理卫生条件等因素都可能直接影响到动物群体的易感性和病原体的传播。

(二)实验动物的卫生防疫制度

在医学和兽医学研究领域，疫苗接种或药物治疗是预防传染病的有效手段。但在某些情况下，实验动物(除大型或稀有实验动物)由于以下原因不应采取疫苗接种或药物治疗：①应用的疫苗或治疗制剂可能干扰实验结果。如使用磺胺类药物可使动物的肝、胆、肾等脏器组织产生毒性损伤，影响实验结果。②经过治疗或免疫的动物，外表健康，但仍带菌或带毒，成为潜在的传染源。如沙门菌即使采取药物治疗，也不能将其从动物群中彻底根除。又如小鼠肝炎病毒，虽用疫苗免疫可以产生免疫力，但有些小鼠仍可带毒，使其在小鼠群中长期存在。③对小型实验动物，采取治疗措施，尤其是需用特殊药物的个体治疗，因成本较高而不宜使用。因此，在实验动物饲养和动物试验过程中，只能采取严格的饲养管理和卫生防疫制度达到预防疾病的目的。

1. 实验动物的防疫原则

要严格遵守国家颁布实施的实验动物管理法规和标准。工作中要注意以下几点：

①隔离饲养。各种动物要分开饲养，严禁混养在一起，防止交叉感染。

②引进动物要严格检疫，依据国家标准进行检测，决不能有半点马虎。要从具有实验动物生产许可证的供种单位引进动物。

③坚持卫生消毒制度，杜绝各种微生物的侵入和繁殖。要定期对动物房舍和饲养用具进行消毒。

④饲养管理人员要定期进行健康检查，有人畜共患病者，应调离与动物直接接触的工作岗位。

⑤保种单位和生产单位要对保种的动物定期进行质量检查，发现问题及时更新种群。

⑥对依据国家标准要求必须实施预防接种的实验动物，要定期进行免疫接种。

⑦严格防止野生动物侵入实验动物室，对死亡动物进行无害化处理。

2. 日常的预防措施

饲养人员应严格按照不同等级实验动物的饲养管理、卫生防疫制度和操作规程，认真做好各项记录，发现情况及时报告。实验动物设施周围应无传染源，不得饲养非实验用家畜、家禽，防止昆虫及野生动物侵入。坚持卫生消毒制度，降低环境设施中的病原体含量，不从疫区引进实验动物。各类动物应分室饲养，以防交叉感染。饲养室严禁非饲养人员出入和各类人员互串，购买或领用动物者不得进入饲养室内。饲料和垫料库房应保持干燥、通风、无虫、无鼠，饲料应达到相应的国家标准。饲养人员和兽医技术人员应每年进行健康检查，患有传染性疾病的人员不应从事实验动物工作。

3. 发生疫情时的扑灭措施

及时发现、诊断和上报疫情，并通知邻近单位做好预防工作；迅速隔离患病动物，污染的环境和器具要及时消毒；实验用动物应停止实验观察或淘汰；若发生危害性大的疫病，如鼠痘、流行性出血热等应采取封锁等综合性措施；疫情扑灭经消毒处理后，经一个潜伏期以上监测未发现新的病畜，方可解除封锁；病死和淘汰动物应采取焚烧等措施合理处理；应及时将疫情上报上级管理部门和防疫部门。

4. 消毒措施

根据消毒的目的，可分以下 3 种情况：

(1)预防性消毒　结合平时的饲养管理定期对实验动物房、笼架具、饮水等进行消毒，以达到预防一般传染病的目的。

(2)随时消毒　在发生传染病时，为了及时消灭刚从患病动物体内排出的病原体而采取的消毒措施。消毒的对象包括患病动物所在的房舍、隔离场所以及被患病动物分泌物、排泄物污染和可能污染的一切场所、笼具等。通常在解除封锁前，进行定期的多次消毒，患病动物隔离舍应每天和随时进行消毒。

(3)终末消毒　在患病动物解除隔离、痊愈或死亡后，或者在疫区解除封锁之前，为了消灭疫区内可能残留的病原体所进行的全面彻底的大消毒。

5. 常用的消毒方法

(1)物理消毒法

高压蒸汽：常用于饲料、垫料和器具的消毒。

高热煮沸：常用于器械、笼具、水瓶等的消毒，但不能用于饲料消毒。

干烤消毒：180℃、30 min 可达消毒目的，有的消毒设备可抽真空或装有红外线，温度可达 280℃，15 min 即可达消毒目的。

火焰消毒：温度可达 300℃，主要用于不锈钢笼具和金属器械的消毒。

射线照射：利用 X 射线、γ 射线等，主要用于空气、饲料、垫料和器具的消毒。

过滤消毒：主要用于空气净化和消毒。

(2)化学消毒法　常用化学消毒方法包括液体消毒和蒸汽消毒，使用化学药物喷洒、浸泡、熏蒸等，以达到消毒灭菌的目的。

液体消毒剂有石炭酸、过氧乙酸、来苏水、次氯酸等。

蒸汽消毒多采用福尔马林和三聚甲醛等。

6. 隔离措施

隔离患病动物和可疑感染的动物是防治传染病的重要措施之一。隔离是为了控制传染源，防止健康动物继续受到传染，以便将疫情控制在最小范围内。隔离时应选择不易散播病原体、消毒处理方便的地方或房舍进行。如患病动物数目较多，可集中隔离在原来的动物房内。隔离场所禁止闲杂人员和动物出入和接近，工作人员出入应遵守消毒制度。隔离区内的用具、饲料、粪便等，未经彻底消毒处理不得运出。对于发生烈性人畜共患病（如流行性出血热等）的动物群，应及时采取有效措施，全群扑杀，严格消毒，防止疫情进一步扩散。

三、实验动物病毒性疾病

病毒性疾病是对实验动物生产威胁最大的传染性疾病，其特点是发病急、死亡率高、控制成本大，是造成动物群体灭绝和实验动物等级下降的重要因素，可带来重大的经济损失。国家标准 GB 14922.2 对各等级大鼠、小鼠、豚鼠、地鼠、家兔、犬和猴的病毒检测项目做出了详细的规定，SPF 级实验动物的病毒必须检测项目和必要时检测项目共涉及病毒 25 个，下面介绍其中常见的 11 种。

（一）鼠痘

鼠痘（mousepox）是小鼠的一种毁灭性、高度传染性疾病，其病原为小鼠痘病毒（Ectromelia，Ect.）。鼠痘的特点在于感染后不但引起局部或全身皮肤痘疹，还可发生肢、尾肿胀，发炎和坏疽，肢体脱落呈“缺肢”的畸形，故也被称为传染性脱脚病。鼠痘在世界各地广为流行，常造成小鼠大批死亡，有的呈隐性感染，但在实验条件下，病毒可转化为显性感染，从而严重影响和干扰实验研究的顺利进行。

1. 病原

鼠痘病毒属于痘病毒科脊索动物痘病毒亚科正痘病毒属，呈砖块形状，核心呈哑铃状，与痘苗病毒和天花病毒相似，双股 DNA 包涵体。可在多种传代细胞上生长，如 Vero、HeLa、仓鼠肾细胞等。

鼠痘病毒对干燥、低温抵抗力较强，但 2% 火碱、0.5% 福尔马林、3% 石炭酸可将其杀死。

2. 流行病学

本病的自然宿主为小鼠，但不同品系小鼠的易感性差异较大。DBA、CBA、BALB/c、A 和 C3H 小鼠最为易感，而 C57BL/6 和 AKR 品系小鼠对致死性感染较有抵抗力，呈隐性感染，是主要的潜在疫源。本病的传染源主要是病鼠和隐性带毒鼠，经皮肤病灶和粪、尿向外排毒，污染周围环境。鼠痘的传染途径为呼吸道、消化道、皮肤伤口等。动物被感染 10 d 后，皮肤局部出现特征性病变，便开始排毒。康复小鼠经粪便排毒可长达 116 d。饲养人员、蚊子、苍蝇、体外寄生虫等可能是本病的机械传播者。研究人员交换感染小鼠或小鼠组织如肿瘤、细胞和血清等，可使本病在科研院校间传播。

3. 临床症状

临床上分为 3 种感染类型。

急性型：小鼠绝食、昏睡，被毛逆立、松乱，头颈肿胀，出现结膜炎，很快死亡，死亡率 60%～90%。

亚急性型：小鼠主要是皮肤出现皮疹，发生溃烂、坏死，形成坏疽，最后四肢及尾部断裂，病程较长。

慢性型:见于本病流行后期,死亡率和发病率下降,偶有皮肤型病鼠出现。育成鼠生长发育缓慢,生产率下降,胎次减少。

4.病理变化

主要表现为肝、脾、淋巴结、胸腺的广泛性坏死,肠出血,十二指肠水肿,肾、膀胱出血,心包积液,在皮肤表皮增生及糜烂部位的上皮细胞、肝细胞及肠黏膜上皮细胞等处易见胞质内包涵体。

5.诊断

根据临床症状可作初步诊断,然后依据病理学诊断,检查包涵体,通过动物学实验、电镜检查、病毒分离、血清学检查进行确诊。

6.预防

经常进行检测,对死亡小鼠进行无害化处理。

(二)流行性出血热

由流行性出血热病毒(epidemic hemorrhagic fever virus)引起的主要发生于大鼠的烈性传染病,也是一种人畜共患的自然疫源性传染病。主要特征为高热、出血性肾脏损伤。1981年 WHO 统一命名为肾综合征出血热(haemorrhagic fever with renal syndrome, HFRS)。

1.病原

HFRS 病毒在分类上属布尼亚病毒科汉坦病毒属,有独特抗原性,可在人肺癌细胞、绿猴肾细胞上培养。56℃ 30 min 可使 90%病毒失活,60℃ 1 h 可将其全部杀死,本病毒对紫外线敏感。

2.流行病学

HFRS 的自然宿主主要是小型啮齿动物,如姬鼠属、家鼠属、田鼠属、仓鼠属和小鼠属的动物。其中只有少数几种鼠种证实为本病的主要宿主动物和传染给人的传染源:黑线姬鼠为姬鼠型 HFRS 的主要传染源,褐家鼠为家鼠型 HFRS 的主要传染源,大鼠为实验动物型 HFRS 的主要传染源。

HFRS 主要为动物源性传播,人类主要是由于接触带病毒的宿主动物及其排泄物而受感染。污染尘埃飞扬形成气溶胶吸入感染被认为是主要传播途径,实验动物型 HFRS 暴发主要经此方式传播。

3.主要临床表现

潜伏期 14 d,人类主要表现高热、头痛、肌肉痛,结膜水肿、充血(点状),最后肾衰竭,出现尿毒症,严重的可导致死亡。大鼠感染后一般无明显临床症状,也不发生死亡。

4.病理变化

大鼠感染呈多元病理变化。黑线姬鼠和褐家鼠感染可见轻度的肺部炎症反应,在肺、肾等脏器中可检出病毒抗原。在乳小鼠、乳长爪沙鼠等动物模型中,可见病变组织广泛性充血、出血、渗出、变性和坏死,其中充血、出血等血液循环障碍以肺、肾最严重,变性、坏死等实质细胞病变以肾、肝、脑最严重。

5.诊断方法

根据临床症状和病理变化可做出初步诊断。确诊需进行病毒分离鉴定和血清学诊断。一般用间接免疫荧光试验查抗原,酶联免疫吸附试验查抗体,空斑减少中和试验检查中和抗体。

6. 防控措施

①对实验大鼠和小鼠群定期进行血清抗体检测,发现感染鼠及时处理。

②加强实验室管理,防止饲料、垫料等被野鼠排泄物污染,杜绝外来传染源,特别是在冬、春季节,野鼠繁殖活动高峰期更应该注意管理工作。

③加强防护。实验人员与鼠接触或进入动物设施应戴口罩,防止被鼠咬伤。专业工作人员最好接种疫苗。

(三)淋巴细胞脉络丛脑膜炎

淋巴细胞脉络丛脑膜炎(LCM)是由淋巴细胞脉络丛脑膜炎病毒(lymphocytic choriomeningitis virus,LCMV)引起的一种急性传染病,也是人和动物共患的一种传染病。主要侵害中枢神经系统,呈现脑脊髓炎症状。

1. 病原

淋巴细胞脉络丛脑膜炎病毒属于沙粒病毒科沙粒病毒属。呈圆形或多形性,直径 50~300 nm,病毒表面覆盖有 100 nm 长的棒状纤突,病毒通过细胞出芽方式成熟,外层细胞膜改变形成病毒囊膜,病毒颗粒内部含有一至数个颗粒样核糖体。该病毒在小鼠、地鼠、猴、牛等多种动物和人的细胞培养中生长。

2. 流行病学

LCM 是人和多种动物共患的病毒病,小鼠、大鼠、豚鼠、地鼠、犬、猴、鸡、马、兔均易感,但只有持续感染的小家鼠和急性感染的金黄地鼠才能传播病毒。在带毒小鼠的所有器官(包括肾脏和唾液腺)中,终身含有高滴度的病毒,带毒小鼠可经唾液、鼻分泌物和尿液向外排毒。含病毒的鼻分泌物可能引起呼吸道传播,随后,病毒在鼠群内散播,许多小鼠成为无症状的带毒者,并通过子宫和乳汁传给后代,其后代可成为终身带毒者。

LCMV 在家鼠之间主要是通过子宫内传播。除带毒小鼠以外,能使 LCMV 在物种中各动物之间传播或散发到其他物种的动物只有金黄地鼠。据报道,节肢动物可在实验条件下传播本病,但自然条件下是否如此尚待证实。污染的尘埃可能是本病的传播媒介。

3. 临床症状

其表现有 3 种情况。

大脑型:病鼠呆滞、昏睡、不愿动,被毛粗乱,闭眼、弓背、消瘦、面部水肿、结膜炎。肢体痉挛性收缩,头部震颤,后肢强直,1~3 d 死亡。人感染发病主要呈脑脊髓炎症状。

内脏型:主要是被毛粗乱、结膜炎、消瘦、腹水、昏睡而死亡。

迟发型:主要感染 9~12 月龄鼠,被毛粗乱,行动异常,蛋白尿,发育不良,生长缓慢。

4. 病理变化

大脑型:大体解剖观察可见胸腹腔中有浆液性渗出液,感染后第 3 天,组织病理学观察可见软脑膜和脉络丛出现轻微的单核细胞浸润,主要是处于不同转化时期的淋巴细胞,浸润的细胞很快增殖,6~9 d 达到高峰。超微结构观察可见特征性的脉络丛上皮细胞胞浆内包涵体,少见软脑膜和室管膜细胞坏死。

内脏型:用 LCMV 强毒株经腹腔接种成年小鼠,其病理发生主要表现为免疫病理现象。感染后第 6 天,肝脏可见小叶性肝炎,并散布有嗜酸性细胞坏死区。

迟发型:此型也叫慢性免疫复合物型。肾小球和脑的脉络丛受到的损害最为严重。

5.诊断

根据临床症状和病理变化可做出初步诊断。确诊需进行病毒分离鉴定和血清学诊断。动物实验取病鼠肝、脑、脾、肺等病料制成悬液，对实验鼠进行脑内注射。6～10 d出现症状，全身及四肢抽搐痉挛。血清学诊断采用免疫荧光试验、玻片免疫酶法、酶联免疫吸附试验和免疫粘连血凝试验等方法检测 LCMV 抗体，其中以酶联免疫吸附试验检测效果最好。

6.防治

消灭野鼠和吸血昆虫，坚持卫生消毒制度，加强饲养管理，定期检疫、监测、净化，注意工作人员的自身保护。这种病目前无法治疗。

(四)仙台病毒感染

小鼠仙台病毒感染是最难控制的病毒病之一，临床表现两种病型。急性型多见于断乳小鼠，主要表现呼吸道症状；多数情况下呈隐性感染，可对实验研究产生严重干扰。实验大鼠仙台病毒感染多数情况下呈亚临床经过，有时可引起肺炎，对使用大鼠进行的麻醉实验和吸入毒理学研究等均可产生严重干扰。

1.病原

仙台病毒(Sendai virus)属副黏病毒科副黏病毒属，为单股负链 RNA 病毒，直径 100～200 nm，具有相对坚固的核衣壳，外面包有布满长 8～15 nm、宽 2～4 nm 纤突的含脂囊膜。该病毒在鸡胚中繁殖较快，以羊膜腔途径接种最为敏感，尿囊腔传代接种生长良好。

2.流行病学

自然条件下，仙台病毒可感染小鼠、大鼠、仓鼠和豚鼠。

以未感染过仙台病毒的易感鼠群，新生乳鼠和未成年小鼠最为易感，常发生严重的肺炎，3～4 d内死亡。

不同品系小鼠对仙台病毒的易感性明显不同。较易感的小鼠品系有 NIH、SSB、129/ReJ、129/J、Swiss 裸鼠、DBA/2、C3H/Bi 等；抵抗力较强的品系有 SJL/J、RF/J、C57BL/6、Swiss、AKR/J、BALB/cJ 等。

直接接触和空气传播是仙台病毒主要的传播和扩散方式。

3.临床症状

类似感冒症状，患病鼠打“呼噜”，被毛粗乱，发育迟缓，体重下降，易继发支原体感染。

4.病理变化

大体解剖观察：主要见于呼吸道和局部淋巴结。病鼠肺常呈杨梅色，切开时有泡沫状血性液体流出，病变多见于尖叶和心叶。

组织病理学观察：仙台病毒感染小鼠的病理变化过程分为 3 个阶段。①急性阶段：特征是对病毒的炎症反应和靶细胞溶解。②修复阶段：特征是细支气管和肺泡内有高度嗜碱性的、较矮的立方样细胞或扁平样细胞增生，这些细胞表现高度分裂象，迅速修补损伤了的细支气管和肺泡。③恢复阶段：特征是肺实质疤痕化，它们在体内终生存在。

超微结构观察：仙台病毒可在感染细胞胞浆和胞核内复制，但主要在胞浆内复制。

5.诊断

需进行鸡胚尿囊腔培养病毒分离鉴定和血清学诊断。动物实验应用患病鼠鼻腔、支气管分泌物悬液接种健康小鼠。血清学诊断以酶联免疫吸附试验和免疫荧光试验敏感性和特异性较好。

6. 预防

定期进行免疫监测，发现病鼠马上淘汰。

(五)鼠肝炎

鼠肝炎是由小鼠肝炎病毒(mouse hepatitis virus，MHV)引起的一种高度传染性疾病，随毒株、品种和年龄不同而呈现出以肝炎、脑炎、乳鼠肠炎和进行性消耗综合征为特征的疾病。小鼠肝炎病毒被列为影响科学实验的主要病原体之一，它侵害小鼠，引起乳鼠、裸鼠和某些基因型的成年小鼠发病与死亡，直接干扰研究工作顺利进行；小鼠感染小鼠肝炎病毒后，机体的免疫反应、吞噬细胞的吞噬功能、肝脏的代谢功能和酶活性均受到影响，用这种小鼠做实验，可能导致实验结果的差错。

1. 病原

小鼠肝炎病毒归冠状病毒科冠状病毒属，为近似球形或多形态，基因由单股 RNA 构成，直径 60～160 nm，具有典型的长约 20 nm、顶端宽 7 nm 的棒状突起或被膜粒，可在小鼠原代巨噬细胞上生长。冠状病毒通常在 56℃经 5～10 min 可被灭活，在 37℃经几天、在 4℃经几个月也失去活性，但可很好地保存于－70℃。病毒对乙醚和氯仿敏感。

2. 流行病学

现在认为 MHV 只感染小鼠。感染通常是隐性的或亚临床的，但总具有高度的传染性。MHV 呈世界性分布，在中国的小鼠群中广泛流行，鼠群中的感染率可为 20%～100%。

MHV 的自然传染是经口和呼吸道途径。感染的小鼠经粪便向环境中排出病毒。感染小鼠或被其污染的粪便和垫料是群体内的传染源。病毒在宿主体外的粪便或器具上可存活数天。

随着小鼠年龄的增长，其对 MHV 致死性感染的抵抗力也增强。MHV 野毒一般致病性低，成年远交系小鼠感染后不发生死亡，不带母源抗体的乳鼠感染后发病率和死亡率较高。

3. 临床症状

急性型：乳鼠和刚离乳小鼠表现精神沉郁，食欲废绝，被毛粗乱、腹泻、消瘦、脱水。死亡率 50%以上。

神经型：发病鼠两后肢松弛性麻痹，结膜炎，全身抽搐，转圈运动，2～4 d 内死亡。

4. 病理变化

敏感的断奶小鼠和成年小鼠感染 MHV 后，有时可在肝脏见到局灶性的灰黄色坏死斑点、淤点或凹陷。也可伴有黄疸、带血的腹腔渗出液和肠道出血。

肝脏的坏死可以是局灶性的或融合性的。在坏死灶中心肝细胞消失，只留下崩溃的网状组织和充满脂肪的吞噬细胞，也可能有炎性细胞的浸润。

肠的病变可发生于整个肠道的任何部位，可见由合胞体的形成直至肠管的坏死和炎症。

嗜神经性 MHV 毒株如 JHM 感染时，产生中枢神经系统的病变。在脑内，病变可出现于各个区域。坏死性病变在海马和嗅球更明显。

5. 诊断

根据临床症状和病理变化可做出初步诊断。确诊需进行病毒分离鉴定、电镜检查和血清学诊断，血清学诊断 ELISA 和 IFA 方法相当灵敏，为常用方法。

6. 预防

定期进行监测，搞好环境卫生。一旦感染，淘汰整个群体。

（六）兔出血症

由兔出血症病毒（rabbit hemorrhagic disease virus）引起的兔的一种烈性传染病，又称兔瘟。主要特征是病兔突然死亡，临死兴奋，挣扎、抽搐、惨叫。

1. 病原

该病毒为单股 RNA 病毒，呈球形，无囊膜，二十面体，立体对称，直径 34～36 nm，每个壳粒由 5～6 个亚单位构成。大鼠和人 O 型红细胞有较高的凝集价。

2. 流行病学

本病只发生于家兔，不同品种的兔均易感，毛用兔的易感性略高于皮用兔，不同性别兔的易感性无差异。不同年龄兔的易感性差异很大，主要发生于 60 日龄以上的青年兔和成年兔，发病急，死亡率高，断乳后育成兔死亡率稍低，哺乳期仔兔很少发病死亡。

本病的传染来源主要是病兔和带毒兔，健康兔与其直接接触而感染，也可通过排泄物、分泌物等污染的饲料、饮水、用具、注射针头、剪毛剪、兔产品等及人员来往间接传播。自然条件下，空气传播是主要的传播方式，人工感染经口服、皮下、腹腔、滴鼻等途径接种均可引起发病，但无迹象表明可通过昆虫或啮齿动物机械传播或经胎盘垂直传播。

本病发病急，死亡率高，常呈暴发性流行，引起毁灭性损失。一年四季均可发生，北方以冬春季多发，可能与气候寒冷、饲料单一、兔体抵抗力下降有关。

3. 临床症状

超急性型：感染兔迅速死亡，无任何症状。

急性型：病兔食欲骤减，精神很差，蜷缩不动，皮毛无光，体温高达 41℃以上，喜饮水，迅速消瘦，一般病程为 12～48 h。死前突然兴奋挣扎，在笼内狂奔，啃咬笼具，然后两前肢伏地，后肢支起，全身颤抖，侧卧，四肢抽搐，死前惨叫。

慢性型：多见于 3 月龄小兔，病兔精神欠佳，食欲减少或废绝，喜饮水，被毛无光，消瘦，体温 41℃左右，病程较长，多数病兔可耐受而逐渐康复。

4. 病理变化

大体解剖观察：以实质器官淤血、出血为主要特征。气管、喉头弥漫性充血、出血，气管内充盈大量血染泡沫；肺水肿，肺叶上有大量出血斑点；心包积液，心包膜点状出血；肝脏肿大，呈土黄色或淡黄色，质脆，肝小叶间质增宽或界限模糊，有的肝表面有灰白色或淡黄色散在点状坏死灶；肾淤血，呈暗紫色，少数肿大，皮质可见出血斑点；脾肿大，边缘变钝，切面外翻；十二指肠、回肠充血，有时可见点状出血；内分泌腺、性腺、输卵管和脑膜也可见充血和出血。特征性病变主要表现弥散性肾出血、脾肿大、急性肝坏死、肺和气管黏膜出血。

组织病理学观察：以全身微循环障碍为主，突出表现在肺、肾、心、延髓等重要器官的微血管广泛淤血，透明血栓形成，点状出血和间质水肿，实质器官的细胞广泛变性和坏死，脾脏充血、出血，淋巴组织萎缩和淋巴细胞排空等病毒性败血症特征。

5. 诊断

根据临床症状和病理变化可做出初步诊断。确诊需进行病毒分离鉴定和动物试验辅以电镜检查。

6. 预防

普通级动物应当及时免疫，定期进行免疫监测，引进种兔要检疫，加强饲养管理，搞好卫生和消毒。清洁动物要求不能免疫。

(七)狂犬病

由狂犬病病毒(rabies virus,RV)引起的以急性直接接触性传染为主的人畜共患病。病毒侵害神经中枢,主要特征是狂躁不安,意识紊乱,最后麻痹死亡。

1.病原

狂犬病病毒属弹状病毒科狂犬病毒属。病毒呈短杆状、长杆状或弹丸状,一端钝圆另一端扁平,宽75～80 nm,长180～200 nm。存在于自然状况下的狂犬病病毒称“街毒”,在实验室中通过连续的动物继代培养而且有固定特性的狂犬病病毒则称为“固定毒”。病毒可在小鼠、大鼠、家兔和鸡胚等的脑组织及地鼠肾、猪肾及人的二倍体细胞上培养。

RV可被日光、紫外线、超声波、1%～2%肥皂水、70%酒精、0.01%碘液、丙酮、乙醚等灭活,对酸、碱、石炭酸、新洁尔灭、甲醛、升汞等消毒药敏感。

2.流行病学

几乎所有恒温动物都对RV易感。最易感的动物包括狐、山狗、豺、狼、袋鼠、棉鼠;次易感动物包括仓鼠、浣熊、猫、蝙蝠、豚鼠、兔、啮齿类动物;中度易感动物包括牛、绵羊、马、犬、灵长类动物。野生啮齿类动物如野鼠、松鼠、鼬鼠等在一定条件下可成为本病的危险疫源而长期存在。

本病一年四季均可发生,春夏季发病率稍高,可能与犬的性活动以及温暖季节人畜移动频繁有关。本病流行的连锁性特别明显,以一个接着一个的顺序呈散发形式出现。伤口的部位越靠近头部和前肢或伤口越深,发病率越高。

3.临床症状

潜伏期2～8周,最短4 d,最长可达数年,人有38年才发病的报道。犬发病主要分3期:

①前驱期或沉郁期:举止异常,瞳孔散大,反射功能亢进,咬伤处发痒。

②兴奋期或狂暴期:感染1～2 d后,病犬狂躁不安,攻击性强(袭击别的犬只、其他动物和人),自咬、无目的奔走、流涎、声音嘶哑、下颌下垂。

③麻痹期:3～4 d后精神高度迟钝,四肢麻痹,最后中枢衰竭死亡。

4.病理变化

大体解剖观察:无特征性变化。濒死期动物表现痛苦状,消瘦,脱水,头、体表和四肢有外伤。死于狂犬病的犬,胃空虚,存有毛发、石块等异物。胃黏膜充血、出血、糜烂。

组织病理学观察:表现为非化脓性脑炎和神经炎。在大脑海马回、大脑皮质、小脑和延脑等部位神经细胞的胞浆中可见界限明显、圆形或卵圆形嗜酸性包涵体,即内基氏小体。脑软膜、灰白质毛细血管充血、出血,轻度水肿。神经细胞变性、坏死,血管周围有明显的“管套”现象和神经胶质细胞增生。在白质和灰质中可见神经胶质小结(即Babes氏结节)。

5.诊断

典型病例根据临床症状结合咬伤史,可做出初步诊断。

不典型病例或潜伏期内可通过实验室检查、病理诊断、生物学实验、免疫荧光试验诊断。

6.预防

对犬只接种狂犬疫苗,加强管理,不散养,控制数量。引进犬要检疫,定期免疫注射。易感动物和人注射狂犬疫苗。发现病犬,马上捕杀,可疑犬也杀掉焚烧或深埋。

(八)犬瘟热

犬瘟热是由犬瘟热病毒(canine distemper virus,CDV)引起的,感染肉食动物中的犬科

(尤其是幼犬)、鼬科及一部分浣熊科动物的高度接触传染性、致死性传染病。早期表现双相热型、急性鼻卡他，随后以支气管炎、卡他性肺炎、严重的胃肠炎和神经症状为特征。少数病例出现鼻部和脚垫的高度角化。

1. 病原

CDV 在分类上属副黏病毒科麻疹病毒属。核酸型为单股 RNA，病毒粒子呈圆形或不整形，有时呈长丝状。经聚丙烯酰胺凝胶电泳分析可将 CDV 的结构蛋白分为血凝素(H)、融合蛋白(F)、核衣壳蛋白(Np)和膜蛋白等成分，其中与机体免疫应答有关的主要是 F 蛋白和 H 蛋白。F 蛋白能引起完全免疫应答，具有很好的保护作用，而 H 蛋白引起不完全的免疫反应。

CDV 对热和干燥敏感，50～60℃ 30 min 即可灭活，在炎热季节 CDV 在犬群中不能长期存活，这可能是犬瘟热多流行于冬春寒冷季节的原因。

2. 流行病学

CDV 的自然宿主为犬科动物。本病一年四季均可发生，以冬春季多发，有一定的周期性，据报道，每隔 3 年有一次大的流行。不同年龄、性别和品种的犬均可感染，以不满 1 岁的幼犬最为易感，犬群中自发性犬瘟热发生的年龄与幼犬断乳后母源抗体的消失有关。纯种犬和警犬比土种犬的易感性高，且病情严重，死亡率高。

病犬是本病最重要的传染源，病毒大量存在于鼻汁、唾液中，也见于泪液、血液、脑脊髓液、淋巴结、肝、脾、心包液、胸、腹水中，并能通过尿液长期排毒，污染周围环境。主要传播途径是病犬与健康犬直接接触，或通过空气飞沫经呼吸道感染。

3. 临床症状

超急性型：突发高热 40℃以上，2～3 d 死亡。

急性型：潜伏期 7 d，高热 40℃以上，被毛粗乱，食欲减少，眼屎多，流鼻涕呈脓性，结膜炎，角膜混浊。

消化道症状：食欲减少或废绝，急性胃肠卡他性炎，呕吐，吐出物有胆汁的黄色黏液块。大便恶臭，呈稀液状，混有黏液或血液。

神经症状：全身有痉挛发作，呈阵发性，有时呈现强直性痉挛。口吐白沫。

皮肤症状：发生皮疹，在腹壁和腹内侧少毛处可见小的红色斑点，最后变小脓疱，结痂脱落。

4. 病理变化

大体解剖观察：CDV 为泛嗜性病毒，对上皮细胞有特殊的亲和力，因此病变分布非常广泛。新生幼犬感染 CDV 常表现胸腺萎缩，成年犬多表现结膜炎、鼻炎、气管支气管炎和卡他性肠炎，表现神经症状的犬通常可见鼻和脚垫的皮肤角化病。中枢神经系统的大体病变包括脑膜充血、脑室扩张和因脑水肿所致的脑脊液增加。

组织病理学观察：全身性疾病的组织学病变表现为淋巴系统的退行性变化。弥漫性间质性肺炎以增厚的肺泡隔膜和肺泡上皮细胞增生为特征，肺泡内含有脱落的上皮细胞和巨噬细胞。泌尿生殖道的变移上皮肿胀，肾上腺皮质变性。

CDV 的包涵体通常呈嗜酸性，位于胞浆内，直径 1～5 μm，可在黏膜上皮细胞、网状细胞、白细胞、神经胶质细胞和神经元中发现。

5. 诊断

根据临床症状、实验室检查、血清学检查、病毒分离、电镜检查等做出诊断。

6. 预防

健康犬隔离饲养，引进犬进行 2 周检疫，幼犬注射血清预防。也可进行疫苗注射。

(九)犬细小病毒病

犬细小病毒(canine parvovirus，CPV)病是犬的一种烈性传染病。临床表现以急性出血性肠炎和非化脓性心肌炎为特征。

1. 病原

CPV 在分类上属细小病毒科细小病毒属。病毒粒子呈圆形，直径 21～24 nm，呈二十面体立体对称，无囊膜，病毒衣壳由 32 个长 3～4 nm 的壳粒组成。病毒基因组为单股线状 DNA。

CPV 在抗原性上与猫泛白细胞减少症病毒(FPV)和水貂肠炎病毒(MEV)密切相关。

CPV 对多种理化因素和常用消毒剂具有较强的抵抗力，在 4～10℃可存活 180 d，37℃可存活 14 d，56℃可存活 24 h，80℃可存活 15 min。

CPV 在 4℃条件下可凝集猪和恒河猴的红细胞，对其他动物如犬、猫、羊等的红细胞不发生凝集作用。

与多数细小病毒不同，CPV 可在多种细胞培养物中生长。

2. 流行病学

犬是主要的自然宿主，其他犬科动物，如郊狼、丛林犬、食蟹狐等也可感染。CPV 可引起水貂严重肠炎，家猫对实验性 CPV 感染有易感性，但临床症状不明显。

犬感染 CPV 发病急，死亡率高，常呈暴发性流行。不同年龄、性别、品种的犬均可感染，但以刚断乳至 90 日龄的犬较多发，病情也较严重，尤其是新生幼犬，有时呈现非化脓性心肌炎而突然死亡。纯种犬比杂种犬和土种犬易感性高。病犬是主要的传染来源。感染后 7～14 d 粪便可向外排毒，粪便中的病毒滴度($TCID_{50}$)常达 10^9/g。

本病一年四季均可发生，但以冬春季多发。天气寒冷，气温骤变，饲养密度过高，拥挤，有并发感染等均可加重病情和提高死亡率。

3. 临床症状

CPV 感染在临床上表现各异，但主要可见肠炎和心肌炎两种病型。有时某些肠炎型病例也伴有心肌炎变化。

肠炎型：自然感染潜伏期 7～14 d，人工感染 3～4 d。病初 48 h，病犬抑郁、厌食、发热(40～41℃)和呕吐，呕吐物清亮、呈胆汁样或带血。随后 6～24 h 开始腹泻，起初粪便呈灰色或灰黄色，随后呈血色或含有血块。胃肠道症状出现后 24～48 h 表现脱水和体重减轻等症状。

心肌炎型：多见于 28～42 日龄幼犬，常无先兆性症候，或仅表现轻度腹泻，继而突然衰弱，呼吸困难，脉搏快而弱，心脏听诊出现杂音，心电图发生病理性改变，短时间内死亡。

4. 病理变化

大体解剖观察：①肠炎型：自然死亡犬极度脱水、消瘦，腹部蜷缩，眼球下陷，可视黏膜苍白，眼角部有灰白色黏稠分泌物，肛门周围附有血样稀便或从肛门流出血便。有的病犬从口、鼻流出乳白色水样黏液，血液黏稠，呈暗紫色。小肠以空肠和回肠病变最为严重，内含酱油色恶臭分泌物，肠壁增厚，黏膜下水肿，黏膜弥漫性或局灶性充血，有的呈斑点状或弥漫性出血。大肠内容物稀软，酱油色，恶臭，黏膜肿胀，表面散在针尖大出血点。②心肌炎型：肺脏水肿，局部充血、出血，呈斑驳状。心脏扩张，左侧房室松弛，心肌和心内膜可见非化脓性坏死灶，心肌纤维严重损伤，可见出血性斑纹。

组织病理学观察：①肠炎型：病变主要见于肠道、淋巴结、胸腺和膈肌。肠道病变最严重部位是空肠和回肠。小肠隐窝上皮部分脱落，未脱落的细胞着色模糊。细胞界限不清，核浓染。隐窝高度扩张，腔内充满坏死细胞碎片，隐窝上皮不同程度坏死脱落，有的未脱落上皮细胞核内可见包涵体，多呈圆形，边缘整齐，包涵体周围有一亮圈或部分透明区域。②心肌炎型：心肌纤维灶性缺失，炎性细胞浸润，其中以淋巴细胞和单核细胞为主。在肿大的心肌细胞内有数量、大小不等的包涵体。

5. 诊断

根据流行特点，结合临床症状和病理变化可以做出初步诊断。确诊需病毒分离与鉴定、电镜和免疫电镜观察、血凝和血凝抑制试验。

6. 预防

本病发病迅猛，应及时采取综合性防疫措施，及时隔离病犬，对犬舍及用具等用2%～4%火碱水或10%～20%漂白粉液反复消毒。定期预防接种。

(十)犬传染性肝炎

犬传染性肝炎(infectious canine hepatitis，ICH)是由犬腺病毒Ⅰ型(CAV-1)引起的一种急性败血性传染病。主要发生于犬，也可见于其他犬科动物。在犬主要表现肝炎和眼睛疾患，在狐狸则表现为脑炎。

1. 病原

CAV-1在分类上属腺病毒科哺乳动物腺病毒属，形态特征与其他哺乳动物腺病毒相似，呈二十面体立体对称，直径70～90 nm，有衣壳，无囊膜。

CAV包括CAV-1和CAV-2两型，两型具有共同的补体结合抗原，但其生化特性和核酸同源性不同，用血凝抑制试验和中和试验可以将其加以区别。CAV-1能凝集人O型红细胞及豚鼠和鸡的红细胞，最适稀释液为0.01 mol/L、pH 7.2的PBS，最适作用温度为4℃，最适作用时间为60～90 min。

2. 流行病学

ICH主要感染犬和狐狸，山犬、狼、浣熊、黑熊等也有感染的报告，大剂量接种可使豚鼠感染，雪貂、猫、兔和大鼠等实验动物不感染，犬不分年龄、性别、品种均可发病，但1岁以内的幼犬多发。幼犬死亡率高，可达25%～40%，成年犬很少出现临床症状。

ICH的传染来源主要是病犬和康复犬。康复犬尿中排毒可达180～270 d，是造成其他犬感染的重要疫源。传播途径主要是通过直接接触病犬(唾液、呼吸道分泌物、尿、粪)和接触污染的用具而传播，也可发生胎内感染造成新生幼犬死亡。

3. 临床症状

ICH自然感染潜伏期6～9 d。最急性病例在呕吐、腹痛和腹泻等症状出现后数小时内死亡。急性型患犬怕冷，体温升高(39.4～41.1℃)，精神抑郁，食欲废绝，渴欲增加，呕吐，腹泻，粪中带血。黄疸在急性病例中不常见。亚急性病例症状较轻微，咽炎和喉炎可致扁桃体肿大，颈淋巴结发炎可致头颈部水肿，特征性症状是角膜水肿，即“蓝眼”病。角膜水肿的病犬表现眼睑痉挛、羞明和有浆液性眼分泌物，角膜浑浊通常由边缘向中心扩展。

4. 病理变化

大体解剖观察：CAV-1感染主要表现全身性败血症变化。在实质器官、浆膜、黏膜上可见大小、数量不等的出血斑点。浅表淋巴结和颈部皮下组织水肿、出血，腹腔内充满清亮-浅红色液体。肝肿大，呈斑驳状，表面有纤维素附着。胆囊壁水肿增厚，灰白色，半透明，胆囊浆膜被覆纤维素性渗出物，胆囊的变化具有诊断意义。脾肿大、充血。肾出血，皮质区坏死。肺实变。肠系膜淋巴结肿大，充血。中脑和脑干后部可见出血，常呈两侧对称性。

组织病理学观察：急性病例肝细胞广泛性坏死。小叶内病变细胞与正常细胞分界明显，严重病例整个肝小叶发生凝固性坏死。核内包涵体最早见于枯否氏细胞，随后见于肝实质细胞。亚急性和慢性病例肝脏可见散在性肝细胞坏死，间质组织中大量嗜中性白细胞、单核细胞和浆细胞浸润。胆囊上皮细胞完整，黏膜下层水肿。

5. 诊断

ICH早期症状与犬瘟热等疾病相似，有时还与这些疾病混合发生。因此，根据流行病学、临床症状和病理变化仅可做出初步诊断。特异性诊断必须进行病毒分离鉴定和血清学诊断。

6. 预防

加强饲养管理和环境卫生消毒，防止病毒传入。坚持自繁自养，如需从外地购入动物，必须隔离检疫，合格后方可混群。一旦发病，需立即控制疫情发展。应特别注意，康复期病犬仍可向外排毒，不能与健康犬合群，需接种疫苗。

(十一)猴B病毒感染

这是由猴B病毒(Simian B virus，又称疱疹病毒Ⅰ型)引起的人和猴共患的一种传染病。猴是该病毒的自然宿主，部分繁育场隐性感染率可达10%～60%。多数情况下呈良性经过，仅在口腔黏膜出现疱疹和溃疡，之后病毒可长期潜伏在呼吸道或泌尿生殖器官附近的神经节，也可长期潜伏在组织器官内，产生B病毒抗体。人类感染主要表现脑脊髓炎症状，多数病人发生死亡。

1. 病原

B病毒在分类上属疱疹病毒科甲型疱疹病毒亚科，核酸型为双股线状DNA。病毒粒子呈球形，直径180～200 nm，主要由髓芯、衣壳和囊膜组成。

B病毒只有1个血清型，抗原性稳定，不易发生变异。它与人单纯疱疹病毒(HSV-1、HSV-2)和非洲绿猴疱疹病毒(SA_8)具有密切的抗原关系。

B病毒可在原代猴、兔、猪、犬和猫肾细胞，鸡胚绒毛尿囊膜细胞以及Vero细胞、HeLa细胞、KB细胞和Hep-2细胞上良好增殖，其中以兔肾细胞最为易感。B病毒也可在鸡胚绒毛尿囊膜上生长，形成痘斑。

2. 流行病学

B病毒的自然宿主为恒河猴，帽猴、食蟹猴、台湾猴、日本猕猴、红面猴等也有自然发病的报道。

不同年龄、性别的猴均可感染B病毒。实验证实，生殖器官B病毒分离率高于口腔，性交是病毒传播的主要途径。因此，性成熟以后的猴子大多B病毒抗体呈阳性，而仔猴、幼猴则很少有抗体。

在实验动物中，家兔对B病毒最易感，任何途径接种均可感染发病，家兔表现感觉过敏，斜颈，呼吸困难，流涎，眼鼻分泌物增多，结膜炎和角膜浑浊等症状，多在7～12 d内死亡。小于21日龄的乳鼠也具有易感性。

人类B病毒感染与猴的临床表现截然不同,主要表现为上行性脊髓炎或脑脊髓炎。潜伏期2～3 d或数周。病初被咬局部疼痛、发红、肿胀,出现疱疹,有渗出物。随后出现脑炎等全身症状,最终麻痹而死。

3.临床症状

猴感染B病毒后,初期在舌表面和口腔黏膜与皮肤交界的唇缘有小疱疹,最后形成溃疡表面,有纤维素性坏死性痂皮,7～14 d自愈。感染猴外观无全身不适,饮食正常。患病猴鼻内常有少许黏液或脓性分泌物,常并发结膜炎和腹泻。

4.病理变化

大体解剖观察:猴感染B病毒后,在舌表面和口腔黏膜与皮肤交界的口唇部可见大小不等的疱疹,破裂后形成溃疡,表面覆盖着纤维素性、坏死性痂皮。唇缘的痂皮呈褐色,干燥而致密;在口腔内侧呈灰黄色,与周围组织界限明显。

组织病理学观察:疱疹部位的上皮细胞可见空泡变性和坏死,并见核内包涵体。在多核的上皮细胞、巨噬细胞以及血管内皮细胞均可见嗜酸性核内包涵体。

5.诊断

B病毒属生物安全3级病原,因此,有关B病毒的研究工作必须在三级生物安全实验室(BSL-Ⅲ)进行。

病毒分离与鉴定:用棉拭子取急性发病期猴口腔疱疹或溃疡部位的渗出液,无菌处理后接种兔肾细胞或Vero细胞,37℃培养3～4 d,电镜观察细胞培养物中的病毒形态,可采用免疫荧光技术检查细胞培养物中的病毒抗原。

血清学试验:中和试验是检查B病毒相关抗体的最常用方法,也是被公认的方法。

6.预防

被猴抓伤后要立即用肥皂水洗净伤口,再用碘酒消毒,病人观察3周。如发现有可疑的B病毒患猴,要及时捕杀。

四、实验动物细菌性疾病

实验动物细菌性疾病很多,这里主要介绍GB 14922.2《实验动物 微生物学等级及监测》中规定排除的对实验动物危害较大和人畜共患的细菌病。

(一)沙门菌病

沙门菌(*Salmonella* sp.)是1880年Eberth首先发现的,是一类重要的人畜共患疾病病原体。至今已发现沙门菌属的细菌有2 000多个血清型,我国发现200个血清型。

1.病原

沙门菌属革兰氏阴性杆菌,具鞭毛,不形成芽孢,是一种短杆菌,长2～4 μm,宽0.5 μm,在一般培养基上均能生长。

豚鼠、小鼠、大鼠、兔、猴、猪和犬等均易感染,主要通过消化道传播。

2.流行病学

豚鼠对沙门菌高度敏感,感染后可发生严重的临床疾病。小鼠和大鼠也很敏感,并常以亚临床感染的形式长期带菌。兔、地鼠和沙鼠不常受到感染,但也曾暴发过沙门菌病。

沙门菌主要通过消化道传染,即动物食入污染沙门菌的粪便或被粪便污染的饲料、饮水、垫料等感染。

患沙门菌病后存活下来的动物,其消化道仍然隐性带菌,并不断向外界环境排出。人接触其他种类带菌动物(牛、马、禽等)后,也可能成为传染源。

动物感染沙门菌不分年龄、性别和品系,但表现疾病的严重程度有差异,幼年和老年动物更敏感。在豚鼠繁殖群中,以怀孕母鼠和刚断奶的仔鼠损失最严重。其他的易感因素包括营养成分缺乏,遗传素质,沙门菌各血清型的不同毒力,患有其他疾病,以及环境和试验过程造成的应激等。

3.临床症状

实验动物感染沙门菌后,常呈大范围感染,没有前驱症状而在4～5 d时间内大批死亡。亚急性型的患病动物呈现行动呆滞,蜷缩一隅,被毛蓬松,食欲不振,结膜炎,眼睑黏合,出现腹泻、颤抖、摇晃,病程延续7～10 d而死亡。慢性型的动物除出现上述类似症状外还出现消瘦,延续较长时间后逐渐康复或死亡。哺乳期小鼠发病率最高可达70%左右,常以下痢为主要症状。

4.病理变化

肝、脾表面有散在的白色点状结节,像针尖样大小,有的呈绿豆大和粟粒大,肠系膜淋巴结肿大,肠内含有黏液性泡沫状的黄色内容物,肠黏膜充血,有的呈现腹膜炎和腹水。组织学检查可见肝、脾组织坏死结节周围为颗粒状白细胞、淋巴细胞和成纤维细胞包围。

5.诊断

可根据临床症状进行初步诊断,细菌学检查可以确诊。

6.防治

本病无治疗价值,一旦发现应全群淘汰。主要是以预防为主,采取综合措施预防本病。饲料应妥善保管,严防野鼠、苍蝇和粪便的污染,食具、环境定期消毒。增加实验动物饲料中的蛋白质含量。发现患病动物及时隔离。实验动物分类隔离饲养,密度适中,以便控制和减少相互交叉感染的机会。对实验动物群定期进行检测。

(二)泰泽氏菌病

泰泽氏菌病以Ernest Tyzzer命名,他首先在日本的一个发生旋转症状的小鼠群中描述了本病。

1.病原

根据16S rRNA序列分析定位于芽孢杆菌属,称毛发样芽孢杆菌(*Clostridium piliform*)是一种细长、革兰氏阴性、形成芽孢的杆菌,只能感染活细胞。在无细胞培养基内不能生长;但接种于易感的脊椎动物或鸡胚卵黄囊内能够传代。

2.流行病学

在多种实验动物以及在驯养的和自由生活的动物中均已发现泰泽氏菌病,但是其环境的传染宿主仍然不清楚。因为毛样杆菌的生长型不稳定,芽孢型可能构成在环境中存活的形态,并为主要的传播方法。被粪便污染的食物很可能是传染的来源,弄脏的垫料可能长期隐藏着传染性芽孢。给怀孕母鼠静脉内接种,能够引起子宫内感染,但是在自然界还未能确定分娩前传播流行。

3.临床症状

临床上经常表现为急性死亡,可能先发生腹泻。发病率和死亡率均高,但血清学调查表明，也发生亚临床感染。应激，例如过于拥挤，高温和高湿，饲料潮湿，以及免疫抑制，都易使小鼠发生泰泽氏菌病，有证据表明宿主基因型影响对本病的易感性和抵抗力。

4. 病理变化

大体解剖观察：回肠和结肠可以是正常的，或发红和膨胀，内有水样、恶臭的内容物。肝脏常含有一个或多个灰白色病灶。

组织病理学观察：病变的特点是坏死。在肠道内，黏膜上皮的坏死可伴有急性炎症和出血。在肝脏，一般沿着门静脉分支散布着凝固性坏死的病灶；可见与肠道栓塞性感染相一致的病变。最急性的病变大多没有炎症，但在不十分急性的病变中可有中性白细胞和淋巴细胞浸润。在有些动物（如兔和大鼠）发生心肌坏死，但在小鼠并不常见。

在坏死灶边缘存活的肝细胞的细胞质中，能够发现长的纤细杆菌束。在感染早期更易发现细菌。在肠道的上皮细胞内，特别在伴发灶性坏死性小肠结肠炎时，也能发现细菌。

5. 诊断

诊断泰泽氏菌病最常使用的方法是检查肝脏和肠道组织切片内的特征性细菌，补充操作包括给经可的松处理的小鼠或鸡胚接种可疑病料，继而以组织学的或免疫细胞化学的方法证实组织中的细菌。

对于无症状感染，可采用免疫荧光技术进行血清抗体检查。与其他能够产生相似的体征和病变的感染，尤其是小鼠痘、冠状病毒性肝炎、呼肠孤病毒性肝炎以及沙门菌病的鉴别方法是在坏死灶周围检查细菌。

6. 防治

泰泽氏菌病的控制主要是以预防为主，一旦发现应全群淘汰。

（三）支原体感染

支原体是大小介于病毒和细菌之间的一群多形性微生物，能引起人和动物疾病，称支原体病。此病传染性很强，可使疾病迅速蔓延，常与其他实验动物疾病合并感染。

1. 病原

支原体（*Mycoplasma* spp.）是一类原核细胞微生物，是目前认为能在无细胞培养基内繁殖的最小微生物，其大小介于细菌和病毒之间，个体直径 80～300 μm，可通过除菌滤器。无细胞浆膜，具多形性，可呈球、杆、丝等不规则形态，革兰氏染色阴性。

2. 流行病学

该病呈世界范围性分布，是啮齿类实验动物慢性呼吸道病的主要病原体。它广泛存在于大鼠和小鼠生产群中，感染率甚至超过仙台病毒。支原体的自然宿主是大鼠和小鼠。不同品系、年龄的动物对支原体的易感性有所不同。从棉鼠、地鼠、豚鼠、家兔和马也分离到支原体，在兔可引起关节炎和葡萄膜炎。从野生大鼠的鼻咽部常可分离到支原体，因此，加强实验大、小鼠的饲养管理，严防野鼠进入非常重要。

本病的传染源主要是患病鼠和支原体隐性带菌鼠，经呼吸道分泌向外排毒，污染饲料、垫料、用具和周围环境。支原体主要是通过直接接触和空气传播，也可经胎盘垂直传播。另外，动物的运输也可能是重要的传染散播方式。

未感染动物与带菌动物同笼饲养时容易传染。由于鼻道是最易受支原体自然感染的部位，上呼吸道成为感染其他动物及动物本身下呼吸道和生殖道的传染源。阴道和子宫也常分离到支原体，但肝、脾、肾、心等通常不能检出。由于在生殖器上常有支原体存在，所以常感染胎鼠和新生仔鼠，或引起剖腹取胎的污染。

3. 症状

实验动物感染支原体而致病主要由肺炎支原体、溶神经支原体和关节炎支原体引起，其中尤以肺炎支原体危害最严重。肺炎支原体主要导致大鼠、小鼠的呼吸系统支原体病及雌性鼠生殖系统支原体病（化脓性卵巢炎、输卵管炎及子宫积脓）。

4. 病理变化

支原体引起的鼠呼吸道支原体病也分急性和慢性，急性的出现非典型性肺炎的改变，如间质性肺炎，可见肺的肝样变等；慢性的从动物外观就可看出，由于肺的变性病变使呼吸功能降低而产生代偿性呼吸加速、形成桶状胸等。而且动物被少量支原体感染后也不出现或很少出现显微病变。轻度感染很容易被漏检，对于隐性感染的检测主要依靠病原分离鉴定和血清抗体检查。

5. 防治

动物饲养密度过大，饲养环境中氨浓度过高以及细菌或病毒并发感染，会增加鼠群中的发病率。所以，预防本病应当降低动物饲养密度，杜绝其他疾病的感染。

（四）巴斯德杆菌病

主要由多杀性巴斯德杆菌和嗜肺巴斯德杆菌所引起的多种实验动物、特别是兔和啮齿类动物的疾病称巴斯德杆菌病。

1. 病原

巴斯德杆菌为细小的球杆菌，两端钝圆，近似椭圆形，大小为（0.2～0.4）μm×（0.5～2.5）μm，在培养物内呈圆形、卵圆形或杆状。病料涂片用瑞氏染色或碱性亚甲蓝染色可见典型的两极着染。没有鞭毛，不产生芽孢，革兰氏阴性。在血清琼脂上培养 24 h 后，可长成灰白色、边缘整齐、表面光滑的闪光露珠状小菌落。

2. 流行病学

多杀性巴斯德杆菌对多种动物和人均有致病性。

3. 临床症状

家兔感染多杀性巴斯德杆菌症状尤其明显，鼻腔充满黏液，呈卡他性鼻炎症状。被毛逆乱，食欲减低或废食，可见呼吸困难。病菌侵入内耳，可使头偏向一侧。结膜充血，大量流泪，眼睑肿胀。

嗜肺巴斯德杆菌以隐性感染形式广泛存在，但仅散发性地引起临床疾病。该菌还可引起呼吸道以外其他器官的局部化脓性病变。与嗜肺巴斯德杆菌感染有关的症状包括动物吱吱叫、呼吸困难、体重减轻、泪腺脓肿、眼结膜炎、全眼球炎和尿道球腺感染。

4. 病理变化

多杀性巴斯德杆菌感染鼻腔黏膜上皮可见多数的杯状细胞。肺剖检可见肺硬化，萎缩不张，形成灰色小结节。胸膜炎，胸腔积液，肺脓肿。肺泡内充满巨噬细胞，支气管周围淋巴结显著增生。化脓性支气管肺炎病灶可见出血、坏死、纤维素渗出、肺不张等变化。

嗜肺巴斯德杆菌感染产生的病理变化不具有特异性，与其他病原菌在宿主同一部位产生的病变相似。在隐性感染时，肺、上呼吸道、子宫和肠道的上皮组织经常没有组织病理学变化。

5. 诊断

通过细菌分离和培养可确诊。由于嗜肺巴斯德杆菌感染没有特异的临床症状和病理变化，确切的诊断要做细菌的分离培养。

6. 防治

早期检测，发现感染实验动物马上隔离。

(五)假单胞菌病(绿脓杆菌病)

1. 病原

绿脓杆菌(*Pseudomonas aeruginosa*)属假单胞菌属，是一种革兰氏阴性杆菌。该菌栖居于潮湿、温暖的环境中，常可从水、土壤、阴沟污水和正常人畜的皮肤中分离到。

2. 流行病学

绿脓杆菌是一种条件病原菌，可从动物的粪便中排出，或发现于口咽部、胃肠道和鼻咽部。免疫功能健全的小鼠、大鼠等实验动物很少因感染绿脓杆菌而发病。该菌的意义在于，在损害宿主正常防卫反应的试验中，它可成为严重的病原菌。其重要性还在于该菌在自然界广泛分布，栖居于生物体以外的垫料、粪便和饮水瓶中，甚至于消毒药和洗涤剂中。在带有屏障系统的动物房中，饲养员和实验人员有可能将该菌带入，并因未戴手套而接触传染给动物。动物间的传染也主要通过直接接触。

当动物经受致死性全身X线放射时，感染绿脓杆菌的小鼠、大鼠和地鼠，会比未感染者死亡率高。绿脓杆菌还会干扰使用实验动物的烧伤试验研究(也因此成为烧伤感染的模型)。

3. 临床症状

除去一篇引起封闭群小鼠中耳炎的报告外，无其他证据表明绿脓杆菌可使未受应激的啮齿类实验动物发生临床显性疾病。但免疫损伤的小鼠、大鼠、地鼠等动物易发生败血症。

4. 病理变化

绿脓杆菌由上呼吸道的鳞状上皮与立方上皮交界处侵入体内。在大体病理学上，主要以败血症的病变为特征，包括胸腔腹腔脏器的充血，偶然在毛细血管网出现脓肿等。肝脏、脾脏的坏死可能还伴有肝的脂肪变性。

5. 诊断

本病的诊断可依据病史(例如免疫抑制)、临床症状、病理变化和细菌的分离进行。死亡动物可从心血或器官取材料。对带菌小鼠等可从鼻腔和直肠取材料培养。

6. 防治

动物饮用酸化水可以起到控制作用。

(六)葡萄球菌病

金黄色葡萄球菌(*Staphylococcus aureus*)主要与人有关，但有时也感染其他哺乳类动物，包括牛、犬、猫和实验动物。在一些裸鼠群中常见葡萄球菌脓肿。

1. 病原

金黄色葡萄球菌是一种需氧、不形成芽孢的革兰氏阳性球菌，过氧化氢酶阳性，呈α-溶血或β-溶血。葡萄球菌可产生脂解酶，以对抗皮脂的杀菌作用。

2. 流行病学

金黄色葡萄球菌的传染及其顽固性有两个应当考虑的重要因素，一是人常为带菌者，二是该菌对干燥和消毒剂的抵抗力。该菌可通过动物间或人的直接接触，或污染的饲料、粪便、笼具和垫料等传染，经空气散播也是可能的。该菌亦常经有外伤的皮肤和脐带残余开口人侵体内。

葡萄球菌是皮肤、黏膜、上呼吸道和肠道的常见菌。临床疾病的发生通常起因于皮肤创伤，皮肤持续潮湿，或某一应激因素。接触带菌饲养员也是该病的起因之一。

3.临床症状

金黄色葡萄球菌感染的临床症状包括：发热、厌食、沉郁和死亡。或者湿性皮炎，脚肿大，皮下肿块，乳腺肿大，或有脓性分泌物等。皮肤病灶常发痒或自行剥落，以后结痂而自然愈合。皮肤病的严重程度可由脱毛、发红直至广泛的溃疡。豚鼠常发生唇炎和脱落性皮炎，大鼠发生溃疡性皮炎，沙鼠为鼻部皮炎(sore nose)。葡萄球菌病的体内病变可能有特征性的脓性分泌物，或非特异性的急性或慢性鼻炎、齿龈炎、肺炎和膀胱炎。

4.病理变化

葡萄球菌感染的病理变化随宿主、部位和时间而变化，但其特征一般为融合性蜂窝织炎、脓肿、坏死和肉芽肿的形式。

5.诊断

确切的诊断需要做细菌培养，或在病灶中分离出葡萄球菌。

6.防治

保持良好的卫生环境，避免使用锐利的器物或易引起擦伤的表面接触动物，使用清洁的饲料和垫料，减少应激，对动物和饲养员进行微生物监测，可以减少金黄色葡萄球菌的散播和防止带菌动物发病。SPF级动物的管理是保证动物免受该菌污染的关键。

五、实验动物寄生虫病

实验动物寄生虫病很多，体内、体外、血液内均有，这里主要介绍GB 14922.1《实验动物 寄生虫学等级及监测》中规定排除的对实验动物危害较大和人畜共患的寄生虫病。

(一)弓形虫病

本病是由弓形虫引起的、能够在人与动物之间传染的重要人畜共患病。小鼠、大鼠、地鼠、豚鼠、犬和猴为中间宿主，猫为终末宿主。弓形虫在终末宿主的肠上皮细胞内完成有性生殖，随粪便排出卵囊，在体外完成孢子化过程成为侵袭性卵囊，中间宿主动物吞食侵袭性卵囊后，在其体内进行无性生殖，主要经消化道感染，吸血昆虫也是本病的传播者。

1.病原

弓形虫属孢子纲真球虫目住肉孢子虫科弓形虫亚科弓形虫属。目前，大多数学者认为发现于世界各地人和各种动物的弓形虫只有一个种，但有不同的虫株。

2.生活史

20世纪70年代以前，人们对弓形虫的生活史尚不了解。自1970年Hutchison等发现弓形虫在猫肠道中的有性生殖阶段之后，才基本上搞清楚弓形虫的整个发育史。

弓形虫的全部发育过程需要两个宿主，在终末宿主(猫科中的猫属和山猫属)体内进行肠内期(球虫型)发育，在中间宿主(哺乳类、鸟类等，包括兔)体内进行肠外期发育。

猫吞食了弓形虫的包囊或卵囊，子孢子或速殖子和慢殖子侵入小肠的上皮细胞，进行球虫型的发育和繁殖。开始是通过裂殖生殖产生大量的裂殖子，经过数代裂殖生殖后，部分裂殖子转化为配子体、大配子和小配子，大配子和小配子结合形成合子，最后产生卵囊。卵囊随猫的粪便排到外界，在适宜的环境条件下，经2～4 d发育为感染性卵囊。被猫摄入的滋养体，也有一部分进入淋巴、血液循环，随之被带到全身各脏器和组织，侵入有核细胞，以内出芽或二分法进行繁殖。经过一段时间的繁殖之后，由于宿主产生免疫力，或者其他因素，使其繁殖变慢，一部分滋养体被消灭，一部分滋养体在宿主的脑和骨骼肌中形成包囊。包囊有较强的抵抗力，在宿主体内可存活数年之久。

在外界成熟的孢子化卵囊如污染食物和水源而被中间宿主（包括人和兔）食入或饮进，或是弓形虫的滋养体通过口、鼻、咽、呼吸道黏膜、眼结膜和皮肤侵入中间宿主体内，通过淋巴、血液循环侵入有核细胞，在胞质中以内出芽的方式进行繁殖。如果感染的虫株毒力很强，而且宿主又未能产生足够的免疫力，或者还有其他因素的作用，即可引起弓形虫病的急性发作；反之，如果虫株的毒力弱，宿主又能很快产生免疫力，则弓形虫的繁殖受阻，疾病发作得较缓慢，或者成为无症状的隐性感染，这样，存留的虫体就会在宿主的一些脏器组织（尤其是脑组织）中形成包囊型虫体。

3. 临床症状

自然感染的大鼠、小鼠和地鼠基本不呈现临床症状，但组织切片上可见灶性脑炎。豚鼠主要表现肝、脾肿大，幼龄鼠可出现角弓反张，排粪、排尿紊乱。猫急性发病时出现体温升高、嗜睡、呼吸困难，有时出现呕吐和腹泻；慢性病例主要表现消瘦与贫血，有时出现神经症状，孕猫也可发生流产和死胎。犬发病症状与猫类似，有时还出现运动失调，严重者后肢麻痹，妊娠早期发生流产。猴发生脑炎时表现转圈、抱头、共济失调以及惊厥。

4. 病理变化

腹腔积有腹水，肠道、肠系膜淋巴结、肾上腺及实质器官有灰白色坏死结节或肿胀、出血。

5. 诊断

采用血清学方法（ELISA、间接血凝等）检测特异性抗体；取感染组织做涂片检查，发现虫体即可诊断。

6. 预防与控制

加强饲养管理，防止猫类对饲料、饮水的污染。淘汰动物应进行焚烧处理，严防被猫吞食。

（二）兔球虫病

兔球虫病是家兔中最常见的一种寄生虫病，它对养兔业的危害极大。4～5 月龄内的幼兔对球虫的抵抗力很弱，其感染率可高达 100%。患病后幼兔的死亡率很高，一般可达 40%～70%。耐过的病兔长期不能康复，生长发育受到严重影响，一般可减轻体重 12%～27%。

1. 病原

兔球虫（*Coccidium*）是一种单细胞的原虫，据文献记载共有 14 个种，其中除斯氏艾美耳球虫寄生于肝胆管上皮细胞内之外，其余各种都寄生于肠黏膜上皮细胞内。

2. 生活史

兔艾美耳球虫的发育需要经过 3 个阶段，即裂殖生殖、配子生殖和孢子生殖阶段。前两个阶段是在胆管上皮细胞（斯氏艾美耳球虫）或肠上皮细胞（小肠和大肠上寄生的各种球虫）内进行的，后一发育阶段是在外界环境中进行的。

家兔在吃食或饮水时，吞入成熟的孢子化卵囊。卵囊进入肠道后，在胆汁和胰酶的作用下，子孢子从卵囊里逸出，并主动钻入肠（或肝胆管）上皮细胞，开始变为圆形的滋养体，长大以后细胞核多次分裂变为多核体，最后发育成为球形的裂殖体，内含许多香蕉形的裂殖子，上述过程称第一代裂殖生殖。这些裂殖子又侵入肠（或肝胆管）上皮细胞，进行第二代、第三代甚至第四代或第五代裂殖生殖。如此反复多次，大量地破坏上皮细胞，致使家兔发生严重的肠炎或肝炎。在裂殖生殖之后，部分裂殖子变为大配子体，部分裂殖子变为小配子体。大配子体发育为大配子，而在小配子体内发育形成许多小配子，每个小配子具有两根鞭毛，活动积极，能主动钻入大配子。大配子和小配子结合形成合子，合子周围形成卵囊壁，即变为卵囊。卵囊排入肠腔，并随粪便排到外界，在适宜的温度(20～28℃)和湿度(55%～60%)条件下进行孢子生殖，即在卵囊内形成4个孢子囊，在每个孢子囊内又形成2个子孢子。这种发育成熟的卵囊称为孢子化卵囊。

3. 流行病学

各种品种的家兔对球虫都有易感性，断奶后至3月龄的幼兔感染最为严重，死亡率高；成年兔发病轻微。本病的感染途径是吃食和饮水。仔兔的感染主要是通过在哺乳时吃入母兔乳房上沾的卵囊；幼兔的感染主要通过吃草、吃料或饮水。此外，饲养员、工具、野鼠、苍蝇也可机械地搬运球虫卵囊而传播球虫病。营养不良、兔舍卫生条件恶劣所造成的饲料与饮水遭受兔粪污染等，最易促成本病的发生和传播。成年兔多为带虫者，在幼兔球虫病的感染中起着重要的作用。流行时间视温度和湿度条件而定，一般多在温暖多雨季节流行，如兔舍内温度经常保持在10℃以上时，则随时可发生球虫病。

4. 症状

按球虫的种类和寄生部位的不同，兔球虫病可分为3型：肠型、肝型和混合型，但临床上所见的多为混合型。其典型症状是：食欲减退或拒食，精神沉郁，动作迟缓，伏卧不动，眼、鼻分泌物增多，唾液分泌增多，口腔周围被毛潮湿，腹泻或腹泻和便秘交替出现。

病兔尿频或常作排尿姿势，后肢和肛门周围为粪便所污染。病兔由于肠膨胀、膀胱积尿和肝肿大而呈现腹围增大，肝区触诊有痛感。病兔虚弱消瘦，结膜苍白，可视黏膜轻度黄染。在病后期，幼兔往往出现神经症状，四肢痉挛，麻痹，多因极度衰弱而死亡。死亡率一般为40%～70%，有时可达90%以上。病程10余日至数周，病愈后长期消瘦，生长发育不良。

5. 病理变化

尸体消瘦，黏膜苍白，肛门周围污秽。

患肝球虫病时，肝表面和实质内有许多白色或淡黄色结节，呈圆形，如粟粒至豌豆大，沿胆小管分布。取结节做压片镜检，可以看到裂殖子、裂殖体、配子体、卵囊等不同发育阶段的虫体。陈旧病灶中的内容物变浓稠，形成粉粒样的钙化物质。在慢性肝球虫病例，胆管周围和小叶间部分结缔组织增生，肝细胞萎缩，肝脏体积缩小(间质性肝炎)。胆囊黏膜有卡他性炎症，胆汁浓稠，内含许多崩解的上皮细胞。

肠球虫病的病变主要在肠道，肠壁血管充血，十二指肠扩张、肥厚，黏膜发生卡他性炎症，小肠内充满气体和大量黏液，黏膜充血，上有溢血点。在慢性病例中，肠黏膜呈淡灰色，上有许多小的白色球虫结节，压片镜检可见大量卵囊，肠黏膜有时有小的化脓性、坏死性病灶。

6. 诊断

根据流行病学资料、临床症状及病理剖检结果，可做出初步诊断。

用饱和盐水漂浮法检查粪便中的卵囊，或将肠黏膜刮取物及肝脏病灶刮取物制成涂片，镜检球虫卵囊、裂殖体或裂殖子，如在粪便中发现大量卵囊或在病灶中发现大量各个不同发育阶段的球虫，即可确诊为兔球虫病。

7. 防治

治疗：由于大多数药物对球虫的早期发育阶段——裂殖生殖有效，所以用药必须及时。当兔群中有个别家兔发病时，应立即使用药物对整群家兔进行防治。此外，要经常注意药物的交替使用，以免球虫对药物产生抗药性。

预防：养兔场应建于干燥向阳处，兔场要经常保持干燥，兔舍应保持清洁、通风。幼兔和成年兔分笼饲养，发现病兔立即隔离治疗。加强饲养管理，注意饲料及饮水卫生，及时清扫粪便，防止兔粪污染草料及饮水。最好使用铁丝兔笼，笼底要有网眼，使粪尿流入下面的底盘之中。每周用开水、蒸汽或火焰对兔笼进行消毒，或将兔笼放在阳光下暴晒以杀死卵囊。合理安排母兔的繁殖，使幼兔断奶不在梅雨季节进行。消灭鼠类及苍蝇，杜绝卵囊的散布。在球虫病的流行季节内，对断奶后的幼兔，可在饲料中拌入药物（如杀球灵、氯苯胍、莫能菌素等），预防兔球虫病。

（三）贾第虫病

1. 病原

鼠贾第虫（*Giardia muris*）是一种鞭毛虫，存在于小鼠、大鼠、地鼠和许多野生啮齿动物的前段小肠。滋养体（7～13）μm×（2～3）μm，梨形，两侧对称。前端钝圆，有一大的吸盘，后端细长。有 2 个前核、2 个生毛体和 4 对鞭毛。在肠内容物的湿涂片中，贾第虫作特征性的翻滚运动。包囊椭圆，壁厚，4 个核，见于大肠和粪便。贾第虫在肠腔中以二分裂或多分裂增殖，并以凹面吸盘吸附于肠上皮细胞。

贾第虫没有或只有很低的致病性，但严重感染的小鼠可能体重减轻，被毛粗乱，呆立不动，腹部膨胀。不常腹泻，但小肠可含有黄白色水样液体。C3H/He 小鼠比较敏感，而 BALB/c 品系较有抵抗力。严重感染的裸鼠会发生死亡。在大鼠，虫体数量过多时可引起消化紊乱，营养不良，甚至溃疡。地鼠感染贾第虫不发生肠炎、腹泻或其他症状，但断奶地鼠的小肠前段含有大量卡他性液体，暗示可能有潜在的致病性。传染是由于食入贾第虫包囊。

2. 诊断

主要依据检查小肠中的滋养体，或粪便中的椭圆形的含有 4 个核的包囊。或在组织切片中发现虫体。

3. 治疗

可在饮水中加入 0.1%二甲硝咪唑，连用 14 d。氯喹、喹纳克林和阿莫待喹也有效。控制和预防在于良好的卫生管理，消毒污染的动物房等。包囊可被 2.5%石炭酸、来苏儿或 50℃以上温度杀死。

（四）鼠六鞭虫病

1. 病原

鼠六鞭虫（*Spironucleus muris*）通常寄生在小鼠、大鼠、地鼠和其他野生啮齿动物的小肠，特别出现在李氏隐窝中。通常只有断奶小鼠会发生临床疾病。鼠六鞭虫是一种长梨形、双侧对称的鞭毛虫，（7～9）μm×（2～3）μm，有 2 个前核、2 个纵轴、4 对鞭毛。它以纵裂方式增殖。可以在小肠隐窝中发现假囊。感染是由于食入滋养体或包囊。幼年和无胸腺小鼠可排出大量包囊。

鼠六鞭虫对受到应激的或幼年的动物比对成年动物有致病性。前者可发展成慢性感染。感染动物被毛粗乱，沉郁消瘦，无活力，腹部膨胀，腹泻，脱水，有时死亡。此原虫与十二指肠炎、小肠卡他性积液和炎性细胞浸润有关。组织学上，绒毛间的隐窝扩张，并有六鞭虫聚集。但尚不清楚这些损害是由此原虫的原发性感染所致，或仅表示条件性地继发了细菌或病毒性肠炎。

2.诊断

可在显微镜下检查肠道涂片或前段小肠黏膜刮取物。此原虫的特征是个体小,作快速水平运动或“之”字形运动,无吸盘和波浪膜。这可与贾第虫和滴虫相区别。

3.治疗

方法与贾第虫相同。控制感染取决于良好的卫生管理。

第四节　实验动物的微生物与寄生虫净化

净化是指使限定动物群体中某些(一种、多种或“全部”)微生物和寄生虫被清除的控制方法。净化主要是针对群体的,单一个体的净化,除非是珍稀动物,则仅在理论和技术层面具有意义,在实际应用上没有明显价值。

脱离人类关注的野生动物不可能有净化问题,它们和相关微生物、寄生虫处于相对平衡状态,生活于自然生态环境中。家养动物以“健康生活”或“健康生产”为目的,其净化主要针对主要病原微生物和寄生虫而开展。

实验动物是以动物实验为目的,鉴于很多微生物与寄生虫在动物机体的存在是严重干扰动物实验结果的主要影响因素之一。重要实验动物多对微生物和寄生虫的控制有明确的具体要求,其净化在理念上和人为关照的野生动物、家养动物是不同的。实验动物的微生物和寄生虫的净化主要包括:①在现有科学发展基础上,以全面清除微生物和寄生虫为目标,进行无菌动物的制备,并以无菌动物为种群,运用人工植入不同微生物或饲养于不同环境控制饲养设施中培育出不同微生物和寄生虫控制要求的悉生、SPF、清洁、普通级实验动物。②对某些普通级,主要是大、中型实验动物和野外捕获的野生供实验用动物,采用生物制品、药物进行针对性微生物和寄生虫清除或预防感染发生,达到某种程度上的微生物和寄生虫净化结果,满足动物实验的需要。

一、无菌动物的制备

无菌动物是指在现有科学技术条件下检不出微生物和寄生虫的动物。胎生无菌动物来源于经微生物、寄生虫检测合格的供体母畜经无菌剖宫产或子宫切除手术获得的幼畜。卵生无菌动物来源于经微生物检测合格的禽类,取其无菌卵经无菌孵化获得的幼雏,不仅在制备过程中要完全处于无菌状态,并要将制备的幼畜、雏饲养于隔离系统中,直至成功进行繁育。

无菌动物的制备起始于 1895 年 Nuttall 和 Thierfelder 利用妊娠豚鼠进行剖腹取胎,并在无菌环境中饲养了 10 d。时至今日已有关于无菌小鼠、大鼠、豚鼠、兔、犬、猫、猪、山羊、牛、绵羊、鸡、鹌鹑、火鸡、鸭的无菌制备报道和有关冷血脊椎动物如龟类和无脊椎动物的无菌饲养报道。

(一)胎生无菌动物的制备

胎生无菌动物制备主要环节是:

①选择经过微生物和寄生虫监测的适用供体畜,通过人工控制饲养和交配合理安排预产期。

②在保证无菌剖宫或子宫切除手术可顺利进行的前提下尽可能接近供体母畜自然分娩时间进行无菌手术。

③如果采用子宫切除无菌手术获取胎儿，则需对切除的子宫进行药物表面消毒，快速通过过渡药槽转入无菌隔离器中进行子宫切开，取出胎儿并给予胎儿出生护理。如用剖宫取胎则要保证无菌手术环境，不使胎儿暴露于空气中，而直接进入无菌隔离器。

④根据需要保证隔离器内环境符合幼畜需要，尤其是温度。

⑤根据需要选择运用“人工乳”进行人工哺乳，或利用已有相应等级同种动物培养代乳母进行乳母哺乳。

⑥根据需要适时提供适用无菌饲料和饮水。

⑦定期进行隔离系统环境监测，保证环境处于无菌状态。

⑧定期进行微生物和寄生虫监测，确认无菌动物的无菌状态。

(二)卵生无菌动物的制备

卵生无菌动物的制备和胎生有不同之处，主要在于：①选好无菌卵，通过药物消毒蛋壳，送入孵化器进行无菌孵化，并保证从无菌卵经过孵化直至出雏转入隔离系统饲养一直处于无菌状态；②卵生幼雏出生后即可采食，供给适当无菌饲料和饮水即可；③隔离饲养系统要根据幼雏需要控制好内环境，温度尤其重要。

二、不同微生物和寄生虫控制等级实验动物净化种群的培育

悉生和SPF级实验动物净化种群最初都应从无菌动物种群来，从已感染有微生物与寄生虫的动物中净化是极为困难的。如果已从无菌动物培育成悉生和SPF等级净化群，则可直接从这些净化群引种建立同等级的新种群或制备微生物控制要求较低标准的清洁与普通级动物。

1.悉生动物的制备

悉生动物是已知菌动物，需用无菌动物经人工定植相关菌而制备，通常有两种群况，分别为供研究已知菌在动物体中作用而制备的“单菌”、“双菌”、“多菌”悉生动物，和为了确保某些幼畜的健康成长而定植益生菌，在饲养上完全同于无菌动物。菌株定植成功与否可通过从粪便中定期分离培养出定植菌而证实。

2.SPF动物的制备

将无菌动物转入屏障系统，在环境控制严格程度降低、人和动物直接接触后，很快就形成了SPF动物，且不同屏障和饲养人员会造成SPF动物在非特定微生物携带种类上的差异。随饲养时间、日龄的增加，这种差异将更加明显。对有些幼畜，给以益生菌定植再进入屏障系统有利于SPF动物健康生长。

3.清洁动物的培育

原则上和SPF动物是一样的，没有本质上的区别，只是屏障系统环境控制的严格性更加低，可携带有更多非控制微生物和寄生虫种类，可从SPF源的动物引种培育。

4.普通级动物的净化种群培育

普通种群动物的净化，可以从SPF或清洁动物引种培育，只是普通级动物由于其环境控制对保持微生物控制的保障作用很低，时间一长难免会形成新的污染，因此比悉生、SPF、清洁动物更难维持，需不断引种更新种群。

三、药物净化

药物净化是针对已有感染的一些微生物和寄生虫进行的。由于抗病毒药物的作用未能十

分肯定，事实上，药物净化只是针对一些肯定有药物清除和治疗效果的细菌支原体和寄生虫。

清洁级、SPF 级实验动物饲养于屏障系统内，理论上和实践上都可以防止外来病原微生物干扰和寄生虫的污染，从防止对动物实验结果干扰考虑，除了为预防可能进入屏障系统的微生物污染，应用一些无害环境消毒药物，或针对外伤而对某些大中型动物运用药物治疗之外，是不能运用药物的，也谈不上药物净化。

普通级动物和捕获的野生动物常带有一些不应有的微生物和寄生虫，除了要从高等级动物做种群净化之外，有必要也允许用药物进行净化，而这种净化主要是做一种针对性或预防性微生物和寄生虫的净化，并且要限制用药时间和种类，保证实验动物进行动物实验时不存在药物干扰或由于药物净化带来的药物残留及对动物机体产生的副作用造成的实验干扰。

实验动物微生物与寄生虫的药物净化主要是两种形式：①对捕获的野生动物和引入的来源不太清楚的实验用动物，主要是猫、犬、猴、猪、兔等大中型动物，要进行入饲养场所的药物驱虫或预防性微生物清除。②对普通级实验动物，主要是大中型动物，也可进行定期驱虫、药物预防和治疗。

对环境污染控制不够严格的普通级动物设施，为防治烈性传染病，在靠药物也难以做到有效净化的情况下，运用生物制品疫苗或菌苗进行预防注射，达到防止感染的目的。这种方式是预防为主而不是净化，但从防止微生物和寄生虫污染威胁动物角度上来说是十分重要和必要的。免疫注射的种类以国家标准中规定的为依据，不仅要制定合适的免疫程序，而且要定期检查免疫效果，让免疫产生的免疫保护达到应有的水平。

第三章　实验动物环境控制

第一节　实验动物环境及设施

一、实验动物环境

(一)实验动物环境的基本概念

实验动物环境(laboratory animal environment)是指实验动物周围客观存在的,与实验动物相互依存、相互作用、相互影响、协调发展的一切外部事物组成的有机体系。诚然,在实验动物环境中,"一切外部事物"包含着人类这一最具有创造力的要素,但人类与实验动物之间是主体与客体的关系,人类只有通过应用科学技术驯化和培育实验动物、改造实验动物生存的其他环境因素,才能保证实验动物的质量和动物实验结果的可靠性,也才能不断推动实验动物科学的发展。

(二)实验动物与环境因素的关系

关于实验动物与环境因素(environmental agent)的关系,1959 年 Russell 和 Burch 提出的演出型概念作了很好的诠释,这一概念业已成为现代实验动物学的基本概念,其要义是,动物的基因型(genotype)来自于其双亲所产生的受精卵,受精卵受发育环境的影响发育成表现型(phenotype),发育的动物在所处周围环境的影响下不断发生变化而生存为演出型(dramatype)。而动物实验是对动物实施处置并观察其对处置的反应,动物实验的结果是动物的基因型、发育环境、周围环境和实验处理的综合表现,见图 3-1。由此可见,环境因素不仅影响实验动物的质量,而且还直接影响动物实验结果的可靠性。可以说,环境因素是实验动物标准化的最重要因素。比如,实验动物生产环境条件不标准,就不能培育和生产出标准的实验动物;同样,即便使用高质量的实验动物,在不标准的动物实验环境条件下,也得不到可靠的实验结果。再如,表面上看,微生物和寄生虫控制是实验动物质量标准化的一个重要方面,但避免微生物和寄生虫感染实验动物的核心手段就是要保持实验动物环境的持续洁净化。

在实际工作中,对各种环境因素进行控制的有效措施则是要为实验动物营造一个适宜的设施,并通过人员的正确操控,来保障各种有利环境因素或环境因素中的有利方面满足实验动物的需要,而避免各种不利环境因素或环境因素中的不利方面对实验动物所造成的影响或危害。

二、实验动物设施

所谓实验动物设施(housing facilities of laboratory animal),是指用于实验动物生产繁育或利用实验动物进行科学研究、教学、生物制品和药品生产的建筑物及其配套设备的总和。可以说,实验动物设施是实验动物环境因素得到有效控制的最基础条件。

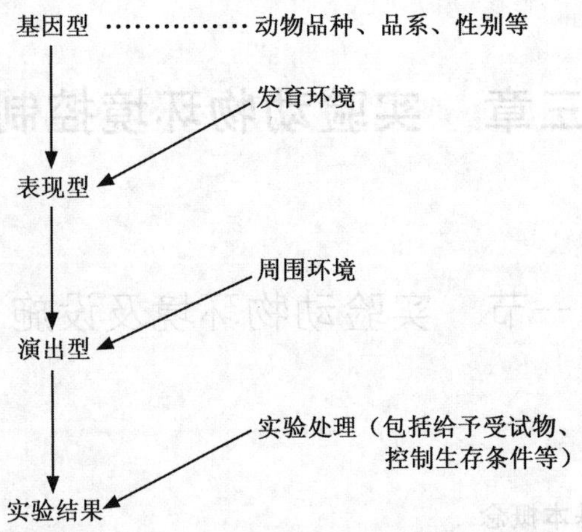

图 3-1　动物实验结果与动物的基因型、发育环境、周围环境和实验处理的关系

(一)实验动物设施的分类

根据使用目的、动物种类、洁净度等要求的不同,实验动物设施可分为若干类型,如图 3-2 所示。

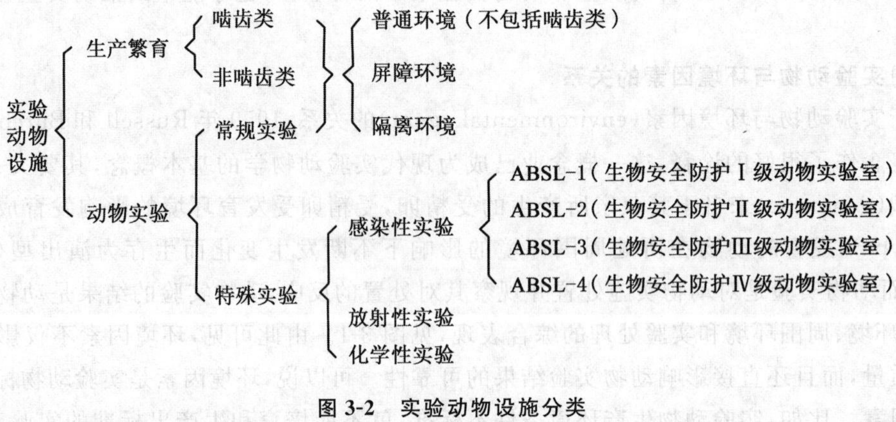

图 3-2　实验动物设施分类

其中,用于开展实验动物生产、常规动物实验和检疫工作的屏障环境设施和隔离环境设施为正压系统(防止外环境污染设施环境),用于开展感染性动物实验工作的各种设施均为负压的屏障环境设施和隔离环境设施(防止设施环境污染外环境),用于开展放射性和化学性动物实验工作的各种设施均有各自的防污染系统(防止设施环境污染外环境)。在实际工作中,应用较多、较广泛的是按照洁净度分类的普通环境设施、屏障环境设施和隔离环境设施,因此下面主要介绍这 3 类设施。

(二)各类实验动物设施的控制要点

(1)普通环境设施　普通环境设施是进行普通级实验动物生产、实验和检疫的设施。此类设施虽不能完全控制传染因子,但符合动物居住的基本要求。通过自然通风或人工通风,能对室内的温度、湿度和换气进行一定程度的控制;通过采取一定的防疫措施,避免进入设施内的人员、动物、饲料、垫料、笼具和其他物品对设施内环境的污染,并避免野生动物的进入。因此,此类设施并不是完全开放的、不加任何控制的普通设施。

(2)屏障环境设施 屏障环境设施是洁净度能够达到 10 000 级(ISO 7 级)的封闭式建筑物(其模式见图 3-3)或设备,是进行清洁动物、SPF 动物的生产、实验和检疫的设施,也是在实际工作中应用最多、最广泛的一类实验动物设施。此设施应具有密闭的建筑物、配套的净化控制系统等良好的硬件条件,通过配套管理措施的实施,能够对进出其内部的各类人员、物品、空气、动物和内环境进行严格的人工控制。既能使设施内温度、湿度、换气、噪声、光照等可调性因素适合动物的需要,也能避免生物性、化学性、放射性等危害性因素对设施内外环境的危害,从而保证设施内动物的生长、发育、繁殖和动物实验工作的顺利进行。进行感染性动物实验时,内部应安装负压的染毒操作设备,其排风应进行高效过滤。

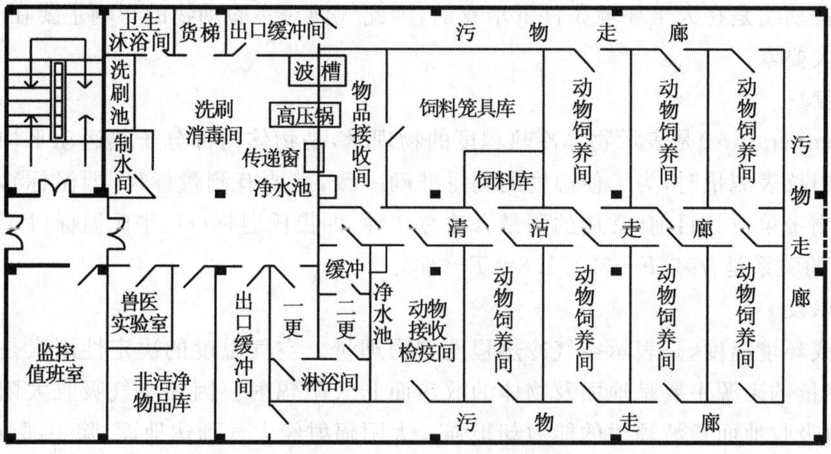

图 3-3 屏障环境设施模式图

(3)隔离环境设施 隔离环境设施是洁净度能够达到 100 级(ISO 5 级)或无菌状态的隔离装置(图 3-4),是净化级别最高、应用较广的一类实验动物设施。此设施适宜于进行 SPF 动物、悉生动物、无菌动物的生产、实验和检疫工作。该装置与外环境保持绝对的隔离,空气应先经过外围设备的温湿度调节,再经过自身高效过滤器的过滤而进入;物品(饲料、水、垫料和设备等)均应先进行灭菌处理,再经过自身特殊传递系统的无菌化传入;进入的动物必须达到 SPF 以上的级别,并经过自身特殊传递系统的无菌化传入;人员不直接接触动物,而是通过其所附的手套进行隔离操作,从而确保该装置内环境的无菌化和其他因素的合理性。进行感染性动物实验时,其排风应进行高效过滤。

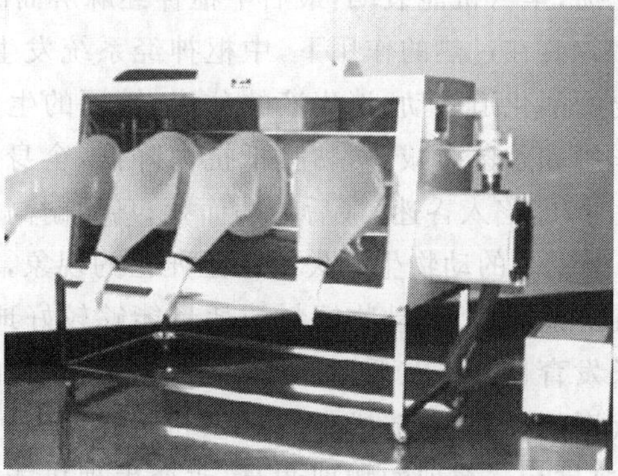

图 3-4 隔离器

第二节　各种环境因素对实验动物的影响

纵然影响实验动物的环境因素有很多，但能够显著影响实验动物质量的环境因素主要包括气候、空气、声光、生物、居住、饮食、社会七大基本要素。

一、气候要素

气候(climate)是大气中的温度、湿度、气流、风速、云层、气压、雨、雪、霜等物理现象的统称。由于实验动物是在人工环境条件下培育的，因此气候对实验动物的影响主要在于温度、湿度和气流三大要素。

(一)温度

温度(temperature)是表示物体冷热程度的物理量，是物体内部分子热运动平均动能的表示方法。采用仪表测量时，为了使温度的测量准确一致，需要有测量标尺(即温标)，并规定测量的基点和测量单位。目前，常用的测量方法有3种，即摄氏温标(t)、华氏温标(F)、绝对温标(T)法，它们的关系是：$t=(F-32)/1.8=T-273$。

1.空气温度

即气温或环境温度，是表示空气冷热程度的物理量。空气温度的决定性因素是空气的热量，而空气热量的来源主要是地面及物体的散热而非太阳辐射。因为空气吸收太阳热辐射的能力很弱，但吸收地面长波辐射的能力却很强。太阳辐射经大气到达地面，除一部分被反射掉外，其余则被地面吸收而使地面增温，然后再把热传给空气。正是这个原因形成了年温差、日温差和地区温差。

2.环境温度对实验动物的影响

环境温度对实验动物的影响是非常复杂的，主要包括以下诸方面。

(1)对体温调节的影响　环境温度能够通过对动物机体的产热、散热和热平衡的调节，来影响动物的体温调节。

①低温对体温调节的影响：如果环境温度过低，持续时间较长，机体经过化学调节使代谢产热达到极限仍不能与散热保持平衡，则动物的体温和代谢率下降；尿液分泌增加，脉搏迟缓，血压升高，血液浓缩，血液循环失调，微血管出血，抗体形成和白细胞的吞噬作用减弱，呼吸器官发生渗出，呼吸道黏膜受损，全身机能衰竭，最后中枢神经麻痹而冻死。

②高温对体温调节的影响：在过热的作用下，中枢神经系统发生失常，体内积累未完全氧化的物质和代谢产物，动物的消化道蠕动、消化液的分泌、糖原的生成和血中的蛋白质成分都受到影响，胃肠消化酶的作用和杀菌力减弱，黏膜抵抗力降低，全身处于极度衰弱状态。当哺乳动物体温升到42～44℃时，即陷入昏迷，最后衰竭而死；鸟类耐高温的极限较高，鸡为45℃，鸽为48～50℃。这种由高温引起的动物生理失常甚至死亡的现象，称为“热射病”。

(2)对生长的影响　在舒适温度下，动物饲料消耗量能够较好地满足其生长的需要，不受冷热应激的影响，动物生长发育良好。在低温环境下，动物为了增加产热和减少散热，食欲和摄食量均增加，随着能量代谢的加强，易造成脂肪沉积和肥胖，影响其正常生长。在高温环境下，为了加强散热，动物需要进行一系列的物理调节，改变生理机能，影响其生长；为了减少产热，动物的食欲降低，摄食量减少，影响其生长。

(3)对繁育的影响

①对动物发情周期的影响：很多动物的发情周期随季节的变化而变化，一般多在春夏温暖季节发情，秋冬寒冷季节不易发情。除光照外，气温的周期性变化亦起主要作用。这一点可以从恒温条件下一些实验动物的性周期不受季节的影响而得到证实。

②对雄性动物的影响：在一般气候条件下，雄性动物阴囊的特殊热调节能力可使睾丸温度经常保持在低于体温 3～5℃的水平，利于精子的生成与存活。若环境温度升高并超过睾丸的热调节能力，睾丸温度则随气温升高而升高，从而直接影响精子的生成。若睾丸温度升高到38℃以上，雄激素合成减少，精液品质恶化。另外，受热应激的精子进入雌性动物的生殖道后，虽不影响受精，但受精卵的形成却受到危害。低温对雄性动物的影响不像高温那样显著，但温度过低而引起动物的体温下降时，精子的生成将随之减少或停止。

③对雌性动物的影响：气温对雌性动物的影响主要是高温的影响。高温对雌性动物的影响一方面是使雌性动物的性周期紊乱，卵子发育异常，受精率下降；另一方面是在配种前后的一段时间内，引起受精后胚胎的早期吸收或死亡。有关低温对雌性动物的影响报道较少，不过低温可引起小鼠的性周期推迟，繁殖能力下降，仔鼠体质弱小、增重缓慢。

(4)对健康的影响　气温对幼龄动物健康的影响最为明显。环境温度异常对动物的健康可有以下几个方面的影响：

①导致动物直接发病：高温时动物易患热痉挛和热射病，低温可使动物罹患冻伤、感冒、支气管炎、肺炎等。

②导致动物间接发病：高温时动物的食量下降而引起营养不良，抗病力下降；低温时动物的代谢率提高会导致采食量增加，可能因饲料不足而引起营养不良、抗病力低，也可能因饲料充足而引起肥胖病。

③影响病原体的存活和繁殖：适宜的温度有利于各种病原体和媒介的生存与繁殖。猪蛔虫卵在 26～33℃时才能孵化为感染性虫卵；猪肺炎支原体在室温中的存活时间不超过 36 h，但在低温下可存活数天或数年之久；低温有利于流感、牛瘟和新城疫病毒的存活，高温使口蹄疫病毒很快失去活性。

④影响动物体质：在高温或低温时，动物体温虽然未受影响，但体质和免疫功能明显下降，接触病原体后易于发病。将 BALB/c 小鼠从 22℃环境移到 12℃或 32℃环境中，其血液白细胞数发生变化，血液及脾脏中与免疫反应有关的 B 和 T 细胞的比率亦出现明显变动。

(5)对行为和形态的影响　温度变化可使动物的姿势、饮食量、母性行为、心跳、呼吸、新陈代谢等行为出现相应改变。高温可使动物的饮水量增加，犬张口呼吸甚至喘息，鸡举翅伸颈，小鼠发生流涎，地鼠呈“大”字形睡眠。低温使动物出现立毛打战，蜷缩成团。在 9℃以下，金黄地鼠可出现冬眠。此外，温度变化可使动物的形态发生改变。动物长期处于低温环境中，其脂肪层相应增厚；冬季户外生长的幼兔耳长可较室内生长的幼兔短；低温下繁殖的小鼠尾长明显缩短；大鼠在 10℃繁殖时，其尾长较在 30℃下繁殖的约短 2 cm。

(6)对实验研究的影响

①通过影响实验动物脏器系数而影响实验结果：脏器系数是指实验动物的脏器重量与其体重的比值。实验动物的脏器系数与环境温度呈显著的负相关，即饲养在低温环境下的实验动物，其脏器系数较大；反之，则较小。

②通过影响实验动物的生理学指标而影响实验结果：山内忠平先生在他的大鼠实验中测

定了各种温度下 Wistar 大鼠的血液指标，结果显示，大鼠的红细胞数、白细胞数、红细胞容量值在低温或高温下均有增加。血浆蛋白、血中尿素氮、碱性磷酸酶、谷草转氨酶(GOT)、谷丙转氨酶(GPT)在 12～16℃的低温下有增加的倾向。

③通过影响实验动物的生理反应而影响实验结果：温度变化可使动物的行为和形态发生改变，从而引发相应生理反应的变化，进而影响实验结果。例如，将 9～10 周龄 ICR 小鼠放在 10～30℃的环境条件下，随着环境温度的升高，小鼠的脉搏、呼吸和发热量均呈直线下降。

④对药物毒性实验的影响：环境温度对药物毒性实验的影响非常明显，主要包括 3 种类型(图 3-5)。第一种类型为 U 型或 V 型，即在常温下毒性最低，当高于或低于常温时毒性都增大。如氯丙嗪小鼠皮下注射的 LD_{50} 在 28℃的环境温度下为 350 mg/kg，而在 13℃和 38℃时分别为 12 mg/kg 和 30 mg/kg。第二种类型为直线型，即药物毒性随环境温度的升高而升高。如醋酸可的松小鼠肌内注射的毒性在－6℃时最低，随着环境温度的升高而增大；注射破伤风毒素后，小鼠的存活时间在 10～30℃之间随室温升高而缩短。属于这种类型的药物还有苯丙胺、去甲肾上腺素、普鲁卡因、本海拉明等。第三种类型为折线型，即药物毒性在常温和高温下没有明显变化，但随着温度降低毒性增大。DDT、咖啡因、戊四氮和普鲁卡因均属此类。

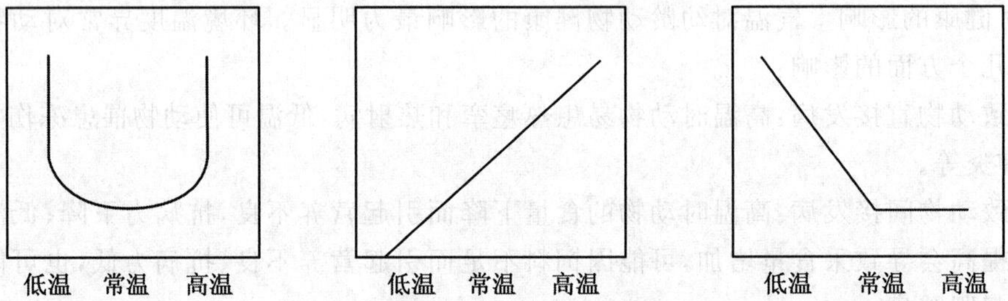

(a)U 或 V 型　　(b) 直线型　　(c) 折线型

图 3-5　气温对药物毒性的影响类型

⑤对动物体温测定实验的影响：环境温度对动物体温测定相关实验的影响既快速又直接。例如在热原质检测中，要求实验兔的体温变化范围不超过 0.6℃，如果不把实验室温度恒定在 18～28℃之间的某一点，实验兔的体温肯定会产生波动，而且极易超过 0.6℃，给实验结果带来很大的误差。

⑥对外科手术实验的影响：给动物实施外科手术时，常常需要为其保温，以免其因体温下降而休克死亡。例如，用猫测定药物的降压作用时，除保持正常的实验室温度外，还必须对猫实施保暖措施。在动物术后的观察期，高温和低温都对创口的愈合产生不良的影响。特别是在各类刺激性实验中，环境温度常常影响刺激反应，造成结果判断的错误。

⑦对感染、辐射和化学等实验的影响：环境温度不仅通过影响实验动物的体质、生理生化反应和抵抗力、免疫力而影响实验结果，还通过影响接种病原的繁殖力和毒性、辐射和化学反应强度而影响实验结果。

总之，环境温度影响着实验动物的方方面面。为了保持实验条件的相对稳定，提高实验的可重复性和可靠性，保证实验结果的科学性和准确性，动物实验室的环境温度必须控制在适宜的范围之内(国标对各种实验动物设施环境温度的规定参见有关章节)。

(二)湿度

湿度(humidity)是表示空气潮湿程度的物理量，亦称气湿。空气在任何温度下都含有水汽,其水汽来自海洋、湖泊等水面和植物、潮湿土壤等的蒸发。

1.湿空气的状态参数

描述湿空气状态的参数有许多,这里主要介绍相对湿度、露点、焓、显热、潜热等几个对实验动物设施管理具有理论指导意义的参数及它们之间的关系。

(1)相对湿度(relative humidity,RH) 湿空气的干湿程度对人、动物和其他生物的生存以及人类生产活动的影响,并不单纯地取决于空气中水蒸气含量的多少,而是取决于空气接近饱和的程度如何。相对湿度是指空气中实际水蒸气分压力 p_q 与同温度下饱和水蒸气分压力 p_{qb} 之比,用符号 φ 表示,即 $\varphi = p_q / p_{qb} \times 100\%$。由此可见,$\varphi$ 值越小,则空气的饱和程度越小,空气越干燥,吸水能力越强;φ 值越大,则空气的饱和程度越大,空气越潮湿,吸水能力越弱。φ 为 100% 的湿空气是饱和湿空气。

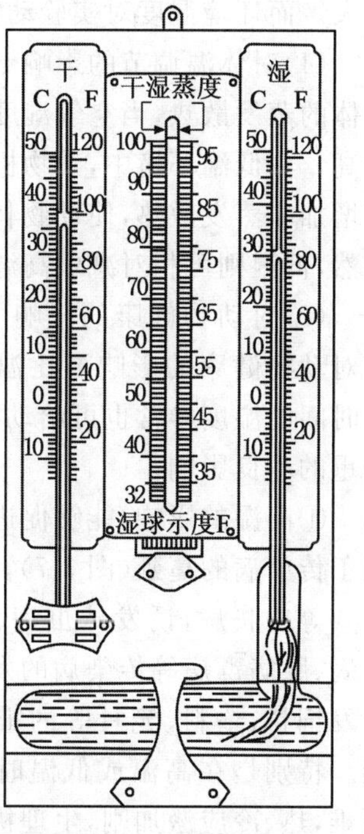

图 3-6 干湿球温度计

实际工作和生活中,只要知道 φ 值的大小,就可以知道空气的干湿程度。以往,相对湿度的测量是通过干湿球温度计(图 3-6)来实现的。其操作方法是,在干、湿球温度值稳定时,读取干、湿球的温度值,计算出二者的差值,通过滚动中间的圆柱体(附有湿度表)找到此差值,该差值与干球温度值相交处的湿度值即为当时的相对湿度(%)。目前,在干湿球温度计原理的基础上,通过技术改进,已有各式各样的指针式、数字式湿度计供人们选择。

(2)露点 当空气中的水蒸气含量一定即水汽压不变时,因气温下降而使空气中的水蒸气达到饱和状态即 $\varphi = 100\%$,此时的温度即为露点温度,简称露点,以 t_l 表示。在气压不变时,空气的露点只取决于空气中水蒸气的含量,且二者之间呈正相关。即水蒸气的含量不变时,露点也不变;水蒸气的含量增加或减少,露点也就相应地升高或降低。

实际气温与露点之差表示空气距离饱和的程度。气温高于露点,表示空气未达到饱和状态($\varphi < 100\%$);气温等于露点($\varphi = 100\%$),表示空气达到饱和状态;气温低于露点,表示空气超过饱和状态($\varphi > 100\%$),开始出现结露。这就是在低温的早晨能够产生露水、在空调制冷时表冷器的表面能够产生冷凝水的原因。事实上,在传统的空调技术中,人们正是利用冷凝原理进行空气除湿的。

(3)焓、显热与潜热 焓是一个表示单位物质所含热能的物理量。湿空气的焓是干空气焓与水蒸气焓之和。其中,干空气焓是与温度有关的热量,称为显热;而水蒸气焓是水的汽化热,它仅随着含湿量的变化而变化,与温度无关,故称潜热。当湿空气的温度和含湿量升高时,焓值也增大;当空气温度升高而含湿量下降时,焓值就不一定增大。

2.环境湿度对实验动物的影响

由于湿空气对人和动物生存的影响主要取决于空气的相对湿度,所以人们把相对湿度作为衡量空气湿度的主要指标。人和动物感到最舒适的相对湿度在 50% 左右,不同国家和地区对不同实验动物设施环境相对湿度的要求各异,但大都在 40%~70% 之间。兼顾人和动物感受的舒适性与湿度控制的可行性,我国把实验动物设施环境的相对湿度规定为 40%~70%。

在适宜温度下，环境湿度对动物的影响并不大。但在高温和低温下，环境湿度对动物的影响却很大。而环境湿度对实验动物的影响主要反映在体温调节和机体健康两个方面。

(1)对体温调节的影响　在高温环境中，动物机体主要依靠蒸发散热。高温高湿不利于动物体的蒸发散热，当空气湿度达到一定程度时，动物体便不再蒸发散热，体内蓄热而引起体温升高。在低温环境中，动物机体主要依靠辐射、传导和对流等非蒸发散热。在低温时，高湿显著增加非蒸发散热，使动物体更冷。因此，无论温度高低，高湿对动物的热调节都是不利的。当然，低湿则可相对减弱高温和低温的不良影响。

(2)对动物健康的影响　短时间的湿度异常对动物健康的影响要比温度异常轻得多，但长时间的湿度异常也可给动物的健康带来比较严重的不良影响。

①高湿的影响：能够促进病原体的发育，有利于传染病的蔓延(图 3-7)，使动物易患癣、疥、湿疹等皮肤病，诱发球虫病、小鼠伤寒、仙台病毒病、腺病毒病等传染病的发生。此外，高湿易引发饲料、垫料、笼具等的霉变，影响动物的健康。特别是在高温或低温时，动物的体热调节困难，热、冷应激加剧，生理机能紊乱，抵抗力减弱，体质下降，发病率增高。

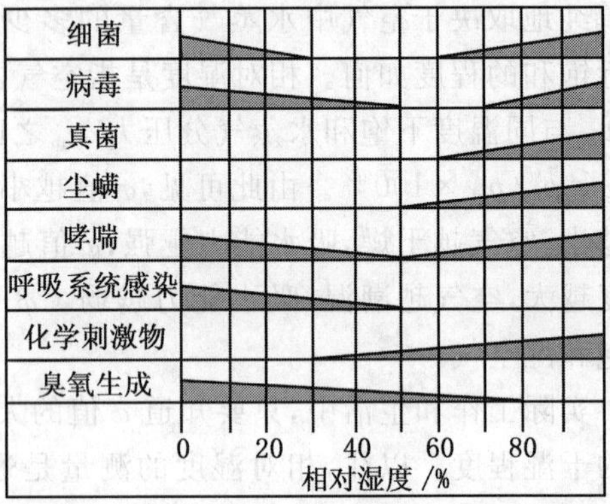

图 3-7　适宜生物污染和化学污染的环境湿度

②低湿的影响：过于干燥的空气能使皮肤和黏膜发生干裂，从而减弱皮肤和黏膜对微生物的防御能力。低湿使室内尘土飞扬，易引发动物的呼吸道疾病。低湿时，大、小鼠常发生拒绝哺乳或食仔现象。而相对湿度低于 40%时，大鼠的尾部水分散失严重，导致尾血管缩小，血液循环障碍，从而引起环尾病(ring tail)。

(三)气流与风

1. 气流

是指空气从高气压区向低气压区的流动。气流有自然气流(大气在自然条件下的流动)和人工气流(通过人工建筑设施和机械设备等人工手段的影响而形成的气流)之分。实验动物环境气流都是人工气流，根据人工影响的程度，人工气流可分为半人工气流和全人工气流。

(1)半人工气流　也就是通常所说的自然通风，只是通过墙、门、窗等一定的设施，初步改变了自然气流的方向和速度，是较简单的开放系统。如开放条件下的猪场、猴场等的气流形式即为半人工气流。

(2)全人工气流　即通常所说的人工通风，是完全依靠人工送排风而形成的气流，也是比较复杂的空气组织形式。实验动物的屏障设施、隔离设施及各种净化设备的气流形式均为全人工气流。按照流向的不同，全人工气流又可分为定向流和非定向流两类。

①定向流：是指气流沿着一定的方向从一端流向另一端。定向流仿佛是一个单向的"空气活塞"，把控制区内的空气由送风端推向排风端，因而其通风换气的效率很高。但由于需要较高的能耗，一般只适用于层流架、超净工作台、独立通气笼具(IVC)等小规模的通风场所。

②非定向流：是指空气向不同的方向流动，因而也称乱流。空气可由一个侧面送入，由同一个侧面或其他侧面的多点、多方位排出。乱流能使室内新风和污风很快地混合并均匀地稀

释污风，在保持空气处于稳态的基础上，逐渐地排出污风。乱流的通风换气效率不及定向流，但由于其能耗较低，能效比较高，在大规模的实验动物设施中得到广泛的采用。

2.风

大气的水平运动称为风，它是气流的一种形式，用风向和风速表示。风向是指风吹来的方向。风速是指单位时间内大气水平移动的距离，单位为 m/s，气象上常用 1、2、3、……、12 级表示。由于来自实验动物设施外的风已被人工控制，对实验动物没有直接的影响(开放环境设施除外)，通常仅作为设施建设时选址的参考。

3.气流对实验动物的影响

①气流对实验动物热调节的影响：主要表现在对对流散热和蒸发散热的影响上。如果气流过大，即使环境温度适宜，但动物体表的对流散热和皮肤汗腺的蒸发散热都增强，也会引起动物的不适。因此，实验动物设施内笼具处空气的流速一般不应超过 0.2 m/s。

②气流、温度、湿度对实验动物的综合影响：气流、温度和湿度是 3 个主要的温热因素。在实验动物环境中，温热因素控制得比较严格，气流、温度和湿度之间的相互影响不显著，未能引起关注，研究极少。表 3-1 为人的有效温度，借此可了解气流、温度、湿度对实验动物的综合影响。

表 3-1 在不同湿度和气流速度下穿着正常的人的有效温度 ℃

相对湿度/%	气流速度/(m/s)				
	0	0.25	0.50	1.00	2.00
100	17.8	19.6	21.0	22.6	25.3
90	18.3	20.1	21.4	23.1	25.7
80	18.9	20.6	21.9	23.5	26.6
70	19.5	21.1	22.4	23.9	26.6
60	20.1	21.7	22.9	24.4	27.0
50	20.7	22.4	23.5	25.0	27.4
40	21.4	23.0	24.1	25.3	27.8
30	22.3	23.6	24.7	26.0	28.2

注：人的有效温度(ET)亦称“实感温度”，是人在不同温度、湿度和风速的综合作用下所产生的热感觉指标。

从表 3-1 可以看出，当风速为 0、相对湿度为 90%时，人的适宜温度为 18.3℃；而风速为 0.5 m/s、相对湿度为 50%时，人的适宜温度则为 23.5℃。两者之间的显著差别充分说明，气流、温度和湿度 3 个温热因素不是独立作用的，而是以温度为核心，相辅相成，相互制约，共同决定人的温热感觉的。实验动物对温热的感觉与人类类似，在评定其中的某一因素对实验动物生长、繁殖、健康以及动物实验的影响时，也应结合其他因素的作用。

二、空气要素

空气是维持一切生命所必需的要素。由于空气的质量直接关系到实验动物质量和动物实验结果的可靠性，因此空气也是实验动物环境因素的重要组成部分。

(一)空气污染

正常的空气是由干洁空气、水汽和杂质组成的一种无色、无味、无臭的混合气体。但是，如果混有正常成分之外的物质，空气便可受到污染。空气污染的来源有天然性污染和人为污染两个方面。随着地球人口数量的不断增加和生产、生活方式的日益改变，人为污染日渐严重。污染物的种类繁多，按其物理状态可分为固体颗粒和气体两大类。其中，固体颗粒污染物又称气溶胶，气体污染物又称有害气体。

1. 气溶胶(aerosols)

也称气体分散体系，是指悬浮于气体介质中，粒径一般为 0.001～100 μm 的固态或液态微小粒子形成的相对稳定的分散体系，其分散介质为气体。空气中的尘埃粒子和飘散在空气中的各种碎屑(动物毛屑、饲料渣、铺垫物渣、动物排泄物等)、血清、尿液都能够形成气溶胶，从而对实验动物和从业人员造成很大的影响。

①引起呼吸系统疾病：气溶胶能够通过鼻毛的过滤，经各级呼吸道到达肺泡，轻者可引起不舒服感或不洁感而影响呼吸系统正常的功能，重者可引起鼻炎、支气管炎、气喘、肺炎甚至尘肺等呼吸系统疾病。

②引起皮肤、黏膜的变态反应：很多气溶胶都会引起人和实验动物的皮肤、眼、鼻黏膜的变态反应，表现为皮肤过敏、皮炎、鼻咽喉黏膜炎、发烧等症状，既影响实验动物的质量，也影响从业人员的健康。

③因携带微生物而影响实验动物的质量：来源于土壤、动物鸣叫、喷嚏、咳嗽和人类生活中的微生物和动植物霉菌的孢子，可依附于气溶胶中的固体或液体颗粒，在空气中飘浮并在一定时间内存活。当气溶胶进入实验动物环境时，这些微生物就会被带入相应的环境中四处扩散而感染实验动物，轻者影响实验动物的质量，重者可引起动物疾病或人畜共患病的发生和流行。

④污染动物实验环境：气溶胶进入动物实验环境后，可影响动物实验中的动物体、供试品、仪器设备和实验过程中的某些环节，干扰动物实验结果或造成动物实验中断。

2. 有害气体

凡是能够危害人、动物、植物等生命活动的气体，都可称作有害气体。实验动物环境中的有害气体不仅包括来自自然环境而未能去除的有害气体(如 CO、CO_2、SO_2、NO、NO_2、碳氢化合物等)，更包括人工环境中动物代谢产生而未能及时排出设施的有害气体。实验动物代谢产生的有害气体分为臭味气体、无味气体和特殊气味气体。其中，臭味气体主要有氨气、硫化氢、甲基硫醇、硫化甲基、三甲胺、苯乙烯、乙醛、二硫化甲基等 8 种；无味气体主要是二氧化碳；特殊气味气体主要是信息素。实验动物环境中的空气来自大气，由于其中的有害气体很难去除，人们常常通过设施建设时的选址来尽量避免这些有害气体对实验动物的影响。这里着重阐述实验动物代谢产生的有害气体对人和实验动物自身的影响。

(1)臭气　前述的 8 种臭气在一般的实验动物设施中并不是都能测出。氨在各种实验动物设施中都能检测到，且测出值最高，具有污染的代表性，这也是有关国标将氨规定为臭气检测指标的原因。硫化氢和甲基硫醇可在犬、猴、猫的饲养室内测出。

①氨(NH_3)：是一种无色但有刺激性的气体，其密度比空气小。氨主要来源于粪、尿、分泌物等动物代谢产物和饲料、垫料的分解产物。氨浓度取决于动物的饲养密度和设施的结构、换气次数和管理水平等因素。氨易溶于水，易被人和动物的呼吸道、皮肤黏膜吸收。低浓度的氨能刺激黏膜，引起流泪、咳嗽、黏膜充血、喉头水肿。吸入呼吸系统后，引起呼吸道黏膜充血、支气管炎，严重者引起肺水肿、肺充血等；吸入肺部后，破坏血液携氧功能。如果短期吸入少量

的氨，氨可被体液吸收而变成尿素排出体外；高浓度的氨可直接刺激机体组织，引起碱性化学损伤，使组织溶解、坏死，还能引起中枢神经系统麻痹、中毒性肝病、心肌损伤等。实验动物长期处在低浓度氨的环境中，对结核病、肺炎支原体等传染病的抵抗力显著下降。在氨的毒害下，炭疽杆菌、大肠杆菌、肺炎球菌的感染过程显著加快。

②硫化氢(H_2S)：是一种无色、易挥发、易溶于水、具有臭鸡蛋味的恶臭气体，其密度比空气大。硫化氢主要来源于动物的粪便，尤其在动物采食富含蛋白质的日粮或者动物的消化机能紊乱时，均可从动物的肠道排出大量的硫化氢。硫化氢可对黏膜产生刺激作用，引起眼炎和呼吸道炎症，严重时发生水肿。硫化氢经肺泡进入血液后，影响细胞的氧化过程而造成组织缺氧。长期处在低浓度硫化氢的环境中，动物体质变弱，抗病力下降，易产生胃肠炎、心脏衰弱等。高浓度的硫化氢可直接抑制呼吸中枢，引起窒息死亡。人长期接触硫化氢能引起头痛、恶心、心跳缓慢、组织缺氧、肺水肿甚至慢性中毒。慢性中毒后，眼睛肿胀、畏光、有灼烧感，眼球酸痛；急性中毒后，可留下后遗症，头痛、智力降低；而浓度达到 900 mg/m^3 时，可直接抑制呼吸中枢，引起窒息死亡。

(2)二氧化碳(CO_2) 是一种无色、无臭、略带酸味的气体，其密度比空气略大。二氧化碳本身对动物无害，只是当其浓度升高时，影响空气中的氧含量，可造成动物缺氧。动物长期处在缺氧环境中，表现为精神委靡，食欲减退，体质下降，抗病力减弱，易于发病。只要通风换气正常，实验动物设施一般不会发生缺氧的情况。

(3)信息素(pheromone) 是指动物个体排出体外的、能引起同种个体产生某些特殊反应的物质。几乎所有的人和动物都能释放和受信息素的影响，如异性体香、动物的亲仔体味、动物的性信息素等。信息素在同种个体之间的传播既有有利的一面，也有不利的一面。

①有利方面：表现在信息目的，即释放信息素的个体是为了需求而传递信息，引起其他个体注意，以满足其需求。例如，当动物性成熟后，动物就会通过尿、性腺、生殖器分泌物等释放特殊气味，以表达性成熟的信息；当动物发情时，释放发情信息素，以吸引异性；幼仔身上的特殊气味是母亲辨认亲疏的最好信息。

②不利方面：表现在信息的广泛性、同性排斥性、诱发性等。信息广泛性是指一个个体发出的信息广泛影响着周围的其他个体，如一只雌性动物发情，可招致周围所有雄性动物的烦躁不安，甚至打架；同性排斥性是指同性动物饲养在一起时，对彼此之间的性信息素极为不快，互相排斥，如饲养在同笼内的成年雄性动物常常发生仇视，打架，甚至咬伤；诱发性是指某个动物的信息素往往感染其他动物，造成生理活动和行为的改变，如一群动物中，如果一个动物发情，其信息素往往引起其他动物也发情，造成发情周期紊乱甚至假孕。

(二)空气净化

空气中存在的微生物大多是附着在可供给其所需养分、水分的尘粒上，且微生物的浓度与空气的含尘浓度和粒径均呈正相关，即空气中的含尘浓度越高或尘埃粒径越大，含菌浓度就越高；含尘浓度越低或尘埃粒径越小，含菌浓度也就越低。正是基于这一理论，人们利用空气过滤技术对空气进行净化处理，以有效降低处理后空气的含菌量。

1.洁净室标准

(1)国际洁净室标准 国际标准 ISO 14644-1 对洁净室及洁净区悬浮粒子数的规定见表3-2。

表 3-2　洁净室及洁净区空气中悬浮粒子洁净度等级

ISO 分级序数(N)	大于或等于表中粒径的最大浓度限值/(pc/m³)					
	0.1 μm	0.2 μm	0.3 μm	0.5 μm	1 μm	5 μm
ISO Class 1	10	2				
ISO Class 2	100	24	10	4		
ISO Class 3	1 000	237	102	35	8	
ISO Class 4	10 000	2 370	1 020	352	83	
ISO Class 5	100 000	23 700	10 200	3 520	832	29
ISO Class 6	1 000 000	237 000	102 000	35 200	8 320	293
ISO Class 7				352 000	83 200	2 930
ISO Class 8				3 520 000	832 000	29 300
ISO Class 9				35 200 000	8 320 000	293 000

注：表中数值按公式 $C_n=10^N\times(0.1/D)^{2.08}$ 计算。其中，C_n 为被考虑粒径的空气悬浮粒子最大允许浓度（以 pc/m³ 计），是四舍五入至有效数字不超过 3 位的近似整数；N 为分级序数，数字为 1～9（也可以规定各整数之间的数字，但其最小允许增量为 0.1，如 ISO 1.1，…，8.9）；D 表示被考虑的粒径（μm）；0.1 为常数（μm）。

此标准具有通用性，业已得到国际上的普遍认可和采用。除此之外，美国联邦的 FS-209E 标准和 WHO 的 GMP 灭菌药品生产操作区的环境空气洁净度标准也在许多国家得到认可和采用。

（2）我国实验动物设施的洁净度标准　我国现行的《实验动物　环境及设施》（GB 14925）将实验动物屏障环境设施和隔离环境设施的空气洁净度分别规定为 10 000 级和 100 级，相应于 ISO 14644-1 标准的 7 级和 5 级。新修订的《实验动物　环境及设施》将屏障环境设施的洁净度仍规定为 7 级，将隔离环境设施的洁净度修改为 5 级或 7 级（根据设备的要求选择参数），并注明洁净度 7 级的空气中，≥0.5 μm 的尘粒数应≤352 000 pc/m³，≥1 μm 的尘粒数应≤83 200 pc/m³，≥5 μm 的尘粒数应≤2 930 pc/m³；洁净度 5 级的空气中，≥0.5 μm 的尘粒数应≤3 520 pc/m³，≥1 μm 的尘粒数应≤832 pc/m³，≥5 μm 的尘粒数应≤29 pc/m³。

2. 空气过滤器

空气过滤器是洁净空调系统中的关键设备，其性能直接影响着空气的净化效果。因此，洁净空调系统必须选用合适的空气过滤器，并保证其运行的可靠性。洁净室用空气过滤器的种类很多，根据过滤效率、使用目的、使用材料和结构形式的不同，空气过滤器有不同的分类方法和不同的称谓。

（1）分类　按照过滤效率，空气过滤器可分为粗效、中效、高中效、亚高效和高效 5 类。其中，粗效过滤器的过滤效率以过滤 5 μm 的微粒为准，主要用于新风过滤除尘；中效过滤器的过滤效率以过滤 1 μm 的微粒为准，主要用作一般空调系统中新风及回风的最后过滤器和净化空调系统中高效过滤器的预过滤器；高效过滤器的过滤效率以过滤 0.3 μm 的微粒为准（若以 0.12 μm 的微粒为准，则称为超高效过滤器），常作为净化空调系统中三级过滤的末端过滤器。高效过滤器必须在粗、中效过滤器的保护下使用。

（2）选择　一般情况下，粗效过滤器可以满足一般空调房间的净化要求，粗效和中效过滤器联合使用可以满足初级洁净室（如宾馆、会所等）的净化要求，粗效、中效和高效过滤器的联合使用可以满足中、高级洁净室（如 ISO 7 级以上的实验动物屏障设施、制药车间、医院手术室、食品及精细工业的万级净化区等)的净化要求,而粗效、中效和超高效过滤器的联合使用可以满足高级洁净室(如 ISO 5 级以上的实验动物隔离设施、洁净工作台、制药车间的局部百级净化区、医院手术室的手术区、食品及精细工业的局部百级净化区等)的净化要求。

三、声光要素

(一)噪声

1. 噪声的基本概念

噪声是指使人不悦、生厌、烦躁或不需要的声音。人类公认的噪声可归纳为过响声(声压级在 60 dB 以上的声音)、妨碍声、不悦声、自然声 4 类,其中的过响声是实验动物设施控制的重点。

2. 噪声对实验动物的影响

同人的感觉相似,动物对噪声的反应也是不舒服的。也就是说,噪声也会对动物产生不利的影响。

(1)损伤听力　短时间的噪声可使听觉发生暂时性减退,敏感性降低,噪声消失后,听觉敏感性就会恢复,即造成听力疲劳。长时间遭受过强噪声的刺激,可造成持久性听力损伤,即造成噪声性耳聋。

(2)听源性痉挛　噪声刺激可使动物产生一系列的痉挛反应。动物躲在笼子一角,耳朵下垂呈紧张状态,两前肢做洗脸样动作,随后头部痉挛,在笼内跳跃,烦躁不安。噪声强烈时,可出现全身痉挛,在笼内狂奔,不断撞击笼门。长时间后,四肢僵直,极度痉挛而死。例如,小鼠因受 4 m 远超声清洗机的噪声刺激而发生休克死亡。

(3)生理紊乱　首先,噪声刺激可引起心跳和呼吸加快、血压升高。在长期的噪声或钥匙叮当响声的刺激下,大鼠可发生听源性紧张而诱发神经源性高血压。其次,噪声刺激可引起神经功能紊乱和激素分泌异常。噪声刺激可引起肾上腺素、去甲肾上腺素、胸腺素等激素的分泌增加。强噪声常引起神经衰弱症候群,如头晕、头痛、易疲劳、失眠等。此外,噪声刺激也可引起胃肠道功能障碍,导致胃液分泌异常,胃酸减少,胃蠕动减慢,食欲不振,恶心,呕吐,长时间的噪声可引起胃溃疡等疾病。

(4)干扰生活　兔子常靠一对听觉敏锐、活动自如的长耳来感觉危险信号的,有轻微的噪声干扰便立刻逃逸,汉字中的“逸”字就由此而来。较大的声响则可导致动物狂奔乱跑,冲撞笼门,严重影响它们的休息、饮食等正常的生理活动。

(5)影响繁殖　首先,噪声能够影响动物的发情和交配。长期处在噪声环境中的动物,由于神经、生理、内分泌功能的紊乱,干扰正常活动,使动物的发情周期紊乱,交配欲降低。其次,噪声影响受精卵着床,受孕率下降,流产增多。第三,噪声能影响母性。噪声常使母亲精神烦躁,泌乳量下降,弃子不管或咬死幼仔。另外,有研究表明,噪声与胎儿的畸形关系也很密切。

(6)影响动物实验　首先,噪声使动物受到惊扰,烦躁不安,影响抓取、保定、给药、采血,从而影响实验操作。其次,噪声引起动物的生理机能紊乱,也可导致生理指标的异常。第三,噪声造成的听源性痉挛,轻者影响实验观察,重者动物痉挛死亡而中断实验。此外,噪声也可使动物的抵抗力下降,从而影响毒性和感染性实验。

(二)光照

1. 光的作用

光是指能引起视觉的电磁波,它既是一种电磁波,又是一种粒子流。太阳光的波长范围是

4～300 000 nm，按照人的视觉又可分为红外线(波长 300 000～760 nm)、可见光(波长 760～400 nm)和紫外线(波长 400～4 nm)。光照射到物体上，一部分被反射，另一部分被物体吸收或透过物体。光照射到生物体上可引起光热效应、生物效应和光化学效应，而且不同波长的光的作用不同，每种波长的光的作用既有有利的一面，又有有害的一面。由于在人工光源的实验动物设施内几乎涉及不到红外线(主要产生光热效应)，故不作介绍。

2. 可见光

可见光对动物的作用既有热效应，又有光化学效应，其作用和影响与波长、光照强度和光照周期有关。

(1)波长　可见光波长在 760～400 nm 之间，又可分为 7 个波段，分别为红、橙、黄、绿、青、蓝、紫 7 种颜色。啮齿类动物对红光的感觉与黑暗相同；鸡对红光的反应迟钝，常用红光来防止鸡啄癖和争斗，延迟性成熟。

(2)光照强度　光照强度对动物的影响较大。一般来说，强光引起动物兴奋、烦躁，弱光使动物镇静、反应迟钝。但不同种类的动物和同种动物在不同的生理阶段所需要的最适光照强度不同。10～20 lx 适合小鼠的生长繁殖；大鼠在 100 lx 下阴道口开口最早，卵巢和子宫最重，而 250 lx 下产仔最多；鸡对可见光十分敏感，小鸡在弱光中能满意地生长，一般在 5 lx 下生长最快；猪最适宜的光照是 60～100 lx。过强的光照使动物烦躁不安，影响动物的生长发育，发病率升高，视网膜受损；过弱的光照使动物反应迟钝，生长发育缓慢，繁殖率和体质均下降。

(3)光照周期　除了光照强度，每天光照时间的长短对动物的生长、发育和繁殖也都有很大的影响。因此，维持合理的光照强度和光照周期是实验动物饲养管理中非常重要的工作内容(啮齿类动物的适宜光照周期基本为明∶暗＝12∶12)。光照周期对动物的影响突出地表现在动物发情上，延长每天的光照时间可使动物的发情提早，反之，则使动物的发情延迟。

3. 紫外线

紫外线对动物的作用较弱，但不同波长的作用不同。

(1)紫外线的有利作用　紫外线的有利作用包括杀菌作用、抗佝偻作用、色素沉着、红斑作用、提高机体的免疫力和生产力，但对实验动物设施来说，主要是利用其杀菌作用。紫外线的杀菌作用取决于波长、强度和微生物的抵抗力，波长 253.7 nm 的紫外线杀菌作用最强，对细菌、病毒、真菌、芽孢、衣原体等均有杀灭作用，但细菌芽孢对紫外线的抵抗性比繁殖体大。对紫外线最敏感的微生物包括牛痘病毒、大肠杆菌、金黄色葡萄球菌、普通变形杆菌、啤酒酵母菌等；对紫外线中度敏感的微生物包括球状微球菌属、鼠伤寒沙门菌、酵母菌属、乳链球菌；对紫外线不敏感的微生物包括耐辐射微球菌属、枯草杆菌、芽孢、橙黄八叠球菌。

(2)紫外线的不利影响

①引起光敏性皮炎：动物吃下的饲料中，若含光敏性物质，则会由于动物吸收紫外线而使其处于激发状态。受该物质的影响，特别是无毛或少毛部位，过度照射则可能引发皮肤癌。

②引起光照性眼炎：紫外线过度照射眼睛时，可引发光照性眼炎，症状为眼红、痛、灼热、流泪、羞明等。

(3)利用紫外线杀菌灯时的注意事项

①保证杀菌效果：紫外线的穿透能力很弱，只能对空气和直接照射到的物体表面进行杀菌，且其杀菌效果与照射强度、时间、距离等因素有关[紫外线照射剂量＝照射强度(μW)×时间(s)/距离^2(cm^2)]。因此，在日常使用中，为保证其消毒效果，被消毒物品的表面应保持干净

整洁;消毒时,必须将被消毒物品定时翻动或将消毒空间(如传递窗)的六面都安装紫外线灯管。平时维护时,应经常(一般每 2 周一次)用酒精棉球轻轻擦拭紫外线灯管的表面,以除去表面污垢。此外,由于紫外线灯管的寿命有限,一般为 3 000～4 000 h,超过寿命时,尽管仍能发出蓝光,但紫外线的输出强度降低,起不到杀菌作用。因此,有检测条件者应对其输出强度进行定期检测,当输出强度<75 $\mu W/cm^2$ 时要更新紫外线灯管;无检测条件者,每个灯管的使用期限应不超过 3 000 h,届时要强制更新紫外线灯管。

②避免伤害人员:由于紫外线的穿透能力很弱,不能穿透纸张和布料,因此只要不暴露皮肤,眼睛不直视紫外线光源,都能够有效地避免紫外线的伤害。为安全起见,即使在有防护的情况下,人员和动物在紫外线杀菌灯下的停留时间每次也不宜超过 2 h。

四、生物要素

自然环境中的生物要素包括动物、植物、微生物和寄生虫四大类。其中,动物和植物对实验动物的影响主要是通过大气、饲料、饮水、微生物、寄生虫等途径间接地作用于实验动物;而微生物和寄生虫则是直接地作用于实验动物,是实验动物生长、繁殖和动物实验的重要影响因素,也是衡量实验动物质量的主要指标,因而成为实验动物环境因素中的主要生物因素。

(一)微生物

微生物(microorganism)是一类分布广、繁殖快、结构简单、个体微小的生物。单一的个体通常不能用肉眼识别,只有菌落才能被肉眼看到。微生物的种类极其繁多,至今发现的已有10 万种左右,包括细菌、病毒、真菌、放线菌、螺旋体、支原体、立克次氏体和衣原体等(详见有关章节所述)。

1. 微生物的来源

微生物的来源很广,可来自于空气、人员、动物和相关物料等各种途径。

(1)空气中的微生物　空气中的微生物主要来源于地面,微生物随着尘埃、水汽及动物鸣叫、喷嚏、咳嗽时喷出的飞沫等进入空气,霉菌孢子则可被气流直接吹入空气中。空气中的微生物可分为以下两大类。

①常见微生物:芽孢杆菌、八叠菌、放线菌、酵母菌、真菌等是空气中常见的微生物。它们在空气中扩散,逐渐稀释,有的虽无致病性,但具有共生和拮抗作用,能干扰实验动物质量和动物实验结果;有的致病力很弱,但在一定条件下也可转化为致病菌而危害实验动物。

②病原微生物:空气中危害较大的病原微生物有炭疽杆菌、鼠疫杆菌、口蹄疫病毒、结核杆菌、水疱病毒、猪丹毒杆菌、沙门菌、狂犬病毒、兔瘟病毒、猴 B 病毒、鸡新城疫病毒、马立克病毒、犬瘟热病毒、大肠杆菌等。炭疽、鼠疫、口蹄疫、结核、猪丹毒、沙门菌感染、狂犬病、猴 B 病毒感染等属烈性人畜共患传染病。一般来讲,病原微生物在空气中的存活时间较短,但在适宜的温度、湿度和光照条件下,病原微生物仍能在空气中存活较长的时间,随着人和动物的呼吸,空气中的病原微生物进入机体,使机体发病。事实上,空气传播也正是引起大规模疫病暴发的主要原因。

(2)水中的微生物　一般情况下,自然水体中所含的微生物多数是不致病的。但有些却能够影响实验动物质量和干扰动物实验结果,有些(如大肠杆菌)在一定条件下也可转化为致病菌而危害实验动物。借水传播的疾病主要有伤寒、痢疾、霍乱、钩端螺旋体病、马鼻疽、猪丹毒、猴 B 病毒感染、马腺疫、口蹄疫、猪瘟等,而这些疾病大多数为人畜共患传染病。一般来说,水中营养条件和环境都不利于病原微生物的生长和繁殖。但是,如果水的污染严重,水中含有大量病原微生物,水质又富含营养,病原微生物将迅速繁殖并传播,形成大面积污染而引起大范围的疫病流行。

(3)土壤中的微生物　土壤中的微生物种类非常多,含量也非常高。土壤中的许多微生物是天然存在的,对植物生长大有益处;但有些是致病微生物,能对动植物产生危害。

(4)饲料中的微生物　动物饲料中富含各种营养物质,一旦受到污染,很多微生物如霉菌、腐败菌、大肠杆菌、沙门菌等将迅速而大量地繁殖,使饲料霉变、腐败,动物采食后将直接引发疾病。

(5)用具表面的微生物　在实验动物环境中,笼具、饮食器具、垫料、饲养管理用工具、实验器具等,若未经有效的消毒处理,都可能携带微生物而污染环境或动物。

(6)人和动物携带的微生物　除无菌动物外,人和动物都携带大量的微生物。这些微生物中,有正常菌群,有潜在或条件病原体,有一般传染性的病原体,甚至也有烈性传染性或人畜共患性的病原体。这些病原体既具有消毒的不确切性,更具有重要性。由于人员和动物都是生命体,在进入实验动物环境时,不能接受其他物品的消毒方式,只能进行"外包装"的净化,即对频繁进出的人员只能经更衣、淋浴、手消毒而净化;对外购的动物只能进行洁净运输、外包装消毒而净化,检疫往往也只是抽样进行。因此,对人和动物的消毒常具有不确切性。此外,由于人和动物携带微生物的机会比其他物品更多、更难以清除,且对内环境和动物的危害更具有直接性和重要性(所携带的微生物往往正是能够引起动物发病的微生物!)。因此,对人员和动物进出设施的消毒净化把关是设施运行管理中的重点和难点问题,应该给予经常而足够的重视!

2.微生物对实验动物的危害

潜在或条件致病性微生物在环境条件不良时,能够降低动物质量或引起动物发病,自然也将干扰动物实验结果。而致病性微生物,尤其是烈性传染病和人畜共患病的病原体,不仅会使动物发病,也会导致动物死亡,造成动物实验无法进行,甚至威胁人的生命。显然,微生物对实验动物和人员的危害是非常严重的(详见有关章节所述)。

(二)寄生虫

在自然界中,有些生物需要寄居在其他生物的体表或体内来获得食物,并对它所依附的生物体发生损害,这就是寄生现象。在寄生生活中,受益的一方为寄生物,动物性寄生物为寄生虫(parasite),受害的一方为宿主(host)。在生活史的不同阶段,寄生虫既有不同的形态特征,又需要不同的宿主。幼虫或无性生殖时期所寄生的宿主为中间宿主(有些寄生虫需要两个以上的中间宿主),成虫或有性生殖时期所寄生的宿主为终宿主。在寄生虫的生活史中,具有感染能力的阶段为寄生虫的感染阶段。寄生虫主要是一些低等动物,包括原虫、蠕虫、节肢动物等。根据其寄生部位,寄生虫可分为寄生于宿主体内的内寄生虫(如消化道内的蠕虫、血液内的原虫等)和寄生于宿主体表的外寄生虫(如虱、螨)。

1.寄生虫感染实验动物的主要途径

寄生虫传播的途径有很多,但对饲养于人工环境内的实验动物,其传播途径主要有3种。

①直接接触感染:动物直接接触带有寄生虫的动物或中间宿主,寄生虫便直接感染动物,如虱、螨等体外寄生虫。

②虫媒传播:蚊、蝇等昆虫吸吮带有寄生虫的血液或其他体液、排泄物后,再通过吸血等途径把寄生虫感染给健康动物,如血原虫的感染。

③污染传播:带有寄生虫的动物或中间宿主排出虫卵或幼虫,通过污染的饲料、垫料、饮水、笼具或其他用具而感染实验动物。

2.寄生虫对实验动物的危害

寄生虫侵入实验动物机体后,有的直接到达寄生部位,有的则要经过一段时间的移行(在宿主各脏器或组织内游走或移动)而到达寄生部位,再发育成熟。寄生虫在移行和寄生期间,都会对宿主产生损害。寄生虫对实验动物的危害主要包括机械性损伤、夺取营养、产生毒素、带入其他病原引起继发感染等(详见有关章节所述)。

五、居住要素与饮食要素

(一)居住要素

居住要素是人们为实验动物提供的人工居住条件,包括建筑物、配套的净化控制系统、笼架具、饮食器具、垫料及其他用具。由此可见,居住要素不仅是与实验动物生存关系极为密切的重要环境因素,也是人们对实验动物环境进行控制的基础和必要条件。

1.设施及配套的净化控制系统

人们通过搭建建筑物并为其配套各种调控设备的办法,将影响实验动物的各种环境因素加以控制,这些建筑物和设备即为我们所说的实验动物设施,它是实验动物生存的大环境。可以说,实验动物设施是个大型"控制器",它通过密闭的建筑物本身和配套的通风空调净化系统、物料灭菌设备和相应的消毒净化通道,能够实现对进入其内部的空气、人员、物品和动物进行全面而有效的控制。因此,设计精良、功能完备的设施是开展实验动物工作所必需的基础条件。

2.笼架具、垫料、饮食器具及其他用具

笼具是人们为实验动物生存所创造的具体居住空间,垫料是许多小型实验动物的"起居"条件,而饮食器具是实验动物的饮食条件。可见,笼具、垫料及饮食器具构成了实验动物生活的具体环境(相对于设施来说也叫小环境)。因此,它们也是开展实验动物工作所必需的基础条件。

(1)笼具　笼具不仅是实验动物生存的小环境,也是饲养管理和动物实验操作人员直接接触的地方,其装配是否科学、合理至关重要。不同国家和地区对实验动物笼具的空间规格和加工材质的要求各异,其目的主要在于保护动物福利和便于使用管理两个方面。

笼具对实验动物的影响主要表现在其空间尺寸能否满足动物自由活动的需要、结构形式是否有利于动物居住的舒适性和安全性、材质对动物是否有毒害等方面。如果笼具的空间尺寸不合理(如底面积不足或高度有限),则将直接而长期地影响动物的自由活动,使动物的精神、体质和行为受到不同程度的影响。如果结构形式不合理,也会对动物造成伤害,如有的笼盖钢丝间距不合理,造成小体格的动物逃脱或夹伤动物的四肢;有的大动物(犬、猴、猪等)笼具结构强度不足、锁定部件不牢、边角加工不细,可引起动物逃脱、受伤或伤人。如果材质有毒,动物舔食或啃咬后,也将直接受到毒害。

(2)垫料　垫料的适用对象主要是啮齿类动物。由于这些动物长期生活在垫料之中,垫料不仅要满足柔软、保温、吸湿和动物筑巢的需要,还必须具备尘埃少、无异味、无油脂、无化学毒性、无生物性污染、不易被动物采食等要求。常用的垫料有杨柳木刨花、锯末、纸屑、秸秆、玉米芯等,但研究认为比较理想的是杨柳木刨花和玉米芯。垫料对实验动物的影响主要表现在物理性、化学性和生物性3个方面。

①物理性影响:垫料中的粉尘是实验动物环境中的最大尘源,可严重影响设施内和笼具内的空气洁净度,引起动物呼吸道和皮肤疾患。据报道,使用垫料的动物肺和肝脏溃疡结节的发生率较高。此外,动物啃咬或误食垫料易造成胃肠和呼吸道的异物损伤。

②化学性影响:垫料中若含有芳香类、挥发类、酚类等化学物质,都会对动物的健康带来危害,有的甚至诱发癌症,如松木中的铍酸和松香酸能引起过敏、哮喘、鼻炎、结膜炎、细胞毒等危害。而垫料中若含有农药、重金属、甲醛等化学性污染,将对动物的健康带来更严重的危害或干扰实验结果。

③生物性影响:在我国,由于成本的限制,大多数的垫料都是木材加工厂或农副产品的下脚料。这些垫料易污染和滋生微生物、寄生虫、昆虫等,是主要的生物污染源。如果在使用前消毒不彻底,垫料将是动物体外寄生虫和节肢动物的主要感染源。

(3)饮食器具　人类的饮食需要餐具、水杯等,动物的饮食也需要类似的器具。在人工控制下,盛装动物饲料的容器有盒、斗、盆等,而饮水装置有瓶、斗、盆、自动给水器等。可以说,动物的饮食器具种类较多,形式不一。它们的材质应无毒无害,形式应便于动物的饮食、便于人员的操作管理和卫生消毒。

对实验动物饮食器具的管理和消毒非常重要。如果日常管理和消毒跟不上,就很容易给动物带来以生物污染为主的危害。比如,清理、更换不及时,长时间的剩料易酸败和霉变,长时间的剩水易滋生不洁物和微生物,从而影响动物饮食的质量和数量,甚至引起动物发病;再如,卫生消毒不彻底时,饮食器具所携带的各种不洁物和微生物将会直接引起动物发病。

(4)其他用具　管理动物和开展动物实验操作时,不可避免地要使用多种相关用具,如人员穿着的衣、帽、口罩、手套、鞋子,饲喂动物和管理环境所用的加料铲、卫生洁具,开展动物实验时所用的实验器材、供试品、记录工具,维护设施所用的各种检测仪器、维修工具等。这些用具对动物的危害方式较多,但主要是生物性污染和噪声。因此,日常使用和管理时,人们应当采取有效措施,以避免它们对动物造成的不良影响和危害。

(二)饮食要素

在人工饲养条件下,实验动物的饮食要素包括饲料和饮水两方面,它们能够直接影响动物的生长、发育、繁殖和健康,进而影响动物实验结果,因此是非常重要的环境因素。

1.饲料

饲料是实验动物食物的唯一来源,因此饲料应符合适口性好、营养价值合理和无污染的要求(详见有关章节所述)。

2.饮水

水是生命之源,是维持一切生物生存的重要物质。动物机体内有55%～80%的水分,它们是动物体的一切组织、细胞和体液的组成部分,也是动物进行各种生命活动的重要物质基础。由于动物获得水的唯一途径就是饮水,因此对饮水的质控和管理非常重要。水对动物的影响主要表现在饮水不足和水污染两方面。

(1)饮水不足　动物饮水不足时,水对动物的基本作用得不到发挥,不仅危害动物的健康,也会影响其生产力。当体内水分减少8%时,动物就会出现严重干渴,食欲丧失,消化机能减退,黏膜干燥,抗病力下降,组织中蛋白质、脂肪分解加强,哺乳期动物的泌乳量急剧下降。当缺水达到10%时,机体的各种代谢活动将严重紊乱。当缺水达到20%时,就会引起动物的死亡。

(2)水污染 是指水中污染物质的含量超过水体的本底含量和自净能力，造成水质恶化。水污染既有自然的原因(如地表自然释放的各种有害物质)，更有人为的原因(如生活污染和工农业污染等)。动物饮用污染水后，可受到以下两大方面的危害：

①影响实验动物的生产繁殖：动物长期饮用低浓度的污染水，可潜在地影响实验动物的生长、发育、繁殖和动物实验结果的可靠性。由于低浓度的污染常不被人们发现或引起重视，其造成的危害通常是长期的和广泛的。

②危害实验动物的健康：水中的污染物大多是有害物质，既可导致传染病、寄生虫病的发生和流行，也可引起重金属、农药和放射性物质的中毒，甚至导致癌症的发生，轻者影响实验动物的健康和动物实验结果的可靠性，严重时可使动物发生大规模的传染病或中毒死亡。

六、社会要素

同人类一样，每个实验动物也都生活在相应的群体之中，这个群体就是实验动物的社会。由于实验动物生活在人工控制的环境之中，其社会要素不仅包括动物之间的社会关系，也包括来自人的社会要素。了解和掌握这些社会要素，对于人们正确对待和恰当管理实验动物都是非常有益的。

(一)动物的社会关系

动物的社会关系，既包括动物之间的社会关系，也包括人与动物的社会关系。

1. 同种动物之间的社会关系

同人类相似，在同种动物之间，也会形成社会地位的高低、势力范围的大小和情感的差别。

(1)社会地位 是指同种动物个体之间的地位高低关系。这些关系非常复杂，但又可大致分为直线型和专制型两类(图3-8)。不论哪种动物，它们之间常常通过打斗来确立各自在群体中的社会地位。在两性之中，雄性动物表现得更明显。

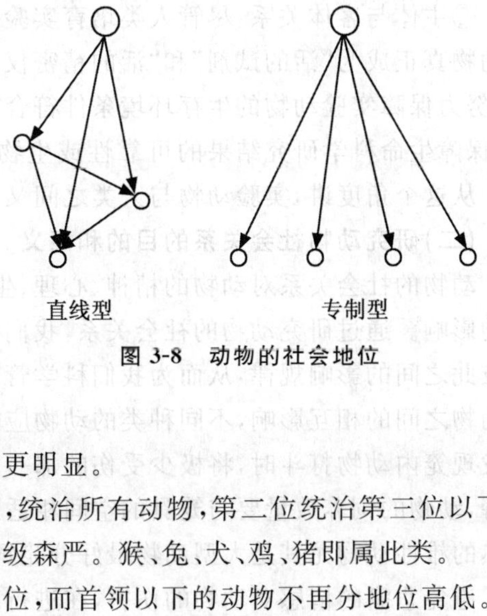

图 3-8 动物的社会地位

①直线型：是层层统治的关系。第一位为首领，统治所有动物，第二位统治第三位以下的动物，第三位统治第四位以下的动物，依此类推，等级森严。猴、兔、犬、鸡、猪即属此类。

②专制型：是首领处于所有动物的优先统治地位，而首领以下的动物不再分地位高低。小鼠、大鼠、猫即属此类。比如，当将两只以上的雄性小鼠放在同一个笼内时，它们之间常发生打斗，其中极少受伤的那一只就是该群动物中的最高统治者。

(2)势力范围 是指动物个体为保卫其领地不受其他个体入侵的地域范围。实验动物的势力范围因人为干预(如通过笼具空间和笼内群体数量的限制)而不像野生动物那样明显。但是，不论社会地位高低，每只实验动物也都会为自己划定势力范围，一旦遭受入侵，也都会誓死保卫的。例如，当一个笼内饲养的动物密度过大而使笼内动物的势力范围不足或有新的动物移入时，动物之间就会发生相互打斗。

(3)动物情感 尽管不如人类的情感那样丰富，但很多动物都是有情感的，诸如母子之情、异性之情、喜怒之情、怜悯之情等。我们很少发现动物的情感表现，是因为动物的情感交流方式与人类不同,也或者说我们观察得不够细致而已。

2.异种动物之间的社会关系

异种动物之间的关系大体可分为敌对关系、相容关系和友善关系3类。比如,猫、鼠之间是天然的敌对关系,大鼠、小鼠之间是相容关系,而家养的犬、猫等宠物之间往往表现出友善关系。在实验动物中,不同种类的动物常分开饲养,它们之间的关系很少能够得到体现。但在普通环境下饲养不同种类的动物和同时运输不同种类的动物时,则要注意避免它们之间的相互干扰和影响。

3.人与动物的关系

现代生命科学研究的开展还离不开实验动物,因而人类与实验动物之间存在着密切的关系。人与实验动物之间的自然关系既可以表现为敌对的,也可以表现为相容的和友善的,这主要取决于人对实验动物的态度、接触的方式及接触时间的长短。而从人类对实验动物的需要来讲,人与实验动物之间的关系又可表现为互惠互利关系、主体与客体关系两个方面。

①互惠互利关系:人类培育实验动物的目的在于利用它们进行生命科学研究或制取生物制品,为人类的健康事业服务,而实验动物又生存在人工环境条件之中,其生长、发育、繁殖和健康都需要得到人的严格控制和充分保障,因此,人类与实验动物之间存在着相互依存、协调发展、互惠互利的关系。

②主体与客体关系:尽管人类培育实验动物的目的在于利用它们为人类服务,但要想使实验动物真正成为“活的试剂”和“活的精密仪器”,就应该通过应用科学技术驯化和培育实验动物,努力保障实验动物的生存环境条件符合实验动物本身的客观要求,从而保证实验动物的质量,保障生命科学研究结果的可靠性或生物制品生产的优质化,不断推动实验动物科学的发展。从这个角度讲,实验动物与人类之间又是主体与客体的关系。

(二)研究动物社会关系的目的和意义

动物的社会关系对动物的精神、心理、生理、行为、生长、健康和动物实验结果都会产生很大的影响。通过研究动物的社会关系,我们能够了解动物之间的各种内在关系,掌握这些关系对彼此之间的影响规律,从而为我们科学管理实验动物奠定理论认识基础。比如,为了避免不同动物之间的相互影响,不同种类的动物应分室饲养;为了避免动物因争夺地位而受到伤害,当发现笼内动物打斗时,将极少受伤的那一只及时挑出;为了避免动物因争夺势力范围而受到伤害,动物的饲养数量要与笼具的空间相适应;为了避免性信息素对其他无关动物的影响,性成熟的雄性动物尤其是大型动物最好分笼饲养,需要交配繁殖时要采用合理的交配繁殖方式;为了避免悲痛的情感对动物的伤害,在进行动物实验操作时应注意回避其他动物,处死动物时应实施安死术;而为了增进动物之间的情感交流,对单笼饲养的动物,应保证动物之间的可视交流或给予适宜的玩具。

第三节 实验动物设施的管理

实验动物设施是从事实验动物生产、繁育或动物实验的场所,其环境条件的优劣将直接影响实验动物的质量和动物实验结果的可靠性。为避免各种不利因素对实验动物、从业人员以及设施内外环境的危害,在对各类实验动物设施进行日常管理时,应从进出设施的人员、物品、动物和空气的消毒净化着手，搞好设施内环境的保洁，保持配套设备的正常运行，做到既要使设施内温度、湿度、换气、噪声、光照等可调性因素符合动物的需要，也要避免生物性、化学性、放射性等危害性因素对设施内外环境的危害，从而保证设施内动物的生长、发育、繁殖和动物实验工作的顺利进行。

一、人员、物品和动物的管理

(一)从业人员应具备的素质

1.基本素质要求

按照《北京市实验动物管理条例》的规定，所有从事实验动物工作的人员(简称从业人员)应经过专业知识和业务技能培训，持证上岗，爱岗敬业，扎实工作，熟悉实验动物法规和标准，执行本单位制定的各种规章制度和标准操作规程(Standard Operating Procedures，SOP)。按照《北京市实验动物从业人员健康体检管理办法》的要求，所有从业人员每年应进行一次健康状况检查，重点检查皮肤、呼吸道、消化道、泌尿道、肝脏等部位有无常见传染性疾病或是否为过敏体质；同时，根据所从事岗位的特点，有针对性地检查是否携带皮肤真菌、结核杆菌、布氏杆菌、流行性出血热病毒、狂犬病病毒、弓形虫等人畜共患病病原体。

2.专业知识和业务技能要求

对设施技术负责人、动物饲养/繁育管理人员、动物实验人员、设备管理人员、值班人员、兽医等不同岗位技术人员的专业知识和业务技能要求如下。

(1)设施技术负责人　应具备医学、生物学或畜牧兽医学等相关专业大专以上学历，具有扎实的实验动物专业知识和较丰富的管理经验，能够组织所属人员对实验动物设施进行科学管理。一方面，要充分发挥技术指导作用，按照实验动物法规和国标要求，结合本单位的具体情况，制定或组织有关技术人员制定各种规章制度和SOP；另一方面，要注重发挥技术监管职能，督促有关工作人员，认真贯彻落实各种规章制度和SOP，保证设施条件和所饲养动物的质量符合相应的国标要求。

(2)动物繁育、饲养管理人员　应该掌握实验动物学专业知识和动物繁育、饲养管理操作技能。能够根据不同动物的生物学特性，自觉执行本单位制定的各种规章制度和SOP，规范化地开展动物繁育和饲养管理工作。

(3)动物实验人员　应该掌握实验动物学专业知识和动物实验操作技能，能够根据不同动物的生物学特性和实验设计本身的技术要求，自觉执行本单位动物实验管理规章制度和SOP，规范化地开展动物实验工作。

(4)设备管理和值班人员　应该掌握各种设备的工作原理、技术性能、使用与维护操作技能，熟悉实验动物设施环境条件标准和净化控制方法。能够按照各种设备的使用说明或本单位的SOP进行日常性操作和维护保养工作，确保整个实验动物设施的安全和正常运转。

(5)兽医　应具备大专以上学历，熟练掌握各种实验动物疾病的防控知识和操作技能。日常工作中，应当按照《中华人民共和国动物防疫法》和各种实验动物的等级标准，结合本单位所饲养的实验动物品种品系和设施环境条件，扎实做好人员、物品、空气和环境的消毒、净化工作；认真落实动物的净化、检疫、隔离制度，积极采取有效措施，防止各种传染性疾病的发生和流行；随时观察动物的临床表现，必要时应通过实验室检测，掌握动物的健康状况。从而，保证所饲养实验动物的质量符合相应的国标要求。

(二)人员出入设施的管理

1. 出入设施的基本原则

无关人员和患有皮炎、感冒、肠炎等传染性疾病的人员及过敏者,不得进入;男士不蓄留长发和胡须,女士不化装。进入设施时,不随身携带钥匙、手表、手机、饰物等与作业无关的物品;进入设施后,要随手关好每一道房门,不得解、脱工作服,更不得吸烟、饮食和嬉戏打闹。出入不同等级设施的人员,还应严格执行相应等级设施的具体要求。

2. 出入普通设施的要求

欲进入者应先洗手消毒,更换上消毒过的工作服、鞋、帽、手套和口罩,然后进入设施开展有关工作;工作完毕离开设施时,应将脱下的工作服、鞋、帽、手套和口罩放入指定位置,以便集中管理和消毒。尤其是在出入生产区、实验区、隔离检疫区之间时,更应严格执行上述要求。

3. 出入屏障设施的要求

进入屏障设施的办公休息、洗刷消毒等外环境时,应换着已消毒的外区拖鞋;进入一更衣间后,将随身携带的所有物品放入储柜内(需传入屏障内的物品应经传递窗传递),并脱去全部衣物(无淋浴装置者,只脱去外衣),然后进入淋浴间(无淋浴装置者,应有消毒间)进行淋浴(或洗手、消毒并脱去外区拖鞋)。赤脚进入二更衣间后,按照"穿上衣→戴口罩→穿裤子(上衣下摆要掖于裤子之内)→穿拖鞋→戴手套"的顺序,穿着已消毒的工作服装。经过风淋或缓冲后,进入屏障设施内开展相关工作。进入屏障设施之后的流动路线:对于双走廊设施,应按照最洁净区(清洁走廊、洁净库房等)→洁净区(动物饲养间或实验间)→次洁净区(污物走廊、出口缓冲间)→非洁净区(外环境)的顺序进行流动;对于单走廊设施,应按照洁净区(清洁走廊)→最洁净区(洁净库房、动物饲养间或实验间等)→洁净区(清洁走廊)→次洁净区(出口缓冲间)→非洁净区(外环境)的顺序进行流动。回到一更衣间后,将工作服脱下并换着便衣。最后,于屏障设施出入口换着便鞋,离开屏障设施。

4. 出入隔离设施的要求

由于人员只能在隔离环境之外的洁净环境,借助隔离器的手套间接地接触隔离器内的动物和物料,因此,对人员出入的管理要求与屏障环境设施的管理要求相同。

(三)各类物品出入设施的管理

1. 物品进入设施的基本原则

与动物生产、实验或设施管理无关的一切物品,均不得传入设施。必须传入设施的有关物品在进入设施之前,必须根据设施环境标准要求接受相应的消毒处理。对于进入普通设施的物品,凡可能携带动物病原者,必须经过有效的消毒处理后再传入普通环境。对于进入屏障设施的物品,由于高压蒸汽灭菌器、渡槽、传递窗等设备的消毒可靠性依次降低,所以在使用中,凡能耐高温高压灭菌的物品,如垫料、猴服、笼具、饮水瓶、某些工具和未经 ^{60}Co 照射灭菌的饲料等,均应先经过包装处理,再经过高压蒸汽灭菌后传入屏障环境;虽不宜用高压蒸汽灭菌但能用药物浸泡消毒的物品,如拖鞋、塑料容器、某些工具和经 ^{60}Co 照射灭菌的饲料包等,均应经过药物浸泡,由渡槽传入屏障环境;不宜用高压蒸汽灭菌也不能用药物浸泡消毒的物品,如记录用纸、笔、某些工具和实验材料等,需经传递窗/间消毒处理后传入屏障环境。进入隔离设施的一切物品,均应先经高压蒸汽灭菌处理,再传入隔离器。

2. 饲料

饲料是实验动物唯一的食物来源,为满足实验动物对饲料营养和卫生的要求,饲料的品种、质量和卫生标准必须与所饲养的实验动物和有关饲料标准相符合。

(1)采购和储运　实验动物饲料必须来自具有实验动物饲料生产许可证的单位，且每批饲料都应附有质量合格证明。在饲料的运输过程中，应注意保持装卸时轻拿轻放，运输车辆清洁、干燥，包装无破损，避免一切生物和化学污染。在饲料储存上，一方面，应将饲料存放在固定的专用储存间并离地而放，保持储存环境低温、干燥和卫生，避免野鼠、虫媒的生物污染及其他化学性污染(蔬菜、水果和肉类等易腐败的饲料应放入冰箱中储存)；另一方面，为防止因长期放置而变质或被污染，饲料的存放期一般不应超过1个月，尤其是易腐败的饲料，其保质期往往只有几天，更应引起注意。有效的做法是：在购进或消毒后，标注其使用许可期限；日常使用时，应根据库存情况先用陈料，过期、变质和受污染者均不得饲喂动物。

(2)消毒　普通动物的饲料无须消毒净化，但果蔬类食品在饲喂前要洗净。清洁级以上动物所食用的饲料应经过 ^{60}Co 照射(应首选此方法)或高压灭菌处理。

(3)饲喂　日常管理时，应根据动物的品种品系、所处的生长阶段(幼龄、育成或繁殖期)和用途(繁育、生产或实验)，合理选择饲料的种类和饲喂方式。对处于幼龄和繁殖期的啮齿类动物，应给予高营养的繁育饲料，并保持自由采食；对处于育成阶段的啮齿类动物，可给予营养适中的维持饲料，并可根据动物生产或实验的实际要求，分别采取自由采食或限时限量(参照动物的日均采食量)的饲喂方式；对处于幼龄和繁殖期的中、大型动物，应给予高营养的繁育饲料，并根据动物的日均采食量，采取每天至少分两次饲喂的方式；对处于育成阶段的中、大型动物，可给予营养适中的维持饲料，并根据动物生产或实验的实际要求，分别采取自由采食或限时限量的饲喂方式；对动物实验所用的特殊饲料，应根据实验设计方案的要求，结合动物的日均采食量进行合理饲喂。此外，食具的设置不仅要便于饲养人员的管理，更要满足动物采食和活动的需求，保证动物有足够的采食空间和采食点，尽量减少粪尿污染和对动物活动的影响。

3.饮水

普通级实验动物饮水应符合《生活饮用水卫生标准》(GB 5749)的要求，即动物可以直接饮用合格的自来水；而屏障级以上设施内的用水(包括动物饮用水和其他用水)应为灭菌水。除实验需要限量之外，动物的饮水通常为自由饮用。动物的饮水器具有自动饮水器、饮水瓶/盆等。在使用自动饮水器时，应经常检查饮水器及其管路装置是否完好、有无堵塞和污染等问题，并对饮水器及其管路装置进行定期消毒，从而确保水源的充足和洁净。在使用饮水瓶/盆饲养动物时，为保持饮水的充足和洁净，要求每天下午下班前瓶/盆中的剩水应不少于一半，而每瓶/盆水的最长饮用时间应不超过2 d，所以除每周2次的整批更换饮水之外，每天还要检查和补充饮水。具体操作要求是：在饲养清洁级以下的动物时，其饮水瓶/盆可以多次灌水、定期消毒(每2周至少应彻底洗刷消毒一遍)；饲养SPF级以上的动物时，其饮水瓶必须每次更新消毒。即便是多次灌水、定期消毒的饮水瓶/盆，在每次灌水前，也应将剩水全部倒掉并用净水将瓶/盆内外冲洗干净(将存有污垢者随时剔除并进行洗消处理)，将饮水嘴和瓶塞用药物浸泡消毒3～5 min，再用净水冲洗干净；加水时，应将饮水瓶/盆注满净水，并将瓶塞压紧，饮水嘴外露长度适当(以免漏水)；安放水瓶时，应按固定位置将水嘴插入水嘴孔中，以便于动物饮水并避免漏水和动物逃逸。

4.垫料

除少数中、大型实验动物如兔、犬、猴、猪使用水冲洗式的笼具饲养，更多的实验动物如啮齿类，则通常使用更换垫料的笼具来饲养，而维持笼具内环境清洁卫生的主要操作就是定期更换垫料和笼具。

(1)采购与储运　在选择木质刨花时,以杨、柳木刨花为宜,不宜使用松木刨花。在垫料的储存方面,应设置固定的专用储存间,并保持储存间内通风、干燥和卫生,避免野鼠、虫媒的生物污染及其他化学性污染。此外,为防止因长期放置而霉变或被污染,垫料的存放期不应过长。

(2)装填与消毒　装填垫料前,应检查有无尘土、大木块等妨碍动物居住和活动的杂物(必要时可过筛处理);装填垫料时,应将垫料均匀地铺垫在笼具的底面上。垫料的装填量应根据笼具内饲养动物的数量、规格和更换周期而定,一般应达到 3～5 cm 厚。装填过少,起不到应有的作用;装填过多,动物藏匿于垫料下面不利于管理和实验观察,也造成不必要的浪费。对装填垫料后的笼具必须进行高压蒸汽灭菌处理。对于购买已灭菌垫料的单位,可在动物饲养区将已灭菌的垫料直接装入笼具中使用,但要保证垫料的灭菌和传递时外包装的消毒效果确实。

5.笼架具

按用途,笼架具可分为饲养中、大型实验动物的笼具,饲养啮齿类的鼠盒、悬挂式鼠笼及与之配套的鼠架。

(1)中、大型笼具　若为干养式笼具,应根据饲养动物的规格和数量适时更换垫盘,通常每 1～2 d 应更换一次,垫盘的清洗、消毒同啮齿类笼具;若为水冲式笼具,应每天上、下午各冲洗一次。此外,每月应对整个笼具进行 1～2 次全面的擦抹或喷雾消毒(可拆卸部分应用高压蒸汽灭菌器灭菌处理)。

(2)啮齿类笼架具　日常管理中,应根据饲养动物的规格和数量适时更换鼠盒和鼠笼。对于塑料盒,通常应每周更换 2 次,有特殊要求者应适当增加更换的次数。对于网盖和鼠笼,通常应每 2～4 周更换一次。更换时,先用消毒液擦拭作业车的台面,把一组旧笼顺序码放在作业车上,拔掉旧饮水瓶,清扫并擦拭消毒腾空的笼架(避免污物掉入洁净物料上),将一组新笼对应码放在旧笼一旁。然后,将旧笼的盖子和卡片移至新笼上,检查旧笼内的动物数量、性别、编号等信息与卡片上的记录是否一致,无异常时,将动物逐只移入新笼(抓取和保定动物时,要善待动物,做到“稳、准、巧”,禁止伤害和惩罚动物),换上新饮水瓶,补足饲料。对于笼架,每月应用过氧乙酸等高效消毒剂进行一次全面的擦抹消毒。更换笼具和打扫卫生时,应认真负责,不偷工减料、不留死角,确保为动物营造一个洁净、舒适的生存环境。更换下来的鼠盒和鼠笼应及时清洗、装填垫料和利用高压蒸汽灭菌器灭菌,清洗时应全面到位、不留死角,以使清洗后的鼠盒干净、整洁、无污物附着。将晾干的鼠盒内装填适当的垫料,经高压蒸汽灭菌器灭菌后再投入使用。

6.工作服装

进入不同等级设施的人员应穿着不同的工作服装,并执行相应的洗消要求。

(1)对于普通设施　工作衣可以是白大衣、帽子、工作鞋、口罩和手套等简单防护服装。白大衣和帽子每周至少应清洗消毒一次,个别过脏者,应随时清洗消毒;工作鞋应通过踩踏消毒池内的消毒液来实现每次消毒,但每半月应进行一次彻底的清洗和药物浸泡消毒;口罩和手套,常采用一次性卫生用品,若需反复使用,则更应做到定期洗消处理。

(2)对于屏障和隔离设施　工作衣应由能够防护全身的猴服(带帽子和袜子)、拖鞋、口罩和手套等组成。猴服每周至少应清洗一次(个别过脏者应随时清洗),每次传入二更衣间之前,必须经过高压灭菌；拖鞋应在每次穿着后及时清洗，并经过渡槽浸泡消毒后传入二更衣间；口罩和手套常采用一次性卫生用品，应经过有效消毒（如 ^{60}Co 照射、环氧乙烷灭菌等）后，由传递窗/间传入二更衣间。

7. 废物

在动物生产或实验工作中，每天都会产生大量的废气、动物粪尿、废弃垫料、一次性口罩和手套、动物尸体及组织等废物，为了避免这些废物对工作区域及周围环境的污染，必须对其进行无害化处理（详见有关章节）。

（四）动物的管理

1. 生产繁育过程中动物的管理

实验动物生产管理过程中，不仅要按照各种动物的生长、繁殖规律，认真搞好其饲养、繁育工作（详见有关章节），还应严格按照各级动物的微生物和寄生虫质量控制标准，分别实施相应的净化措施。

（1）普通级动物的净化　普通级动物只要不携带人畜共患病原和动物烈性传染病即可，因此净化比较简便。通常通过从国家指定的国内外种子中心引种、改善饲养环境条件、加强饲养管理和疾病控制、定期进行微生物和寄生虫检测并淘汰不合格的动物群等措施来实现。其中，在引种过程中，引种单位必须向供种单位索取完整的含品系名称、遗传背景、微生物控制情况等在内的有关资料。长途运输时，应尽量采取有效方法，保温并缩短运输时间。为保证动物饮水，必要时可加入消毒好的黄瓜或含 20%琼脂的盐水。

（2）清洁动物的净化　清洁动物既要排除普通级动物应排除的病原，也不携带对动物危害大和对科学研究干扰大的病原。对于清洁动物的净化，通常通过从国家指定的国内外种子中心引种（要用运输桶、带过滤帽鼠盒或专用运输箱装运）或将普通级动物剖宫产净化（详见有关章节），并将引进的清洁动物种群或剖宫产净化后的动物保持在屏障环境中进行扩群生产。此外，胚胎移植技术也将成为动物净化的一种有效手段。在日常生产管理工作中，应注意保持屏障内环境条件的合格化和饲养管理的标准化（详见有关章节），定期进行微生物和寄生虫检测并淘汰不合格的动物群。

（3）SPF 动物的净化　SPF 动物既要排除清洁动物应排除的病原，也不携带主要潜在感染或条件致病和对科学实验干扰大的病原。对于体型较小、繁殖周期较短的大鼠、小鼠、豚鼠、地鼠和兔，其 SPF 级的净化方法与清洁级相似，只是应将引进的 SPF 动物种群或剖宫产净化后的动物保持在隔离环境而非屏障环境进行基础群保种，然后进行扩大群生产。在日常生产管理工作中，应注意保持隔离器内环境条件的合格化和饲养管理的标准化，定期进行微生物和寄生虫检测并淘汰不合格的动物群。而对于体型较大、繁殖周期较长的犬和猴，剖宫产净化比较困难，除通过从国家指定的国内外种子中心引种之外，还可以通过改善饲养环境条件、加强饲养管理和疾病控制、定期进行微生物和寄生虫检测并淘汰不合格的动物群等措施，将普通级动物升级为 SPF 动物。

（4）无菌及悉生动物的净化　无菌动物是无任何可检出的生命体的动物。无菌动物的净化方法与清洁动物相似，只是应将引进的无菌动物种群或剖宫产净化后的动物保持在隔离环境而进行无菌化生产管理。虽然用无菌动物进行实验的可信性最好，但由于其饲养管理困难、生活能力较差，实施的可行性较差。科研人员常把对机体有益的 1～3 种已知微生物如大肠杆菌、表皮葡萄球菌、白色葡萄球菌、粪链球菌、乳杆菌等喂给无菌动物，使之在肠道内定居，从而形成悉生动物。这种动物在多种研究试验中可以代替无菌动物。

在日常生产管理工作中，除应注意保持整个饲养条件的无菌化和饲养管理的标准化之外，还应定期对动物呼吸道、粪便、饲料、饮水和铺垫物进行微生物和寄生虫检测，以检查是否被污染和接种的微生物是否定居，对未能定居的菌株还应补充接种。

2.实验过程中动物的管理

对实验过程中动物的质量控制，除应注意保持设施内环境条件的合格化和饲养管理的标准化（详见有关章节）之外，还应对动物的采购、运输、传递、检疫、实验操作等过程进行微生物学控制，并对长期实验的动物及其饲养环境进行跟踪检测。

(1)采购与运输　实验动物必须来自具有实验动物生产许可证的单位，且每批动物都应附有质量合格证明。此外，购买犬、猴等动物时，应向售出单位索要该批动物的免疫和检疫证明；购买非人灵长类动物时，还应办理相应的使用许可手续。普通级动物可以用开放式容器盛装，而清洁级以上的动物必须使用专用的无菌运输容器盛装。运输动物的容器和车辆在符合微生物控制等级要求的同时，还应满足安全、通风、温度等动物基本生存条件的要求（长途运输时，还应考虑动物的饮水和饲料）。此外，不同性别、品种、品系和等级的实验动物不得混合装运。

(2)传递与检疫　由外环境进入实验设施时，除要核对实验动物的来源、数量、规格、性别、包装、质量合格证明或检验检疫报告等基本情况外，还要根据动物的微生物控制等级分别实施相应的传递与检疫程序。

①普通级动物：从运输容器中取出后，先进行动物质量状况的大体观察。肉眼评判动物质量优良的标准是：精神状态良好，运动活泼；肢体匀称，四肢无残缺、畸形和外伤；被毛光亮、色正，紧贴身体；皮肤弹性良好，无创伤和异常物；发育良好，肥瘦适中，体质健壮；天然孔无异常分泌物。发现动物不健康时，应拒收整批动物；未见异常时，将动物转入检疫间进行检疫（有条件者，应为犬、猴等大动物洗浴消毒）。本地购进的兔、豚鼠检疫期为 3～7 d，犬、猴为 7～14 d；国内异地购进动物的检疫期应延长 7～14 d；国外引进动物的检疫期应不少于 30 d。检疫期间，饲养人员每天应参照上述标准，密切注意观察并记录动物的精神、运动、皮肤、被毛、饮食、粪尿等临床基本情况，发现异常应随时报告兽医或有关人员。兽医应通过镜检、血清学检查等方法，参照相关国标，对被检疫动物群的体内外寄生虫、微生物进行必要的实验室抽检；对检疫期间死亡的动物，应进行解剖和/或实验室检验。根据检验结果，兽医判定被检疫动物群的质量是否合格。检疫合格者方可转入饲养间进行饲养和实验。

②清洁动物和 SPF 动物：应将运输容器通过屏障设施的传递窗/间传入（执行相应的操作要求）。然后，清洁区的饲养人员打开运输容器，按照上述标准对动物进行检查。经检查未见异常时，将动物转入观察间进行 2～3 d 的临床观察（对于异地购进和从国外引进动物的观察期应参照前款执行）。观察期间，对饲养人员和兽医的要求同前款。观察结束未见异常情况者，方可将动物转入饲养间进行饲养和实验。

③无菌及悉生动物（包括转入隔离设施的 SPF 动物）：应通过隔离器的操作，将动物传入隔离器进行 2～3 d 的临床观察（对于异地购进和从国外引进动物的观察期应参照前款执行）。其他程序的要求均同前款。

(3)动物质量和设施内环境指标的跟踪检测　在动物实验过程中，尤其是长期实验（如半年以上），兽医应通过检测动物的质量和设施内环境指标的动态状况，及时发现和解决设施运行管理中存在的问题，从而确保实验过程中动物质量的稳定性。

3. 动物的疾病控制

实验动物的疾病控制程度远高于其他动物(参见实验动物国家标准 GB 14922.1～2)。在控制手段上,尽管也是以“控制传染源、切断传播途径和保护易感动物”为原则,但很少通过接种疫苗或药物治疗,而是通过实施一整套完善的控制措施来实现。

(1)综合性控制措施　为防止动物感染疾病,必须建立一套科学的防止外来微生物污染的措施。首先,实验动物设施应建设在远离污染源和生活区的地方,其周围环境应保持整齐、卫生,无积水、杂草、垃圾堆和蚊蝇滋生地,对周边环境进行定期的灭鼠、驱虫和消毒,以避免野鼠、虫媒、病原微生物等传染源对实验动物的污染;其次,应通过建设屏障设施甚至隔离设施,严格执行一整套完善、科学、可行的规章制度和 SOP,从硬件建设和软件管理两方面入手,切断病原体的传播途径,同时保护易感动物。

(2)动物疾病的检测　在日常工作中,兽医应根据不同品种品系实验动物疾病发生和流行的特点,经常深入生产或实验设施内,认真观察动物的临床表现;积极利用实验室诊断手段,对动物的微生物、寄生虫感染情况进行定期检测,以随时掌握动物的健康状况。在繁育、生产过程中,通过抽查动物的质量来衡量动物的健康状况,即 SPF 及其以下等级的动物,每 3 个月抽查一次动物的质量;无菌动物每年抽查一次动物的质量,每 2～4 周抽查一次粪便样本。在实验过程中,可利用哨兵动物对啮齿类动物的健康状况进行检测。每半年一次,每次购买质量合格的 SPF 动物 10～20 只,置于动物饲养间内最容易受到污染的区域(如笼架的下层、排风口处等)进行常规饲养管理,每周 2 次,将其笼具中混入少量来自实验群动物的废弃垫料;每 1 个月左右对其中的 2～4 只动物进行一次质量抽检,以衡量实验群动物的健康状况。当发现动物有异常情况时,应查找原因,若系环境、管理、营养等非传染性因素所致,应及时采取相应措施;若发生了传染病,则应按照动物突发传染病的应急预案,采取果断措施,严防病情的扩散和流行。

二、设施内环境管理

(一)普通设施的内环境维持

(1)各种物品的卫生保洁措施　笼架具、台架等固定物品,平时应整齐地摆放于适宜位置,按照物品管理的要求进行日常管理。对于饲喂器具、作业工具、生产或实验器材等频繁出入设施的物品,消毒后应用适当容器盛装,标明类别和消毒日期,整齐地码放于相应储存间内,不得就地码放;使用时,应注意先用陈料,用多少取多少;使用后,应将储存间打扫干净,未用物品放置有序,将使用工具打扫干净并随手放回原处,将更换下来的物品和其他废物随时传出设施并及时实施分类洗消处理。

(2)内环境的保洁措施　日常工作中,每班的动物饲养管理工作完毕后,应先将设施内所有更换下来的笼架具、用具等污物按照物品退出设施的路线传至洗消间;再将设施内所有笼架具、台架、门、窗、地面等部位打扫干净,打扫时要尽力避免扬尘。若为水冲洗设施,则应将可冲洗之处用水冲洗干净,并将积水清扫彻底,避免高湿对动物的影响。最后,按照人员退出设施的路线用消毒剂对地面进行每周 2 次以上的擦抹和拖地消毒。每天晚上,将所有无动物区域的紫外线灯打开 30～60 min,对这些区域进行空气消毒。此外,对于整个设施内的饲养架具、管理用具和环境,每周要进行 1～2 次擦抹或喷雾消毒工作,不留死角。对于实验设施,每批实验结束后还要进行一次彻底的清洗消毒。方法是:能够传出的部件,应传至洗消区进行彻底的洗消处理；不能传出的部件和腾空的区域，现场清洗后用过氧乙酸等高效消毒剂进行一次彻底的消毒处理，不留死角。

（二）屏障设施的内环境维持

屏障设施启用后，通常应保持连续运行的状态，要使各种环境因素保持稳定、合格，不仅需要对整个设施进行不断的维护和保洁，也需要对内环境指标进行经常性的检测。

（1）内环境的保洁　重点应搞好日常性的卫生消毒工作。首先，在每周2次的整批更换物料过程中，每次都要用适当浓度的消毒液，对存放鼠盒的笼架具和作业台进行同步擦拭消毒；每个房间的动物饲养管理工作完成后，及时将各房间更换下来的笼具、用具等污物传至污物走廊，打扫房间地面卫生（尽力避免扬尘）；然后，再用消毒液对房间内易积尘、易污染的物体（如存放物、门执手等）表面进行擦拭消毒；待各房间的饲养管理工作全部进行完毕后，再用浸有消毒液的墩布，按照“清洁库房→清洁走廊→动物饲养间→其他房间”的顺序对地面进行彻底的墩地消毒；最后，退至污物走廊，将此前放置的所有污物传至出口缓冲间（由洗刷人员将其传至洗消间进行洗消处理），再对污物走廊进行墩地消毒。每天晚上，值班员先用同样方法将人员、物品和动物的出、入通道（二更衣间、出口缓冲间、传递间及其以外区域）打扫并消毒一遍，再打开屏障区内所有无动物区域的紫外线灯，照射消毒30～60 min。

（2）内环境指标的动态检测　对于温度、相对湿度、压差等日常性监督指标，应由本单位进行不间断的实时动态检测和记录；对于落下菌、氨浓度、噪声、照度等监督性检测指标，则应由专业的检测人员进行每年不少于1次的动态检测和记录；而空气洁净度、换气次数、气流速度等指标，应在必要时进行检测（用以评价设施的换气性能是否达标、是否需要更新高效过滤器及更新高效过滤器后的调试等）。设施内环境指标的动态检测是一项容易忽视的工作，应引起足够的重视。

（3）内环境指标异常时的综合分析　如果温、湿度不合格，应考虑空调设备运转有无异常，并按照有关要求实施维护；如果梯度压差不合格，应考虑通风设备运转有无异常，并按照相应要求实施维护。而在保证通风设备运转正常和梯度压差合格的情况下，气流速度和换气量通常是有保证的。如果氨浓度超标，应考虑饲养间内的动物密度和管理工作有无问题；如果空气洁净度、落下菌数、噪声等指标有异常，除了考虑通风净化设备运转有无异常外，还应考虑动物饲养管理工作有无问题，高压蒸汽灭菌器、净水设备、传递窗/间、渡槽等净化系统的消毒效果如何，人员、物品和动物的净化操作是否规范，等等。

（4）饲养设备的运行管理与维护　除大型屏障设施外，许多单位利用层流柜或IVC（独立通风笼具）等饲养设备，并配以超净台，用于清洁级以上等级啮齿类动物的生产或实验。由于这些设备在实际使用过程中很难达到无菌化，通常将其按照屏障环境标准进行管理。在日常管理过程中，除应参照前款的要求外，对这些设备的强调要求就是要注意保持其通风净化装置的完好性能、电力供应的连续性和实际操作（包括动物传递）的洁净化。此外，为保证饲养设备内动物的安全，应为其安装报警装置，使值班员能够及时发现并排除各种故障。

①层流柜：新购置的层流柜应按照屏障环境标准进行粒子数及落下菌检查。检验合格后，再用消毒剂彻底消毒，然后方可放入动物进行饲养。在管理动物或进行实验操作时，重点应防止转运和操作时的污染。因此，操作的各个环节应有相应的消毒措施。取出鼠盒前，应对双手进行消毒处理，然后依次取出鼠盒；开展动物管理或实验操作应在超净台内实施（执行超净台的操作程序）；鼠盒放回时，应先将层流柜内部擦抹消毒，再将每个鼠盒的外表面擦抹消毒，将

鼠盒放回层流柜，随手关闭层流柜的柜门。在维护上，每3～6个月应进行一次内环境洁净度和动物质量检测，发现问题应及时处理；送排风机应每半年保养一次，初效滤材应每月检查清洗一次，高效滤材应每年更换1～2次。平时应注意观察通风系统的运行状况，发现异常及时处理。

②IVC：其基本要求与层流柜相同，但由于IVC为独立通风笼具，不仅要保持鼠盒自身的各部件连接完好，还应使每个鼠盒与通风管道的连接可靠、换气量均匀、避免排气孔堵塞！

③超净台：超净台既是管理动物或进行实验的操作场所，又是层流柜、IVC等其他相关饲养设备的配套设备，保持其洁净化是十分重要的。而由于它是间断性使用的设备，其洁净化就要靠规范操作来保证。具体操作要点如下：操作前，应先适当打开前门，将超净台的四壁和作业台面用消毒剂擦抹消毒一遍，然后打开送风机和紫外线灯，通风消毒10～15 min后，关闭紫外线灯，然后方可开展作业。操作时，应戴好消毒手套，将鼠盒和已消毒的操作工具、有关物料放在作业台面上，打开鼠盒和物料的包装，用消毒镊子（末端带橡胶套，以防滑和防止夹伤动物）轻轻夹取动物的尾根部和其他物料，以进行动物饲养管理或实验操作。作业过程中，手套和镊子不可接触污染物，并在每盒动物操作完毕后浸泡消毒一次。作业完毕，将鼠盒盖好并放入饲养设备，将作业工具和有关物料清理干净后，再关闭超净台的前门和送风机。在维护上，由于它是间断使用的设备，其风机和滤材的维护频率较低，1～2年维护一次即可，但每年应进行至少一次洁净度检测。平时应注意观察各部件的运行状况，发现异常及时处理。

（三）隔离设施的内环境维持

对隔离器运行管理的主要要求就在于保持隔离器的完好、通风设备的连续运转、空气过滤器材的可靠、动物和各种物品的无菌化传递。

（1）传递物品和动物的操作程序　①把高压灭菌后的灭菌桶放在托架上，高度与传递仓一致。②取掉传递仓外帽，用连接袖连接灭菌桶与传递仓并用胶带密封确实。③通过连接袖的消毒孔喷入2%过氧乙酸，边喷边转动喷嘴的方向，使过氧乙酸与传递仓的内壁充分接触。④10～30 min后，戴上隔离器手套，取掉传递仓内帽，捅破灭菌桶的封口膜，取出桶内物品，开展动物饲养管理或实验操作。⑤动物饲养或实验操作完毕，将传出物品放进灭菌桶内，套好传递仓内帽，取下灭菌桶和连接袖，向传递仓内喷酸消毒并随即套好传递仓外帽，从而完成一次物品传递过程。在传递动物时，应注意在隔离器内将动物运输罐密封好，传递消毒的时间不宜过长（尽量减轻过氧乙酸对动物的伤害）。

（2）日常维护　每天应注意观察手套、传递仓帽及隔离器软包是否膨隆，发现问题应及时处理。清洁时不要使用粗糙抹布和利器，以防隔离器的透明度降低甚或被划伤。每次操作完毕要把手套指部拉出或变动折叠部位，以防材料老化折断。根据使用情况，其送排风机应每半年保养一次，初效滤材应每月检查清洗一次，高效滤材应每年更换1～2次，塑料包（硬包者除外）每2～3年更换一次。此外，每3个月应进行一次内环境和粪便样本检测，每年应进行一次动物质量检测。发现问题必须及时处理。

三、配套设备的运行管理及应急保障

（一）通风空调系统

通风空调系统是维持实验动物设施运行的核心设备，它直接关系到整个设施能否安全、正常运行，因此必须引起足够的重视。

1.系统的组成

不同设施所装配的通风空调系统各异，既有中央空调系统、独立空调系统，又有介于二者之间的区域空调系统。各系统的具体组合形式更是千变万化，表现在通风净化的方式和程度不一、冷热源的供应形式不一、加湿/除湿的方式方法不一等等，但其功能主要包括通风净化（参见对空气的管理部分）、空气调节（温、湿度调节）两大方面。由于实验动物，尤其是啮齿类动物对所处环境的温、湿度非常敏感，在做好通风净化工作的同时，必须保持内环境的温、湿度符合所饲养动物的需要。

2.加温、加湿季节温、湿度的保障标准与对应措施

(1)温、湿度的保障标准　根据北京地区的气候条件，每年的10月份至翌年的4月份是需要加温、加湿的季节。此间，要保持设施内温度不低于20℃、相对湿度不低于40%，就必须既有可靠的供暖措施，又配备可行的加湿措施。

(2)加温的保障措施　对于全程使用电热供暖（如电加热器、热泵机组等）的设施，每年的9月底就要对电热设备的供电线路及其控制装置进行检修或维护。对于暖气供暖的设施，尽管每年的11月份至翌年的3月份可利用暖气采暖，但每年的10月份至供暖之前和翌年3月份停暖之后至4月份，要启用辅助加热设备（如电加热器、热泵机组等）。在启用供暖系统之前，要将供暖系统检查一遍，如检查暖气管道保温如何、是否漏水、有无积气，截门是否开启，辅助加热设备的供电线路及其控制装置是否完好，等等，发现问题要及时解决。在日常管理工作中，尤其在过渡季节，必须根据设施内的温度变化，适时调整供暖设备及其控制装置的运行参数，保持设施内的温度和日温差符合国标要求。停止供暖后，要对整个供暖系统进行全面检查，并做好诸如切断电源和暖气源、加油保养等维护工作。

(3)加湿的保障措施　每年10月初，北京地区的空气湿度便开始明显降低。低温低湿的空气经过加热后相对湿度常在20%以下。为此，每年的9月份就应做好加湿的准备工作，如检查加湿（干蒸汽、电极式、湿膜或高压雾化式加湿）设备及蒸汽源（或水源）有无保障、供电线路及其控制装置是否完好等，发现问题要及时解决。日常管理工作中，应根据设施内的湿度变化，适时启/停加湿器，并调整其控制装置的运行参数，保持设施内的湿度达标。日常维护中，除应注意检查蒸汽源（或水源）、供电线路及其控制装置是否完好外，还应注意加湿器有无水碱，发现问题要及时解决。停止加湿后，要对整个加湿系统进行全面检查，并做好诸如切断电源、蒸汽源（或水源）、清理水碱等维护工作。

3.降温、除湿季节温、湿度的保障标准与对应措施

(1)温、湿度的保障标准　根据北京地区的气候条件，每年的5—9月份是需要降温、除湿的季节。此间，要保持设施内温度不高于25℃、相对湿度不高于70%，就必须既有可靠的降温措施，又配备可行的除湿措施。

(2)降温的保障措施　每年的4月底就应按照设备的使用与维护说明（因各设施所使用的制冷设备不一，此处不作枚举），将冷水机组、表冷器盘管等制冷设备检修或维护一遍。重点要注意冷媒（水或氟利昂）及其管路、设备的供电线路及制冷控制装置是否完好，发现问题要及时解决。在日常管理工作中，应按照所用设备的使用说明进行规范操作。同时，由于外环境的温度变化无常，尤其在过渡季节，必须根据设施内的温度变化，适时调整制冷设备及其控制装置的运行参数，保持设施内的温度和日温差符合国标要求。停止制冷后，要对整个制冷系统进行全面检查，并做好诸如切断电源、放掉冷媒水和冷却水、加油保养等维护工作。

(3)除湿的保障措施　每年6月初,北京地区的空气温度开始升高。高温空气经过表冷器降温处理时,空气中的水分虽有部分因冷凝而析出,但处理后的相对湿度便明显升高(其原理可参见湿空气焓-湿图),常在80%以上。对于缺乏除湿功能的空调系统,送入屏障内的空气相对湿度往往偏高(这是此类空调系统无法克服的弱点);而对于具有除湿功能的空调系统,送入屏障内的空气相对湿度是可以保持在70%以下的。以冷凝除湿为例,制冷时可将送风温度先降至低于动物所需要的数值,从而使空气中的水分在表冷器上大量冷凝而析出,再通过适当加热(利用电加热或制冷机组的排出热能等)将送风温度提高到动物所需要的数值,同时将送风相对湿度降低到动物所需要的数值。当屏障内的空气相对湿度接近70%时,就应启动再加热设备以除湿。为此,每年的5月份就应做好除湿的准备工作,如检查除湿设备(表冷器、再加热设备)、供电线路及其控制装置是否完好等,发现问题要及时解决。在日常管理工作中,为了保证表冷器的除湿效果,冷媒的温度应设定在较低状态(如冷水应保持在10℃以下)。日常维护中,除应注意检查除湿设备、供电线路及其控制装置是否完好外,还应注意冷凝水排水管道是否通畅,以避免冷凝水积聚于空调箱内而再次加湿甚或影响空调设备的正常运行。停止除湿后,要对整个除湿系统进行全面检查,并做好诸如清洁表冷器、切断再加热设备的电源等维护工作。

(二)物料净化系统

1.高压蒸汽灭菌器

高压蒸汽灭菌器是实验动物设施所必备的灭菌设备,用于各种耐高温物料的灭菌处理。高压蒸汽灭菌器的主要结构包括内室(盛装被消毒物料)、夹层、真空泵、配套的水电汽管路和各种操控装置。其工作原理是利用高温来杀灭被消毒物料中的各种微生物和寄生虫。高压蒸汽灭菌器的灭菌效果取决于被消毒物料的属性及进入内室的蒸汽饱和度和压力,而内室蒸汽的饱和度取决于内室的预真空程度。当然,考虑到被消毒物料的属性(如笼具的使用寿命、饲料营养成分的破坏程度等),进入内室的蒸汽压力和灭菌时间必须适宜。表3-3列出了预真空高压蒸汽灭菌器达到灭菌所需汽压、温度与时间的几组对应关系,供使用时选择。

表3-3　高压蒸汽灭菌器内室汽压与灭菌温度和时间的对应关系

内室压力/MPa	固型物(预真空3次)		液体(无预真空和干燥,容器留进汽口)	
	温度/℃	时间/min	温度/℃	时间/min
0.105	121	20	100	45(一般不用)
0.141	126	10	121	30(500 mL)/20(250 mL)
0.180	131	4	126	

(1)操作程序　无统一蒸汽来源而自备蒸汽发生器者,操作高压蒸汽灭菌器之前,应先按照相应设备的使用说明书操作蒸汽发生器。有统一蒸汽来源者,可直接按照以下程序进行操作:打开高压蒸汽灭菌器的外门,放入待消毒物品(注意:装填待消毒物品时,待消毒物品的有效占用空间应不超过内室空间的80%,且各物件之间应留有10 mm以上的间隙,以利于蒸汽的顺畅流通;另外,消毒垫料时应使用外包装袋,以免垫料进入排气管道)→关闭外门→打开自来水截门、高压蒸汽灭菌器的电源开关和压缩气泵(对于自动门设备而言)→将蒸汽管道中的冷凝水排放→打开通向高压蒸汽灭菌器的蒸汽截门→设定汽压(或温度)、时间等灭菌参数→启动操作程序(液体的消毒应选择无预真空和干燥的"液体"程序,容器应留进汽口),高压

蒸汽灭菌器将自动完成灭菌过程。然后，清洁区操作员打开内门，取出消毒好的物品（避免烫伤），关闭内门。作业完毕，两侧操作员将物品码放整齐，清理相关环境卫生。非清洁区操作员微开外门（避免硅胶密封条长期受压而失去弹性），关闭水、电、汽源，完成一个灭菌程序。

(2)维护要求　每班作业前，应检查各仪表、内外门和水、电、汽等管线是否正常。使用时，应注意观察设备运转是否正常，发现问题应及时解决。日常维护时，应严格按照设备维护说明进行规范作业，必要时要请专业人员进行检修。此外，每月应检查一次灭菌效果如何（可用灭菌参数检查法、灭菌指示卡法或微生物培养法）、真空泵及其软连接是否有异常、硅胶密封条是否有破损等，并做好日常性的使用和维护工作。

2.净水设备

按照国标要求，屏障级以上的设施内应使用灭菌水。围绕水的净化问题，各设施所采取的措施各异，除了传统的高压蒸汽灭菌外，反渗透和超滤净化是目前普遍采用的水净化方法。

(1)设备的工作原理　反渗透法是利用反渗透＋过滤＋紫外线杀菌的原理，将自来水中的离子和微生物去除的净水方法。超滤净化法则是利用孔径≤0.2 μm 的中空纤维将原水中的杂质和微生物滤除而实现净化。针对反渗透法和超滤净化法除菌效果不确实的问题，可通过在出水末端加装酸化（盐酸）装置使出水的 pH 值达到 2.3～2.5，以确保净水器的净化效果（过酸会给动物的增重、饮食和网状内皮细胞的清除率带来不利影响）。

(2)运行管理与维护要求　由于其工艺流程比较复杂，操作程序和技术要求不一，此处不作枚举。但是，在日常操控与维护中，以下两个方面的问题需引起注意：动物饮用水的净化程度应以无微生物和化学污染为基准，不能盲目追求水的纯度而造成净化水中矿物质元素的过度缺乏；由于设备的工作环节比较多，必须严格按照各环节的操控说明规范化操控每一个工作环节，并对水的净化效果进行定期检测，以保证生产出的水真正合格。

3.传递窗/间

使用时，应根据物品的外形大小选择使用传递窗或传递间。笼架、大型仪器等大件物品和动物应从传递间传入洁净区；维修工具、记录纸笔、试剂等小件物品应从传递窗传入洁净区。

(1)传递操作　为有效减少洁净区内的污染机会，无需进入传递窗/间的各种箱、袋、盒等外包装不应进入传递窗/间，确需进入者应保证物品外部干净、整洁、利索，不藏污纳垢；用容器盛装物品时，容器内的物料应洁净、无污染，容器外部干净、整洁、利索，不藏污纳垢。传递时，外侧操作人员打开外门，先将物品脱去外包装，使物品尽可能单体化，然后用消毒剂对物品的表面进行全方位的擦抹或喷雾消毒（单靠紫外线的照射消毒是远远不够的），最后放至传递窗/间内的货架上，保证各表面都能够受到紫外线的照射，关闭外门；打开紫外线灯，必须保持15（窗）/30（间）min 以上的照射时间；紫外线灯熄灭后，清洁区工作人员打开内门，取出物品，关闭内门。

(2)维护要求　平时应保持传递窗/间内外和紫外线灯管的表面干净、整洁、利索。每次使用前，要检查门锁和紫外线灯是否正常，发现异常时及时维修或更新。

4.渡槽

渡槽是用于药物浸泡消毒的设备。

(1)操作程序　加注消毒液时，外侧操作人员应先打开外盖，向渡槽内加入适量消毒剂后，加注自来水。待液面距中隔板 2～3 cm 时，通知内侧操作人员从远端缓慢打开渡槽内盖，利用清洁区的正压挤出槽内存留的污染空气。待液面超过中隔板 5 cm 时，停止注水。将密封沟内加注消毒液后，盖上两侧盖板。传递物品时，外侧操作人员将被传递物品由外侧浸入渡槽并推入内侧，盖上外盖板。浸泡 30 min 后，内侧操作人员打开内盖板，将物品由内侧捞出，盖上内盖板。用净水将物品表面的消毒液冲掉，然后晾干使用。

(2)维护要求　平时应随时注意观察液面，确保液面以上内外不能相通。根据所用消毒药剂(应选用广谱、高效、腐蚀性小、稳定性好的消毒药剂，如季铵盐类)稀释后的有效期限和使用情况，适时补充或更换消毒药剂。

(三)应急保障

1.安全值班

实验动物需要稳定的生存环境，任何保障条件的改变都有可能对设施环境和动物质量造成不可挽回的影响和损失。为保证设施设备的安全运行，所有实验动物设施在日常运行中都必须建立并严格执行 24 小时值班制度，其中非工作时间的值班工作尤为重要。因此，对值班员的要求标准很高，不仅要有高度的责任感，耐得寂寞，忠于职守，还要掌握通风空调设备的工作原理、技术性能、使用与维护操作技能，熟悉实验动物设施环境条件标准和净化控制方法，能够时刻留心观察设施内和大气环境条件的变化，按照通风空调设备的使用说明或本单位的 SOP 要求及时调整其运行参数，确保实验动物设施内环境条件稳定、合格。此外，还应随时检查设施周围有无不安全因素，以确保整个设施的安全和正常运行。

2.各种资源条件的保障

实验动物设施运行过程中，需要有各种资源的充分保障。它包括：动物直接消耗的饲料、饮水、垫料，饲养管理动物所需的笼架具、卫生消毒用品、各种作业工具和器材，维持设施运行所需的水、电、汽、暖和各种耗材，等等。其中，笼架具、各种作业工具和器材通常在设施启用之前就已配备，一般很少因此而影响设施的正常运行；饲料、饮水、垫料、卫生消毒用品和其他各种耗材属于连续消耗性物品，应根据所饲养动物的品种、数量、微生物控制等级、营养要求等诸多因素的差异而适时补充，既要避免因供应不足而影响动物生产或实验的正常进行，又要避免大量储存而降低其质量和洁净度；而水、电、汽、暖则是保持实验动物设施正常运行的最基础的支撑条件，必须实现连续而充分的保障供应，非工作时间更为重要。为此，除了做好日常性的管理和维护之外，设施值班室必须登记水、电、汽、暖供应及维修部门的联系电话，必要时可与这些部门签订保障协议。

3.动物突发传染病时的应急措施

动物发生传染性疾病可导致动物质量下降、影响实验结果、死亡，甚或引起人畜共患病。在常规实验动物设施中，防止传染病感染动物群的有效措施，就在于坚持做好动物的质量控制、人员和物品的消毒控制、空气和内环境的净化控制等日常性工作。而设施内一旦发生疑似传染性疾病，首先应将患病动物所在的区域隔离，并进行及时的诊断工作。

(1)对烈性传染病或人畜共患病的处理措施　经过诊断，确认动物发生烈性传染病或人畜共患病时，必须按照《北京市实验动物突发重大事件应急预案》中关于实验动物发生烈性传染病或人畜共患病时的有关要求，及时上报北京市实验动物突发重大事件应急指挥部办公室和其他有关部门，并按照该预案的有关要求，及时做好捕杀全群动物、对整个设施进行彻底消毒处理、对有关人员进行健康监护并实施必要的预防或治疗等疫病控制措施，尽快扑灭疫病，严防其扩散、流行或威胁有关人员的健康。

(2)对非烈性传染病的处理措施　经过诊断，确认动物发生非烈性传染病时，亦须及时上报北京市实验动物管理办公室。在捕杀发病动物的同时，对整个设施进行带动物消毒处理，对有关人员进行健康监护并实施必要的预防或治疗措施。对于必须保留的稀有动物或犬、猴等有治疗价值的大动物，要先请示北京市实验动物管理办公室，然后再采取净化或治疗措施。对无临床症状的动物进行实验室检测，经确认未感染者方可继续开展生产或实验工作。

4. 对灾害性事件的应急措施

灾害应急系统（消防报警设备、紧急疏散通道、应急照明灯、双路供电等）和应急方案是实验动物设施，尤其是屏障环境以上高标准设施所不可缺少的配套条件。日常工作中，必须对灾害应急系统进行定期检验、校对和维护，以确保它们始终处于正常的运行状态；同时，要让从业人员熟悉应急方案，如电力处置措施、灭火器的使用方法、人员逃生方法等。一旦发生灾害性突发事件，从业人员能够正确操作灾害应急系统，及时实施应急方案，从而有效避免灾害性突发事件所引发的人员、动物伤亡和环境污染。

第四节　实验动物国际运输

一、总则

随着互联网的诞生与发展，国际间的沟通与合作日益密切。实验动物，作为医学研究的基础和支撑条件，在受到各国政府日益重视的同时，国际间的交流和互通有无也变得日趋频繁。因此，实验动物的国际运输正逐步得到人们的重视。

实验动物毕竟不同于一般货物，作为活体动物具有其特殊性，自身对运输方式有着较高的要求。实验动物的国际运输按照承载工具的不同可以分为陆运（公路、铁路）、海运和空运。陆运方式因为受到里程和道路影响，局限于国土相毗邻的国家之间进行运输，如我国从越南进口的食蟹猴，很大一部分是通过广西口岸陆运入境的。海运因为所用时间较长，从实验动物自身健康和质量要求出发，主要适用于鱼类、两栖类、爬行类等相对低等的实验动物运输。对哺乳类实验动物的运输，国际上普遍采用的是航空运输方式。

二、国际航空运输协会（IATA）

说到航空运输，就必须提到总部设在加拿大蒙特利尔的国际航空运输协会（International Air Transport Association，IATA）。它是一个航空企业的行业联盟，属非官方性质组织，其宗旨是“为了世界人民的利益，促进安全、正常而经济的航空运输”。凡是国际民航组织成员国经营定期航班的空运企业，经其政府许可都可成为该协会的会员。

1993 年，中国国际航空公司、中国东方航空公司和中国南方航空公司正式加入该组织。1994 年，该协会在北京设立了办事处。到目前为止，中国至少有 13 家航空公司成为国际航协会员公司，极大地方便了实验动物国际间的航空运输。

据了解，各国政府针对实验动物国际间运输而制定的规定很少。目前，实验动物进行国际间运输时，大多参照执行 IATA 对于活动物运输的有关规定。

三、IATA 对于活动物(包含实验动物)运输的有关规定

实验动物作为活动物,进行国际运输时,一方面要符合各国政府活动物进出口的相关规定,另一方面运输过程中要体现人道主义和动物福利。因此,相关工作人员最好经过专门培训,熟练掌握和使用 IATA 每年出版的《活动物规则》(Live Animal Regulations,LAR),注意其中规定的事项。

(一)托运人的责任(Shipper's Responsibilities)

托运人在办理托运时,除了办理实验动物进出口许可证、健康证明、动物检疫等相关手续外,还需要向政府机关以及相关国家的领事馆进行咨询,了解关于禁止或限制运输的相关规定,也可查阅 LAR 中列出的各国政府运输活动物的特殊规定 LAR-2.2。

动物交付运输之前,首先要确认动物在全部航程中均有足够的安置空间,尤其运输任务涉及多个承运人协同完成时,必须确认所有参与运输的各航空公司在其承担的航段中均能收运该动物。运输时,必须选择最直接的航线,尽量减少飞机着陆和起飞的次数,避免重复搬运和气候变化对动物造成的影响。

(二)承运人的责任(Carrier's Responsibilities)

承运人运输实验动物过程中,除了对动物提供足够的保护,向各有关航站(货站)提供动物运输的信息之外,还应承担更多的责任。详细内容可以参考 LAR-3.2 中的内容。

(三)运输过程要考虑实验动物习性

对实验动物来说,运输过程要接触许多陌生的环境,动物因此可能出现行为异常,处理不当就会影响实验动物的健康和质量。根据 IATA 的规定,在运输动物过程中,至少要考虑到动物的以下行为,并事先采取相应的预防措施。

(1)消化行为 食肉动物运输前几天应减少食物供应,在启运前夕足量喂食一次,以满足它们一次大量进食的习性。

反刍动物按正常供应量喂食,不得过量饲喂,避免运输过程中因为胃运动异常而对胃部造成损伤。

一些特殊的爬行类动物,在运输前最好禁食一段时间。

饮水较喂食更为重要,如不能在运输过程中供水,动物必须在启运前和到达后及时喂水。

(2)排泄行为 运输会增加动物排便次数,因此运输笼具的底板必须防漏,并在笼具内放入足够的吸收垫料。另外一种方法是将底板做成格状,下部有密封的底盘,动物粪便透过底板落入密封底盘中。

(3)性行为 性成熟的雄性动物与发情的雌性动物待在一起时会变得烦躁不安,因此,应尽量避免收运此类动物。如果必须收运,尽可能地将雌、雄个体分笼安置,且放置于飞机货舱的不同位置。

(4)看护行为 通常母兽在感到危险时会伤害其幼仔,因此不提倡母兽与未断乳的幼仔共同运输。

(5)寻求看护行为 不得将动物幼仔单独安置,因为那样会增加其紧张程度。因此最好将母兽和幼仔安置在同一笼具的分隔栏内,如果分笼安置,应将装载它们的笼具相邻排列进行运输,以满足幼仔寻求看护的动物本能。

(6)紧张行为 动物紧张后的反应是不可预测的,有些动物表现出攻击性,而有些则倾向

于将自身躲避起来。一般说来，紧张行为主要受到以下几个方面的影响：动物搬运、笼具摆放，断水、断食时间延长，通风不良，温度波动过大，噪声，照看不足，不同物种混杂，成年雄性与发情期雌性混杂，对环境适应时间不足等。动物运输过程中，应充分考虑到上述影响，以尽量避免紧张的产生。

(7)探究行为　动物在装运过程中探究其所处的环境并试图逃出是很自然的事情，尤其是穴居动物，如大小鼠等啮齿类动物、穿山甲等爬行类动物，装运初始阶段可能表现得较为安静，但很快就会开始四下探究并尽力试图逃出。这实际上对动物运输所用的笼具(或运输箱)就提出了更高的要求。

(四)航空运输时实验动物笼具(运输箱)规定

1. 一般要求

制作实验动物运输笼具时，必须依据动物的实际大小，兼顾动物福利要求，同时还要考虑到各国政府和航空公司对运输笼具的限制。如从加拿大和墨西哥以外的地区进入美国的木制运输箱，除胶合板材质木箱之外，其木制原材料不得含有任何树皮的成分。

(1)制作材料　笼具(包括内部的食具和水具)的制作材料必须无毒、无害，如玻璃纤维、金属、硬质塑料、硬木板或胶合板等。

(2)设计原则　硬塑运输笼具适合运输大多数啮齿类动物以及猫、犬等动物，但能否承运最终由承运人决定。大型塑料笼具的笼门至少要有两个安全门插。运输笼具如果有轮子，必须拿掉或使其不能转动，以保证动物在运输途中的安全。对于猫、犬类动物，体重低于 14 kg 时可以同笼运输，但是每笼最多 3 只。超过 40 kg 或攻击性很强的动物必须使用硬木、金属、胶合板类材料制作的特殊笼具，材料厚度不得少于 6 mm，笼具外部最好带有斜拉结构的硬木边框，笼具两侧装有搬运把手。超过 60 kg 的动物需提供叉车垫木。

(3)通风要求　活动物在运输过程中对通风有着较高的要求，笼具至少三面器壁的上 1/3 处设有直径 2.5 cm 的通风孔或网槽，通风孔总面积至少达到四壁总面积的 16%。通风孔大小要根据所运输动物的大小而定，保证动物身体的任何部位不能从孔中伸出，更要预防动物从通风孔处逃出。

(4)安全要求　笼具首先要满足任何时间都能把动物关在其中这一基本要求，并能经受住运输过程中因为其他货物撞击而对其产生的破坏。不得发生笼门从内、外部偶然被撞开的情形，笼具接合部应制做成不会被动物从内部啃坏或抓坏，笼具内部边缘要光滑圆润，不能出现钉子等尖锐物品，防止动物受伤。

(5)笼具尺寸　笼具大小必须保证动物身体的任何部位在不触及笼具顶部的前提下能够自然站立、转身和躺下。鸟类运输时，笼具的高度必须保证动物在头部伸直的情况下，尾部可以离开底板。笼具大小一般要求如下(单只动物，所有尺寸均为内部尺寸)：

笼具长度＝$A+B/2$

笼具宽度＝$C\times 2$(2 只动物为 $C\times 3$，3 只动物为 $C\times 4$)

笼具高度＝D

其中：A 为动物鼻端至尾基的长度；B 为动物肘关节至地面的高度；C 为动物肩宽；D 为动物自然站立时头顶高度或耳端高度(二者之中取其高者)。见图 3-9。

对于天性群居的啮齿类实验动物，如大鼠、小鼠、地鼠、豚鼠等，可在同一笼具内成组运输，但前提条件是动物品系、周龄和性别相同，动物个体在笼具中所占的最小面积应满足国标中动

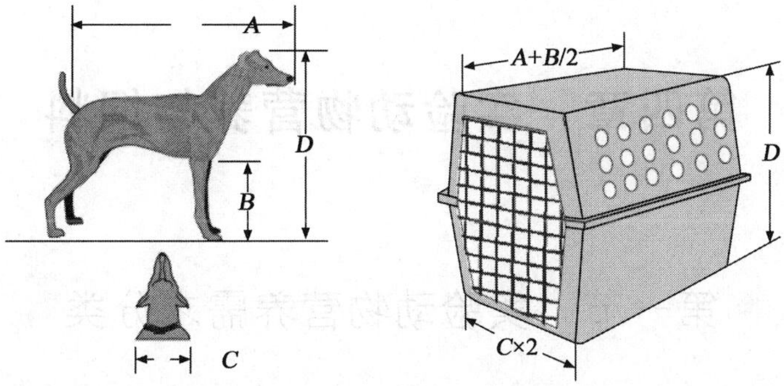

图 3-9　笼具尺寸

物最小居住空间的要求(GB 14925《实验动物　环境及设施》)。

(6)标签　所有实验动物货物都必须使用绿色的"活体动物"(LIVE ANIMALS)标签和红色的"实验动物"(Laboratory Animals)标签，同时粘贴"请勿倒置"(THIS SIDE UP)方向标签，见图 3-10。

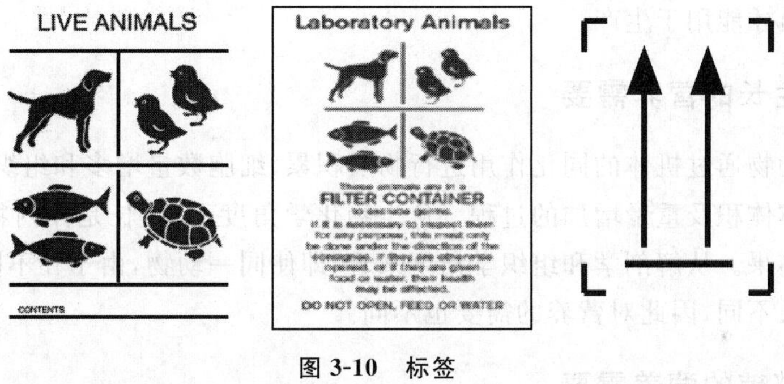

图 3-10　标签

2. 无特定病原体(SPF)动物包装要求

SPF 动物进行国际运输时，运输箱表面除了粘贴"活体动物"标签、"请勿倒置"标签之外，还应粘贴 SPF 标签。SPF 猫、犬类动物航空运输时，启运前就必须在运输箱内足量提供动物全程所需的食物和饮用水。对于 SPF 啮齿类实验动物，可以在运输箱中放置部分果冻样食物，以满足它们采食和饮水的需求。运输箱的通风口需要安装空气过滤装置，最小通风面积不小于四壁总面积的 16%。运输箱表面还必须设有观察窗，能够在不破坏内部空气洁净度的情况下随时观察动物状况。

第四章 实验动物营养与饲料

第一节 实验动物营养需求分类

一、动物维持的营养需要

维持是指健康动物体重不发生变化，不进行繁殖，体内各种营养物质处于平衡状态的一种状况。维持需要量是指动物处于维持状态下对能量、蛋白质等营养素的需要量。

从生理角度来讲，维持状态的动物体内的养分处于合成代谢与分解代谢速度相等的"平衡"状态。维持需要就是用来满足这个动态平衡的需要，动物只有在维持需要得到满足之后，多余的营养物质才能用于生产。

二、动物生长的营养需要

生长是指动物通过机体的同化作用进行物质积累、细胞数量增多和组织器官体积增大，从而使动物的整体体积及重量增加的过程。从生物化学角度看，生长是体内物质的合成代谢超过分解代谢的结果。从解剖学和组织学角度来看，即使同一动物，由于在不同生长阶段不同组织和器官的生长不同，因此对营养的需要也不同。

三、动物繁殖的营养需要

动物的繁殖过程包括两性动物的性成熟、受精过程、妊娠及哺育后代等许多环节，要求在不同的繁殖过程提供适宜的营养物质。

第二节 七大营养素及其功能

一、水及其功能

水对于动物生存的重要性仅次于氧气，没有水的存在，任何生命活动都无法进行。

水是动物体的重要组成部分，同时又是在体内运送各种营养物质和代谢产物的载体，也是体温调节不可缺少的物质。水直接参加生化反应，促进各种生理活动，对维持血液循环、呼吸、消化、吸收、分泌、排泄等生理活动以及新陈代谢的正常进行有重要意义。

动物对水的需要量受多种因素的制约，如动物种类、年龄、生长性能、环境温度、湿度等。及时获得足够的清洁饮水是动物进行正常代谢、生长、发育和维持健康必不可少的条件之一。

二、蛋白质及其功能

蛋白质主要由C、H、O、N四种元素组成，有些蛋白质还含有硫、磷、铁等其他元素。蛋白质元素组成的最大特点是含有氮，各种蛋白质每100 g中的氮含量约为16 g。应用凯式定氮法测定其氮含量，即可得出该饲料的蛋白质含量。

蛋白质的基本构成单位是氨基酸，已知的氨基酸有20多种，以不同的组合形式形成不同的蛋白质，饲料中的蛋白质只有被消化分解为简单的氨基酸才能够被动物吸收利用。因此，蛋白质营养的实质是氨基酸营养。

1.必需氨基酸和非必需氨基酸

从生理角度来看，构成机体蛋白质的20多种氨基酸对动物来说都是必不可少的，在营养学上将氨基酸分为必需氨基酸和非必需氨基酸两大类。必需氨基酸是指在动物机体内不能合成或合成的速度及数量不能满足动物正常生长需要、必须由饲料来供给的氨基酸，包括精氨酸、蛋氨酸、苯丙氨酸、赖氨酸、组氨酸、异亮氨酸、亮氨酸、缬氨酸、苏氨酸、色氨酸；非必需氨基酸指动物体内能够合成、不依赖饲料供给的氨基酸，包括丙氨酸、丝氨酸、天门冬氨酸、谷氨酸、酪氨酸、胱氨酸、甘氨酸等。

在必需氨基酸中，赖氨酸、蛋氨酸、色氨酸在植物性饲料中的含量常不能满足动物的需要（复胃动物、盲肠发达的动物如兔、大鼠除外），而且饲料中上述氨基酸的缺乏还会影响其他氨基酸的利用。因此，在饲料学中，赖氨酸被称为第一限制性氨基酸，蛋氨酸则被称为第二限制性氨基酸。但在兔和豚鼠饲料中，精氨酸是第一限制性氨基酸。

2.氨基酸平衡与氨基酸失衡

蛋白质的合理利用，不但要求日粮满足必需氨基酸种类和数量的要求，而且要求满足各种必需氨基酸之间的平衡。所谓氨基酸平衡，是指日粮氨基酸组分之间的相对含量与动物机体氨基酸需要量较为一致的相互比例关系。与氨基酸平衡对应的另外一个问题是氨基酸失衡，一种或几种必需氨基酸过多或过少，相互间比例与动物的需要不一致，从而造成饲料利用率降低，动物生长迟缓、繁殖力下降的现象。

3.蛋白质的互补作用

蛋白质营养价值的高低，主要决定于其氨基酸组成是否平衡。在饲养实践中，常用多种饲料搭配或添加部分必需氨基酸的方法，来提高饲料蛋白质的营养价值，这种作用即为蛋白质的互补作用。如在苜蓿的蛋白质中赖氨酸含量较多，为5.4%，蛋氨酸含量较少，为1.1%，而玉米蛋白质中赖氨酸的含量较少，为2.0%，蛋氨酸含量较多，为2.5%；把这两种原料按一定的比例进行搭配，则两种限制性氨基酸的含量有所提高，利用率也相应得到提高。因此，所谓蛋白质的互补作用实际上是必需氨基酸的互相补充。实验证明，在饲料中添加一定比例的赖氨酸、蛋氨酸可显著提高饲料的利用率。

4.蛋白质的功能

蛋白质是构成一切细胞和组织的重要成分，是生命存在的物质基础。蛋白质是修补机体组织的必需物质，动物各组织器官的蛋白质通过新陈代谢不断更新。蛋白质可以代替碳水化合物及脂肪发挥产热作用，在动物体内，当供给热能的碳水化合物及脂肪不足时，蛋白质也可以在体内经分解、氧化释放热能。多余的蛋白质可以在肝脏、血液及肌肉中贮存一定数量，或经脱氨作用转化为脂肪，以备营养不足时重新分解供应热能。

5. 蛋白质缺乏症

如果饲料中的蛋白质含量不足，某些必需氨基酸缺乏或比例不当，则动物生长发育缓慢、抵抗力下降，甚至体重减轻，并出现贫血、低蛋白血症等，长期缺乏可导致水肿，并影响生殖。但如果长期给动物喂食蛋白质含量过高的饲料，则会引起代谢紊乱，严重者甚至出现酸中毒。所以应供给实验动物含量适宜的蛋白质饲料。

三、碳水化合物及其功能

碳水化合物由C、H、O三种元素构成，包括糖、淀粉、纤维素、半纤维素、木质素等，通常再把碳水化合物分为粗纤维和可溶性碳水化合物（或称无氮浸出物）两大类。

1. 碳水化合物的来源

主要是植物性食物，如谷类、薯类、根茎类蔬菜和豆类。

2. 碳水化合物的功能

一般动物难以利用粗纤维，但对草食性动物尤其是复胃动物，粗纤维却是必不可少的。在家兔、豚鼠等草食动物饲料中，如果粗纤维含量不足，可造成消化机能紊乱，产生消化道疾病等。在反刍动物和马属动物，粗纤维在瘤胃及盲肠中经发酵形成的挥发性脂肪酸（乙酸、丙酸、丁酸），参与体内的碳水化合物代谢，通过三羧酸循环，形成高能磷酸化合物，产生热能，是重要的能量来源。

无氮浸出物是一类易溶解的物质，包括单糖、二糖和多糖等，可为单胃动物提供营养，又称为有效碳水化合物，是动物机体能量物质的主要来源。除主要供给动物所需的热能外，多余部分可转化为体脂和糖原，贮存在机体中以备必需时利用。

3. 碳水化合物缺乏症

碳水化合物的缺乏常引起机体代谢紊乱。

四、脂肪及其功能

脂类是一大类疏水性生物物质的总称，一般包括脂肪和类脂。脂肪的化学结构是三酰甘油，即3分子脂肪酸与1分子甘油形成的酯，也称甘油三酯。另一类是类脂，它与脂肪化学结构不同，但理化性质相似。在营养学上较重要的类脂有磷脂、糖脂、胆固醇、脂蛋白等。由于脂类中大部分是脂肪，类脂只占5%并且常与脂肪同时存在，因而营养学上常把脂类通称为脂肪。

1. 脂肪的来源

脂肪来源于动物性脂肪和植物性脂肪。动物性脂肪来源于猪油、牛油、羊油、奶油、鱼油、骨髓、蛋黄等；植物性脂肪来源于芝麻油、棉籽油、菜籽油、豆油、花生油、胡麻油、玉米油、葵花籽油以及核桃、杏仁、榛子等。

2. 脂肪的功能

脂肪是动物热能的主要来源，在体内是化学能贮备的最好形式，饲料中脂肪含量越高，所含能值也越高。脂肪也是动物组织的重要组成部分，各种器官和组织如神经、肌肉及血液等均含有脂肪。作为饲料中脂溶性维生素的溶剂，脂肪可保证动物对脂溶性维生素的消化、吸收和利用。

脂肪酸也分为两大类，即不饱和脂肪酸和饱和脂肪酸。在不饱和脂肪酸中，亚油酸、亚麻酸和花生四烯酸在动物体内不能合成，必须由饲料供给，称为必需脂肪酸。必需脂肪酸是构成组织的组成成分，对维持细胞及亚细胞膜的功能和完整性很重要。必需脂肪酸参与类脂代谢，在调节胆固醇的代谢，特别是输送、分解和排泄方面有重要意义。亚油酸是合成前列腺素的原料。

3. 必需脂肪酸缺乏症

必需脂肪酸缺乏可导致动物患皮肤病、脱毛、尾坏死、生长发育停止、生殖力下降、泌乳量减少，甚至死亡。脂肪过多则使动物肥胖而影响健康和繁殖。

五、纤维素及其功能

1. 纤维素的来源

纤维素主要来源于粮谷、豆类种皮和糠以及水果和蔬菜。

2. 纤维素的功能

纤维素在大肠内能吸收水分而增加体积，膨胀后增加肠蠕动，减少粪便在肠道内滞留，这对防治便秘及肠癌大有裨益。纤维素食物中含有的果胶可以吸收胆汁酸并将其排出体外，使得体内胆固醇减少，从而能预防动脉硬化等心血管疾病。此外，坚持多吃纤维素的食物还能降低血糖，减少胰岛素用量，对防治糖尿病有一定作用。

3. 纤维素缺乏症

豚鼠饲料中应保证一定比例的粗纤维，应达到12%～14%，若粗纤维不足，可发生排粪较黏和脱毛现象。

六、矿物质及其功能

饲料经充分燃烧后所余物质称为矿物质，或称为灰分，主要为钾、钠、钙、磷等。矿物质是动物生长发育和繁殖等生命活动中所不可缺少的一些金属和非金属元素，根据矿物质在动物体内含量不同分为常量元素（占动物体重的0.01%以上）和微量元素（不足体重的0.01%）。常量元素包括钙、磷、钠、氯、硫、镁、钾等，微量元素包括铁、铜、锌、锰、碘等。这些元素有的是动物体的重要组成部分（如钙、磷是构成骨骼的主要成分），有的对机体的各种生理过程起着重要作用（如铁参与血液对氧的运送过程），如供给不足就会出现一系列缺乏症，过量供应时则会出现中毒症。

矿物质对动物的营养有其独特的特性：在体内不能产热，但却与产生能量的碳水化合物、脂肪及蛋白质的代谢密切相关；在动物体内既不能合成也不能在代谢中消失，只能排泄于体外；虽然含量少但对动物的生命活动却很重要。

1. 常量元素的营养

(1)钙和磷　这两种元素是在动物体内含量最多的矿物元素，占动物机体矿物质总量的70%以上。钙和磷不仅是骨骼的主要组成部分，而且钙还对维持神经、肌肉的正常功能及正常凝血过程有重要作用；磷是某些酶的重要组成部分，在脂类代谢和运输、能量代谢中起重要作用。钙、磷或维生素 D 缺乏时，在生长期动物可形成软骨病，成年动物则造成骨性过度重吸收，形成骨质疏松。此外，钙缺乏导致血钙过低，会引起钙痉挛；缺磷时动物食欲不良，有异食癖。钙、磷过多也会造成不良影响。钙过多可引起骨硬化症、软组织钙化并影响其他矿物元素的吸收。磷过多可使钙不足，引起严重骨重吸收，发生肋骨软化，影响正常呼吸。因此，在动物的饲料中既要保证适量的钙、磷数量又要保持两者适宜的比例。

(2)钾、钠、氯　三元素都以电解质的形式存在时，在维持细胞内外液的渗透压以及机体酸碱平衡方面起协同作用，并且有各自特殊的作用。钾促进细胞对中性氨基酸的吸收及蛋白质的合成，有维持心脏、肾脏、肌肉正常活动的重要意义。此外，钾还参与丙酮酸激酶的活化、肌酸磷酸化作用，影响细胞对葡萄糖的吸收。钠大量存在于肌肉中，使肌肉兴奋性加强，对心肌活动起调节作用。氯是胃液中的主要阴离子，形成盐酸使胃蛋白酶活化，并保持胃内酸性，有杀菌作用。正常情况下，动物可以通过肾脏调节钾、钠、氯的排出量。钾在植物中的含量比钠丰富，饲料加工中常补充食盐，但日粮中食盐过多，饮水受限或肾功能异常时，也会出现中毒症状。

(3)镁和硫　镁是构成骨骼和牙齿的成分，其余分布于软组织细胞中。镁是焦磷酸酶、胆碱酯酶、三磷酸腺苷等多种酶的活化剂，在糖与蛋白质代谢中起重要作用。硫分布于全身每个细胞中，存在于蛋氨酸、胱氨酸、生物素中，主要通过上述有机代谢物对机体起作用。

2.微量元素的营养

(1)铁　大部分存在于血红蛋白和肌红蛋白中，部分与蛋白质结合形成铁蛋白存在于肝、脾和骨髓之中，少量存在于色素和多种氧化酶中。铁对保证机体组织内氧的输送有重要作用并与细胞内生物氧化过程密切相关。

(2)铜　主要分布于肝、脑、肾、心的色素部分以及毛发之中，是多种酶的成分和激活剂，红细胞的生成、骨骼的构成、被毛色素的沉着及脑细胞和脊髓的质化均需要适量的铜。

(3)硒　分布于全身所有细胞，以肝、肾、肌肉中含量最高。硒是谷胱甘肽过氧化物酶的主要成分，对保护细胞膜的完整性起着重要作用并为保护胰腺细胞的正常功能所需要，还有助于维生素 E 的吸收和存留。

(4)其他微量元素　锰、锌、碘、钴、铬等同样为动物所必需，缺乏这些元素能引起某些组织的机能异常。

以上微量元素积极参与动物机体的生长发育、繁殖等主要机能和维持机体的健康，当缺乏或过剩时，会引起动物疾病的发生。

七、维生素及其功能

维生素是动物进行正常代谢活动所必需的营养素，属小分子的有机化合物，以辅酶或酶前体的形式参与酶系统工作。虽然动物的需要量甚微，但对调节代谢的作用很大。除个别维生素外，大多数在动物体内不能合成，必须由饲料或肠道寄生的细菌合成后提供。在正常情况下，水溶性维生素和维生素 K 不会缺乏，但在高温灭菌时应当给予补充。豚鼠和灵长类动物体内不能合成维生素 C，必须在饲料中供给。维生素种类很多，习惯上根据溶解性不同，分为脂溶性维生素及水溶性维生素。

(一)脂溶性维生素

脂溶性维生素包括维生素 A、维生素 D、维生素 E、维生素 K，可溶于脂肪和脂肪溶剂中，不溶于水。由于吸收后可在体内贮存，短期供给不足不会对生长发育和健康产生不良影响。

1.维生素 A

(1)来源　天然维生素只存在于动物性饲料中，植物体内只含有维生素 A 原，在消化道吸收之后进入体内，在肠细胞和肝脏内转变为维生素 A。维生素 A 主要贮存于动物的肝脏之中，其余贮存于脂肪中，当机体需要时再释放入血液中。

(2)功能　维生素A是一般细胞和亚细胞结构必不可少的重要成分，有促进生长发育，维护骨骼的正常生长，修补、维护上皮组织的完整，促进结缔组织中黏多糖的合成，增强对疾病的抵抗力，维护细胞膜和细胞器膜结构的完整，维持正常视觉等作用。此外，维生素A还与动物的正常繁殖机能有关，与正常免疫机能有关。

(3)缺乏症　维生素A缺乏将对机体产生广泛的影响：机体不能合成视紫红质，产生夜盲症；上皮组织增生、角质化、易被细菌感染而产生一系列的继发病变，尤其对眼、呼吸道和消化道、泌尿及生殖器官的影响最明显；影响幼龄动物生长和骨骼的正常生长发育。

2. 维生素D

(1)来源　维生素D是类固醇衍生物，虽然具有维生素D活性的化合物有10余种，但对动物起重要作用的却只有维生素D_2和维生素D_3。动物可从两个方面获得维生素D，即在皮肤内形成或由饲料中获得。

(2)功能　维生素D最主要的作用在于调节钙和磷的代谢，维持骨骼牙齿的正常发育，此外还参与柠檬酸的代谢，维持血液中的氨基酸含量。

(3)缺乏症　维生素D缺乏严重影响钙磷代谢，影响骨骼生长发育，幼龄动物出现佝偻病，成年动物出现骨质疏松，特别是妊娠、哺乳和老年期的动物易出现骨质疏松。此外，血中钙、磷含量降低还影响肌肉和神经系统的正常功能。

3. 维生素E

(1)来源　维生素E又称生育酚，是一组有生物活性的化学结构相近似的酚类化合物，天然存在的生育酚有α、β、γ、δ四种，其中以α-生育酚分布最广，活性最强。在自然界中，维生素E广泛分布于动植物油脂、蛋黄、牛奶、水果、莴苣叶等食品中，在麦胚油、玉米油、花生油、棉籽油中含量更丰富。

(2)功能　维生素E的基本功能是保持细胞和细胞内部结构的完整，防止某些酶和细胞内部成分遭到破坏。维生素E具有很强的抗氧化作用，可抵制组织膜内多价不饱和脂肪酸的氧化，稳定细胞脂类，保证红细胞的完整。维生素E也是细胞呼吸的必需因子，参与体内DNA、维生素C和辅酶Q的合成。此外，还与动物的生殖机能、免疫机能密切相关。

(3)缺乏症　维生素E缺乏可使动物发生肌营养不良，急性表现为心肌变性，亚急性表现为骨骼肌变性。前者常发生死亡，后者运动机能障碍，严重时不能站立。长期缺乏维生素E，可使红细胞膜溶解，寿命缩短，出现溶血性贫血。维生素E缺乏严重影响动物的繁殖机能，雄性动物精细胞形成受阻，精液品质不佳，精子数减少；雌性动物受胎率下降，即使受胎也会产生死胎或胎儿被吸收。

4. 维生素K

(1)来源　维生素K实际上是一组化合物的总称，现已发现有多种化合物具有维生素K活性。其中最重要的是维生素K_1、维生素K_2、维生素K_3三种。维生素K只有两种天然存在形式，维生素K_1仅存在于绿色植物中，维生素K_2则由微生物合成。

(2)功能　维生素K能促进肝脏合成凝血酶原，故具有促进血液凝固的作用。此外能增强胃肠道蠕动和分泌机能，参与体内的氧化还原过程。

(3)缺乏症　动物机体一般不会产生维生素K缺乏，因为它广泛存在于饲料中，且在大肠内的细菌也能合成，但无菌动物可发生维生素K缺乏。

(二)水溶性维生素

水溶性维生素主要有维生素B族和维生素C。由于很少或几乎不在体内贮存，水溶性维生素短时间缺乏或不足均会引起体内某些酶活性的改变，阻抑相应的代谢过程，从而影响动物生长发育和抗病力，但在临床上不一定表现出来，只在较长时间后才出现缺乏症。

1.硫胺素(维生素B_1)

(1)来源　维生素B_1是一种分子组成中含有嘧啶环和噻唑环的化合物，动物机体内的贮存量在所有维生素中最少，故应经常供应。

(2)功能　其主要功能是参与碳水化合物代谢，在能量代谢和葡萄糖转变成脂肪的过程中作为一种辅酶。另外，对维持神经组织及心肌的正常功能、维持正常的肠蠕动及脂肪在消化道的吸收均起一定作用。

(3)缺乏症　硫胺素缺乏将影响动物生长，可引起食欲减退、消化不良、胃部松弛等消化障碍，同时还会损伤神经活动性能，继续缺乏会造成神经炎，使神经系统进一步退化，导致瘫痪和肌萎缩。

2.核黄素(维生素B_2)

(1)来源　由一个黄色素和一个还原形式核糖组成，广泛分布在植物与动物组织中。在动物体内，肝和肾含有较高浓度的核黄素，但机体的贮存能力有限。

(2)功能　核黄素参与能量代谢，是生物氧化过程中不可缺少的重要物质，对促进生长，维护皮肤和黏膜的完整性，对眼睛感光过程、水晶体的角膜呼吸过程具有重要作用。

(3)缺乏症　核黄素缺乏通常无明显的和特异的病变，甚至在严重缺乏时也只表现若干非特异性症状，如幼龄动物表现为生长停滞，食欲减退，被毛粗乱，眼角分泌物增多等。

3.泛酸(维生素B_3)

(1)来源　由泛解酸和β-丙氨酸组成，存在于一切组织之中，它是辅酶A的成分，是体内能量代谢中不可缺少的成分。

(2)功能　泛酸参与碳水化合物、脂肪和蛋白质代谢，特别是对脂肪的合成与代谢起十分重要的作用。泛酸还是形成乙酰胆碱所必需的物质。

(3)缺乏症　缺乏泛酸可使动物生长速度下降，皮肤受损，神经系统紊乱，抗体形成受阻。

4.氯化胆碱(维生素B_4)

(1)来源　胆碱存在于大多数饲料原料中，尤其存在于谷物、谷物副产品、豆粕中，主要存在于饲料原料的脂肪成分之中。玉米的胆碱含量较低，小麦和大麦的胆碱含量为玉米的2倍，豆粕则是优良的胆碱来源。

(2)功能　是卵磷脂结构中的一个关键部位，在体内有重要的生理功能。作为某些磷脂类物质的一种成分，通过脂肪代谢防止脂肪肝；作为乙酰胆碱的成分，在神经传导方面起作用；作为不稳定甲基来源，用于肌酸的生成及几种激素的合成。

(3)缺乏症　胆碱缺乏可引起动物生长缓慢，脂肪代谢障碍。

5.烟酸(维生素B_5)

(1)来源　维生素B_5在酵母、肝、瘦肉、牛乳、大豆中含量较多，米糠中含量丰富。

(2)功能　在生物氧化过程中起重要作用，对维持神经系统、消化系统和皮肤的正常功能，扩张末梢血管和降低血清胆固醇水平也有作用。

(3)缺乏症　烟酸缺乏可使动物生长减缓、食欲丧失、出现鳞状皮炎、神经反射紊乱、运动失调、骨骼发育异常。

6. 吡哆素(维生素 B_6)

(1)来源　存在于肝、蛋、瘦肉、香蕉、果仁、绿叶蔬菜、糙米中。吡哆醇、吡哆醛、吡哆胺都具有维生素 B_6 的活性,总称为维生素 B_6。

(2)功能　在蛋白质代谢中有特别重要的作用,在碳水化合物和脂肪的代谢中也起作用,此外,也是能量产生、中枢神经系统活动、血红蛋白合成及糖原代谢所必需的。

(3)缺乏症　维生素 B_6 缺乏症最常见的是中枢神经系统紊乱,动物产生惊厥,外周神经发生进行性病变,导致运动失调,最后死亡。

7. 生物素(维生素 H)

(1)来源　在通常情况下,动物肠道内的微生物都能合成生物素,并且合成的数量可以满足动物的营养需要。富含生物素的食物有牛奶、蛋黄、大豆粉、啤酒酵母、牛肝、花生黄油和糙米。

(2)功能　生物素作为机体许多酶的辅助因子,在碳水化合物、脂类、蛋白质和核酸的代谢过程中发挥重要作用。

(3)缺乏症　无菌动物由于缺少肠道微生物,可能会缺乏生物素,出现生长减缓、食欲不佳的表现。

8. 叶酸(维生素 B_{11})

(1)来源　叶酸是一种广泛存在于绿色蔬菜中的 B 族维生素,由于它最早从植物叶子中提取而得,故命名为"叶酸"。它是由喋磷啶对氨基苯甲酸与 *L*-谷氨酸结合而成的一组化合物。

(2)功能　叶酸在核酸(尤其是脱氧核糖核酸)蛋白质和磷脂的合成中起重要作用;在核酸的代谢过程中起辅酶作用,为氨基酸的代谢所必需;参与细胞的形成。

(3)缺乏症　缺乏叶酸时,动物生长受阻,食欲减退,脱毛,发生巨红细胞性贫血、白细胞减少、血小板减少症。一般动物体内微生物可以合成,无菌动物或肠道菌群紊乱时易缺乏。

9. 维生素 B_{12}

(1)来源　是一种含钴的化合物,有多种形式,一般指的是氰钴素,主要食物来源是肝、肾、肉、蛋、鱼、奶。植物类食物中不含有维生素 B_{12}。

(2)功能　为造血器官的正常作用所必需。它维护神经系统正常功能,参与碳水化合物、脂肪和蛋白质代谢。一般情况下动物不易发生维生素 B_{12} 的缺乏。

(3)缺乏症　疲倦、精神抑郁、记忆力衰退、恶性贫血。

10. 维生素 C(抗坏血酸)

(1)来源　是 6 碳糖的衍生物,有 *L* 型和 *D* 型两种异构体,但只有 *L* 型对动物有生理作用。维生素 C 存在于一切生命组织,但灵长类和豚鼠不能合成。

(2)功能　维生素 C 对于骨骼组织细胞间质中骨胶原的形成以及这些组织正常功能的维持都是必需的,对于机体的防御机能也有促进作用,还可促进肠道内铁的吸收,参与叶酸、酪氨酸、色氨酸代谢,调节脂肪、类脂及胆固醇代谢,具有较强的解毒作用及抗氧化作用。

(3)缺乏症　维生素 C 缺乏时,动物生长阻滞,食欲减退,活动力差,皮下及关节弥散性出血,易骨折、贫血、下痢。

第三节　实验动物饲料质量控制及其营养标准

一、饲料质量管理的内容

①配方设计：在饲料生产之前，应按不同需要对所设计的饲料配方进行饲养实验，经实验验证确实可行后，方可用于饲养实践，且饲料配方一旦确定后不能轻易改动。

②原料管理：实验动物饲料所用的原料不仅要按饲料配方的要求确保各种营养物质的含量，而且还应根据价格、污染物的含量等因素进行选择，应尽可能固定原料产地、收割季节、加工贮存方法等条件。

③生产设施管理：按《实验动物管理条例》规定，各地实验动物管理机构应对实验动物饲料生产部门环境条件、设备、工艺、人员结构、监测设施和规章制度等按有关规定进行检查验收，合格者方可取得生产许可。

④贮运管理：实验动物饲料所用的原料、半成品、成品在贮存和运输过程中都要防止霉变；防止野鼠、昆虫和有毒有害物质的污染；分类存放，标志清楚、明显，严防原料或成品料混杂。

二、饲料的质量检测

①感官检验指标：检验饲料的新鲜度、均匀度、含水量、色泽、气味、杂质情况等。

②营养成分的检测：按照国家实验动物饲料营养标准所规定的养分含量及分析方法对产品的营养成分和混合均匀度进行检测。

③饲料的检测：是实验动物饲料质量管理必不可少的一个重要环节和手段。要定期对产品和原料进行抽样，通过外观、营养成分和有毒有害物质含量的分析、检测，对饲料的品质进行评定。

④饲料卫生指标的检测：应定期对饲料产品的原料按国家标准限定的有毒有害物质含量和检测方法进行检测。

三、饲料的营养标准

实验动物配合饲料质量控制标准见表 4-1 至表 4-24。

表 4-1　大、小鼠配合饲料常规营养成分指标

指标	维持饲料	生长、繁殖饲料
水分/%	≤10	≤10
粗蛋白质/%	≥18	≥20
粗脂肪/%	≥4	≥4
粗纤维/%	≥5	≥5
粗灰分/%	≤8	≤8
钙/%	1.0～1.8	1.0～1.8
磷/%	0.6～1.2	0.6～1.2
钙：磷	(1.2～1.7)：1	(1.2～1.7)：1

表 4-2 大、小鼠配合饲料氨基酸指标

指标	维持饲料	生长、繁殖饲料
赖氨酸/%	≥0.82	≥1.32
(蛋氨酸+胱氨酸)/%	≥0.53	≥0.78
精氨酸/%	≥0.99	≥1.10
组氨酸/%	≥0.40	≥0.55
色氨酸/%	≥0.19	≥0.25
(苯丙氨酸+酪氨酸)/%	≥1.10	≥1.30
苏氨酸/%	≥0.65	≥0.88
亮氨酸/%	≥1.44	≥1.76
异亮氨酸/%	≥0.70	≥1.03
缬氨酸/%	≥0.84	≥1.17

表 4-3 大、小鼠配合饲料矿物质和微量元素指标

指标	维持饲料	生长、繁殖饲料
镁/%	≥0.2	≥0.2
钾/%	≥0.5	≥0.5
钠/%	≥0.2	≥0.2
铁/(mg/kg)	≥100.0	≥120
锰/(mg/kg)	≥75.0	≥75.0
铜/(mg/kg)	≥10.0	≥10.0
锌/(mg/kg)	≥30.0	≥30.0
碘/(mg/kg)	≥0.5	≥0.5
硒/(mg/kg)	0.1～0.2	0.1～0.2

表 4-4 大、小鼠配合饲料维生素指标

指标	维持饲料	生长、繁殖饲料
维生素 A/(IU/kg)	≥7 000	≥14 000
维生素 D/(IU/kg)	≥800	≥1 500
维生素 E/(IU/kg)	≥60	≥120
维生素 K/(mg/kg)	≥3	≥5
维生素 B_1/(mg/kg)	≥8	≥13
维生素 B_2/(mg/kg)	≥10	≥12
维生素 B_6/(mg/kg)	≥6	≥12
烟酸/(mg/kg)	≥45	≥60
泛酸/(mg/kg)	≥17	≥24
叶酸/(mg/kg)	≥4	≥6

表 4-5 豚鼠配合饲料常规营养成分指标

指标	维持饲料	生长、繁殖饲料
水分/%	≤11.0	≤11.0
粗蛋白质/%	≥17.0	≥20.0
粗脂肪/%	≥3.0	≥3.0
粗纤维/%	10.0～15.0	10.0～15.0
粗灰分/%	≤9.0	≤9.0

续表 4-5

指标	维持饲料	生长、繁殖饲料
钙/%	1.0～1.5	1.0～1.5
磷/%	0.5～0.8	0.5～0.8
钙：磷	(1.3～2.0)：1	(1.3～2.0)：1

表 4-6　豚鼠配合饲料氨基酸指标

指标	维持饲料	生长、繁殖饲料
赖氨酸/%	≥0.75	≥0.85
(蛋氨酸＋胱氨酸)/%	≥0.54	≥0.68
精氨酸/%	≥0.80	≥1.0
组氨酸/%	≥0.34	≥0.40
色氨酸/%	≥0.24	≥0.28
(苯丙氨酸＋酪氨酸)/%	≥1.20	≥1.50
苏氨酸/%	≥0.65	≥0.75
亮氨酸/%	≥1.25	≥1.35
异亮氨酸/%	≥0.72	≥0.80
缬氨酸/%	≥0.80	≥0.93

表 4-7　豚鼠配合饲料矿物质和微量元素指标

指标	维持饲料	生长、繁殖饲料
镁/%	≥0.2	≥0.3
钾/%	≥0.6	≥1.0
钠/%	≥0.2	≥0.3
铁/(mg/kg)	≥100	≥150
锰/(mg/kg)	≥40.0	≥60.0
铜/(mg/kg)	≥9.0	≥14.0
锌/(mg/kg)	≥50.0	≥60.0
碘/(mg/kg)	≥0.40	≥1.10
硒/(mg/kg)	0.10～0.20	0.10～0.20

表 4-8　豚鼠配合饲料维生素指标

指标	维持饲料	生长、繁殖饲料
维生素 A/(IU/kg)	≥7 500	≥12 500
维生素 D/(IU/kg)	≥700	≥1 250
维生素 E/(IU/kg)	≥50	≥70
维生素 K/(mg/kg)	≥0.3	≥0.4
维生素 B_1/(mg/kg)	≥7.0	≥10.0
维生素 B_2/(mg/kg)	≥8.0	≥15.0
维生素 B_6/(mg/kg)	≥6.00	≥9.00
烟酸/(mg/kg)	≥0.020	≥0.030
泛酸/(mg/kg)	≥40.0	≥55.0
叶酸/(mg/kg)	≥12.0	≥19.0

续表 4-8

指标	维持饲料	生长、繁殖饲料
生物素/(mg/kg)	≥1.00	≥3.00
维生素 B_{12}/(mg/kg)	≥0.20	≥0.45
胆碱/(mg/kg)	≥1 000	≥1 200
维生素 C/(mg/kg)	≥1 500	≥1 800

表 4-9 地鼠配合饲料常规营养成分指标

指标	维持饲料	生长、繁殖饲料
水分/%	≤10	≤10
粗蛋白质/%	≥21	≥24
粗脂肪/%	≥3	≥3
粗纤维/%	≥6	≥6
粗灰分/%	≤8	≤8
钙/%	1.0～1.8	1.0～1.8
磷/%	0.6～1.2	0.6～1.2
钙：磷	(1.2～1.7)：1	(1.2～1.7)：1

表 4-10 地鼠配合饲料氨基酸指标

指标	维持饲料	生长、繁殖饲料
赖氨酸/%	≥1.18	≥1.32
(蛋氨酸＋胱氨酸)/%	≥0.70	≥0.78
精氨酸/%	≥1.13	≥1.38
组氨酸/%	≥0.45	≥0.55
色氨酸/%	≥0.25	≥0.29
(苯丙氨酸＋酪氨酸)/%	≥1.27	≥1.73
苏氨酸/%	≥0.80	≥0.88
亮氨酸/%	≥1.50	≥1.76
异亮氨酸/%	≥1.03	≥1.18
缬氨酸/%	≥1.05	≥1.12

表 4-11 地鼠配合饲料矿物质和微量元素指标

指标	维持饲料	生长、繁殖饲料
镁/%	≥0.20	≥0.20
钾/%	≥0.50	≥0.50
钠/%	≥0.20	≥0.20
铁/(mg/kg)	≥100.0	≥120.0
锰/(mg/kg)	≥75.0	≥75.0
铜/(mg/kg)	≥10.0	≥10.0
锌/(mg/kg)	≥30.0	≥30.0
碘/(mg/kg)	≥0.5	≥0.5
硒/(mg/kg)	0.10～0.20	0.10～0.20

表 4-12　地鼠配合饲料维生素指标

指标	维持饲料	生长、繁殖饲料
维生素 A/(IU/kg)	≥10 000	≥14 000
维生素 D/(IU/kg)	≥2 000	≥2 400
维生素 E/(IU/kg)	≥100	≥120
维生素 K/(mg/kg)	≥3	≥5
维生素 B_1/(mg/kg)	≥8	≥13
维生素 B_2/(mg/kg)	≥10	≥12
维生素 B_6/(mg/kg)	≥6	≥12
烟酸/(mg/kg)	≥45	≥60
泛酸/(mg/kg)	≥17	≥24
叶酸/(mg/kg)	≥4	≥6
生物素/(mg/kg)	≥0.1	≥0.2
维生素 B_{12}/(mg/kg)	≥0.020	≥0.022
胆碱/(mg/kg)	≥1 250	≥1 250

表 4-13　兔配合饲料常规营养成分指标

指标	维持饲料	生长、繁殖饲料
水分/%	≤11.0	≤11.0
粗蛋白质/%	≥14	≥17
粗脂肪/%	≥3.0	≥3.0
粗纤维/%	10.0～15.0	10.0～15.0
粗灰分/%	≤9.0	≤9.0
钙/%	1.0～1.5	1.0～1.5
磷/%	0.5～0.8	0.5～0.8
钙：磷	(1.3～2.0)：1	(1.3～2.0)：1

表 4-14　兔配合饲料氨基酸指标

指标	维持饲料	生长、繁殖饲料
赖氨酸/%	≥0.70	≥0.80
(蛋氨酸＋胱氨酸)/%	≥0.50	≥0.60
精氨酸/%	≥0.70	≥0.80
组氨酸/%	≥0.30	≥0.35
色氨酸/%	≥0.22	≥0.27
(苯丙氨酸＋酪氨酸)/%	≥1.10	≥1.30
苏氨酸/%	≥0.56	≥0.65
亮氨酸/%	≥1.15	≥1.30
异亮氨酸/%	≥0.60	≥0.72
缬氨酸/%	≥0.75	≥0.83

表 4-15　兔配合饲料维生素指标

指标	维持饲料	生长、繁殖饲料
维生素 A/(IU/kg)	≥6 000	≥12 500
维生素 D/(IU/kg)	≥700	≥1 250
维生素 E/(IU/kg)	≥50	≥70
维生素 K/(mg/kg)	≥0.30	≥0.40
维生素 B_1/(mg/kg)	≥7.0	≥10.0
维生素 B_2/(mg/kg)	≥8.0	≥15.0
维生素 B_6/(mg/kg)	≥6.00	≥9.00
烟酸/(mg/kg)	≥0.020	≥0.030
泛酸/(mg/kg)	≥40.0	≥55.0
叶酸/(mg/kg)	≥12.0	≥19.0
生物素/(mg/kg)	≥1.00	≥3.00
维生素 B_{12}/(mg/kg)	≥0.20	≥0.45
胆碱/(mg/kg)	≥1 000	≥1 200

表 4-16　兔配合饲料矿物质和微量元素指标

指标	维持饲料	生长、繁殖饲料
镁/%	≥0.20	≥0.30
钾/%	≥0.60	≥1.0
钠/%	≥0.20	≥0.30
铁/(mg/kg)	≥100	≥150
锰/(mg/kg)	≥40	≥60.0
铜/(mg/kg)	≥9	≥14.0
锌/(mg/kg)	≥50	≥60.0
碘/(mg/kg)	≥0.40	≥1.10
硒/(mg/kg)	0.10～0.20	0.10～0.20

表 4-17　犬配合饲料常规营养成分指标

指标	维持饲料	生长、繁殖饲料
水分/%	≤10.0	≤10.0
粗蛋白质/%	≥20.0	≥24.0
粗脂肪/%	≥4.5	≥6.5
粗纤维/%	≥3.0	≥3.0
粗灰分/%	≤9.0	≤9.0
钙/%	0.7～1.0	1.0～1.5
磷/%	0.5～0.8	0.8～1.2
钙：磷	(1.2～1.4)：1	(1.2～1.4)：1

表 4-18　犬配合饲料氨基酸指标

指标	维持饲料	生长、繁殖饲料
赖氨酸/%	≥0.71	≥1.11
(蛋氨酸+胱氨酸)/%	≥0.54	≥0.72
精氨酸/%	≥0.69	≥1.35
组氨酸/%	≥0.25	≥0.48
色氨酸/%	≥0.21	≥0.23
(苯丙氨酸+酪氨酸)/%	≥1.00	≥1.56
苏氨酸/%	≥0.65	≥0.78
亮氨酸/%	≥0.81	≥1.60
异亮氨酸/%	≥0.50	≥0.79
缬氨酸/%	≥0.54	≥1.04

表 4-19　犬配合饲料维生素指标

指标	维持饲料	生长、繁殖饲料
维生素 A/(IU/kg)	≥8 000	≥10 000
维生素 D/(IU/kg)	≥2 000	≥2 000
维生素 E/(IU/kg)	≥40	≥50
维生素 K/(mg/kg)	≥0.1	≥0.9
维生素 B_1/(mg/kg)	≥6.0	≥13.0
维生素 B_2/(mg/kg)	≥4.0	≥5.0
维生素 B_6/(mg/kg)	≥5.0	≥6.0
烟酸/(mg/kg)	≥50.0	≥50.0
泛酸/(mg/kg)	≥9.0	≥27.0
叶酸/(mg/kg)	≥0.16	≥1.0
生物素/(mg/kg)	≥0.20	≥0.20
维生素 B_{12}/(mg/kg)	≥0.030	≥0.068
胆碱/(mg/kg)	≥1 400	≥2 000

表 4-20　犬配合饲料矿物质和微量元素指标

指标	维持饲料	生长、繁殖饲料
镁/%	≥0.15	≥0.20
钾/%	≥0.50	≥0.70
钠/%	≥0.39	≥0.44
铁/(mg/kg)	≥150	≥250
锰/(mg/kg)	≥40	≥60
铜/(mg/kg)	≥12	≥14
锌/(mg/kg)	≥50	≥60
碘/(mg/kg)	≥1.40	≥1.70
硒/(mg/kg)	0.10～0.20	0.10～0.20

表 4-21 猴配合饲料常规营养成分指标

指标	维持饲料	生长、繁殖饲料
水分/%	≤10.0	≤10.0
粗蛋白质/%	≥16.0	≥21.0
粗脂肪/%	≥4.0	≥5.0
粗纤维/%	≥4.0	≥4.0
粗灰分/%	≤7.0	≤7.0
钙/%	0.8~1.2	1.0~1.4
磷/%	0.6~0.8	0.7~1.0
钙∶磷	(1.2~1.5)∶1	(1.2~1.5)∶1

表 4-22 猴配合饲料氨基酸指标

指标	维持饲料	生长、繁殖饲料
赖氨酸/%	≥0.85	≥1.20
(蛋氨酸+胱氨酸)/%	≥0.60	≥0.79
精氨酸/%	≥0.99	≥1.29
组氨酸/%	≥0.44	≥0.48
色氨酸/%	≥0.23	≥0.27
(苯丙氨酸+酪氨酸)/%	≥1.31	≥1.54
苏氨酸/%	≥0.63	≥0.79
亮氨酸/%	≥1.35	≥1.59
异亮氨酸/%	≥0.72	≥0.82
缬氨酸/%	≥0.90	≥1.09

表 4-23 猴配合饲料维生素指标

指标	维持饲料	生长、繁殖饲料
维生素 A/(IU/kg)	≥10 000	≥15 000
维生素 D/(IU/kg)	≥2 200	≥2 200
维生素 E/(IU/kg)	≥55	≥65
维生素 K/(mg/kg)	≥1.0	≥1.0
维生素 B_1/(mg/kg)	≥4.0	≥16.0
维生素 B_2/(mg/kg)	≥5.0	≥16.0
维生素 B_6/(mg/kg)	≥5.0	≥13.0
烟酸/(mg/kg)	≥50.0	≥60.0
泛酸/(mg/kg)	≥13.0	≥42.0
叶酸/(mg/kg)	≥0.20	≥2.00
生物素/(mg/kg)	≥0.10	≥0.40
维生素 B_{12}/(mg/kg)	≥0.03	≥0.05
维生素 C/(mg/kg)	≥1 700	≥2 000
胆碱/(mg/kg)	≥1 300	≥1 500

表 4-24　猴配合饲料矿物质和微量元素指标

指标	维持饲料	生长、繁殖饲料
镁/%	≥0.10	≥0.15
钾/%	≥0.70	≥0.80
钠/%	≥0.30	≥0.40
铁/(mg/kg)	≥120	≥180
锰/(mg/kg)	≥40	≥60
铜/(mg/kg)	≥13	≥16
锌/(mg/kg)	≥110	≥140
碘/(mg/kg)	≥0.50	≥0.80
硒/(mg/kg)	0.10～0.20	0.10～0.20

四、实验动物日粮的配制

(一)设计饲料配方所需资料

①动物的饲养标准或饲料营养标准,可依据国家有关的全价营养饲料标准。

②饲料成分及营养价值表,饲料种类、来源及价格,有条件的单位应对每批购入的饲料进行营养物质含量监测分析,或依据当地饲料管理部门提供的饲料成分分析值。

③所要配合的日粮类型及动物的预期采食量。

(二)设计饲料配方的原则

①选用合适的饲养标准。可参考 GB 14924《实验动物　配合饲料通用质量标准》。

②选用适宜的原料。设计各种动物的饲料配方不仅要考虑到动物的营养需要,还要考虑到所用原料的品质、体积、适口性及来源等因素,做到切实可行。

③要注意到经济效益。在选择原料时尽量利用当地来源丰富的原料品种,并应注意到单个品种的价格因素。

(三)全价配合饲料配方的计算方法

饲料配方计算技术是近代应用数学和动物营养学及饲料科学相结合的产物,它是实现饲料合理搭配,获得高效益、低成本饲料配方的根本手段。常规的计算方法以适于手工计算的试差法为主。近年来有条件的单位采用解线性规划问题的方法,用计算机来设计既能满足营养需要又能保证成本最低的饲料配方,已经取得成功并正在推广普及。

不管用什么方法来设计饲料配方,其饲料原料的配合比例只是一种以饲料成分为基础的理论数据,还必须经过实验室检测和饲养实验来验证。对于实验动物饲料,经过验证的饲料配方要保持长期稳定。

第四节　影响实验动物营养需要的主要因素

一、遗传因素

同种但不同品系的动物,因遗传基因的表达程度不同而影响营养的需求,如近交系小鼠比封闭群小鼠对蛋白质饲料的需求更高些，但市售的饲料只有大小鼠繁殖料、大小鼠维持料、大小鼠实验料，所以在实际饲喂过程中，应根据大小鼠的营养需要特点及不同品系的营养需要特点，添加补充一些蛋白饲料如鸡蛋、维生素如复合维生素B、脂类饲料如葵花籽等。

饲养灵长类动物、豚鼠及ODS大鼠必须人工添加维生素C，因为它们缺乏*L*-谷氨酸氧化酶，无法合成维生素C。

二、生理状况

动物在不同的生理状况中，如生长、怀孕、创伤或泌乳时，对营养需求会有所不同，动物在此不同的生理状况下，需从饲料中获取额外的营养，以满足胎儿的生长发育、组织的合成或修补，吸取制作乳、蛋、毛的原料。

三、环境因素

环境因素会改变动物的营养需求。在寒冷的环境，动物必须产生较多的热能以维持体温的恒定。在高温环境中，动物食欲降低，应提供高营养的饲料。

四、生物因素

在正常饲养条件下，动物肠道中存在大量的微生物，其在肠道中栖生、繁殖、代谢，产生许多营养物质，如维生素B_1、维生素K及氨基酸等，这些物质往往借助食粪行为获得。

五、研究条件

实验操作如外科手术或于饲料中添加测试药物时，会造成动物紧张或改变饲料的适口性，使动物的食欲减退，进而影响动物的采食。此时必须给予适口性好的饲料或提供高营养成分的饲料。

第五节　实验动物饲料的采购、储运与消毒

一、饲料的采购与储运

实验动物饲料是实验动物唯一的食物来源，为满足实验动物对饲料营养和卫生的要求，饲料的品种、质量和卫生标准必须与所饲养的实验动物和有关饲料标准相符合。因此，实验动物饲料必须来自具有实验动物饲料生产许可证的单位，且每批饲料都应附有质量合格证明。在饲料的运输过程中，应保持装卸轻拿轻放，运输车辆要清洁、干燥，包装无破损，避免一切生物和化学污染。在饲料储存上，一方面，应将饲料存放在固定的专用储存间并离地而放，保持储存环境低温、干燥和卫生，避免野鼠、虫媒的生物污染及其他化学性污染（蔬菜、水果和肉类等易腐败的饲料应放入冰箱储存）；另一方面，为防止因长期放置而变质或被污染，饲料的存放期一般不应超过1个月，尤其是易腐败的饲料，其保质期往往只有几天，更应引起注意。常规的做法是：在购进或消毒后，标注其使用许可期限；日常使用时，应根据库存情况先用陈料，过期、变质和受污染的饲料均不得用来饲喂动物。

二、饲料的消毒

普通动物的饲料无须消毒处理,但蔬菜、果类食品要清洁;清洁级以上动物所食用的饲料应经过 ^{60}Co 照射(应首选此方法)或高压灭菌处理。^{60}Co 照射灭菌时,其照射剂量为:清洁级和 SPF 级饲料 2.5~3.0 Mrad(1 rad=10^{-2} Gy),无菌饲料 5.0 Mrad;高压蒸汽灭菌时,应按照固型物的灭菌方法设定灭菌参数。

三、饲料接收注意事项

①外购饲料一定要到具有实验动物管理部门颁发的许可证的厂家购买。注意生产日期、生产批号并登记备案,以便在饲料出现污染或其他异常情况时容易分析原因。另外,要向生产单位索要饲料的各种检测报告。

②注意贮存日期、贮存方法,尽量缩短饲料的贮存时间。应贮藏在专用的冷库或阴凉、通风、干燥的成品料库房内,防止霉变和野鼠等。

③对 SPF 级以上动物饲料,要了解其消毒方法、消毒效果、消毒日期。SPF 级以上动物饲料一般采用 ^{60}Co 灭菌消毒,每批饲料在使用前需做无菌检验。使用时,要仔细检查有无破损;消毒时间过久或包装破损、受到污染的饲料需重新进行消毒处理。

④饲料进入清洁物品贮藏间时,一般经过消毒液体渡槽传进,通过检查包装饲料的纸袋是否浸湿来判定饲料包装有无破损,防止破损的饲料污染设施。消毒液可有多种选择,如1∶200 倍稀释的百毒杀,但需根据消毒物品的多少决定消毒液的更换时间,一般连续使用1周后需更换。

⑤尽量将饲料直接贮藏在设施的清洁物品贮藏间内,饲料消毒后存放时间不得超过1个月。

第六节　常用实验动物的营养需要特点

一、小鼠的营养需要特点

小鼠饲料中含 18%~20%的蛋白质即可满足需要。小鼠喜食含糖量高的饲料,糖的比重可适当大些;含 4%的粗脂肪时,KM、ICR、BALB/c、DBA/2 等品系小鼠均获得满意的繁殖效果。有关小鼠对必需脂肪酸的需要的研究较少,但泌乳期小鼠和苯丙酮尿症模型小鼠喜食含脂类高的饲料,特别需要含亚油酸丰富的日粮。小鼠对钙及维生素 A、维生素 D 需要量较高,但同时又对过量维生素 A 敏感,维生素 A 过量可导致妊娠小鼠胚胎畸形。每千克饲料中添加维生素 E 50 mg,可显著提高小鼠受孕率、产仔率。无菌小鼠还应注意补充维生素 K。

二、大鼠的营养需要特点

大鼠饲料中含 18%~20%的蛋白质即可满足需要。在生长期以后蛋白质需要量锐减,可适当减少饲料中蛋白质含量,以延长其寿命。生长期的大鼠易发生脂肪酸缺乏,饲料中必需脂肪酸的需要量应占热能物质的 1.3%，一般饲料中应当添加脂肪。大鼠对钙、磷的缺乏有较大的抵抗力，但对镁的需要量较高，应注意补充。

三、豚鼠的营养需要特点

豚鼠对某几种必需氨基酸需要量很高，其中最重要的是精氨酸。用单一蛋白质饲料若不补充精氨酸，则饲料中蛋白质含量需高达 35%才能生长最快。豚鼠饲料中应保证一定比例的粗纤维，应达到 17%～20%，若粗纤维不足，可发生排粪较黏和脱毛现象。豚鼠不能自身合成维生素 C，对维生素 C 的缺乏特别敏感，缺乏时可引起坏血病、生殖机能下降、生长不良、抗病力降低，最后导致死亡，必须在饲料中补充。一般每只成年豚鼠每日需要量为 10 mg，繁殖豚鼠为 30 mg。

四、地鼠的营养需要特点

地鼠饲料中，粗蛋白的含量要求达到 21%～24%，特别是饲料中的动物性蛋白应有一定比例。地鼠可以像反刍动物一样有效利用非蛋白氮，日粮中 71%的尿素氮可以被沉积。蛋白质对地鼠营养需要尤为重要，特别是哺乳期的金黄地鼠，因为在哺乳期其体重增长最快，小鼠 21 日龄的体重为出生时的 7.7 倍，而金黄地鼠为 18 倍，因此应喂给营养价值较高的饲料。如蛋白质不能满足其营养需要，成年地鼠将会出现性机能减退，幼鼠则生长发育迟缓。

五、家兔的营养需要特点

家兔是草食动物，应保证饲料中的粗纤维在 12%以上。蛋白质含量 15%左右即可满足要求。在必需氨基酸中，精氨酸对兔特别重要，是第一限制性氨基酸。兔可以耐受高水平的钙，在初生时有很大的铁储备，因而不易贫血。兔肠道微生物可以合成维生素 K 和大部分 B 族维生素，并通过食粪行为而被其自身所利用，但对繁殖兔仍需补充维生素 K。

六、实验犬的营养需要特点

犬必须供给足够的蛋白质和脂肪，22%的粗蛋白可满足犬生长和繁殖的需要。饲料中动物性蛋白应占全部蛋白质食物的 1/3。犬能耐受高脂肪日粮，要求日粮含有一定量的不饱和脂肪酸，还应考虑改善饲料的适口性。维生素 A 的需要量较大，亦需补充维生素 B_{12}。

七、实验猴的营养需要特点

非人灵长类实验动物日粮能量的 50%以上来自糖代谢，16%～21%的蛋白质可满足猴生长繁殖的需要，脂肪含量以 3%～6%为宜。其体内不能合成维生素 C，必须由日粮提供。同时要注意适口性。

第五章　常用实验动物

第一节　小鼠

小鼠(mouse)学名 *Mus musculus*，属哺乳纲(Mammalia)啮齿目(Rodentia)鼠科(Muridae)小鼠属(*Mus*)，是目前世界上用量最大、用途最广、品种最多的实验动物。实验小鼠来自野生小鼠，经过人们长期选择培育而成，已育成多达千余个独立的远交群和近交系，分布遍及世界各地。由于小鼠繁殖快，饲养管理费用低，所以成为生物医学研究中广泛使用的实验动物，也是当今世界上研究最详尽的哺乳类实验动物。

一、生物学特性

(一)外貌特征和习性

小鼠体型较小，是啮齿目实验动物中较小的动物。其面部尖突，触须长，耳耸立，呈半圆形，尾长与体长约相等。

小鼠性情温顺，胆小易惊，易于捕捉，夜间比较活跃，尤其是傍晚时更为活跃。喜欢群居于光线较暗的环境，喜啃咬，群饲时生长发育较单饲时快。对外来刺激(如强光、噪声、不同气味等)敏感，均可发生吃仔现象。雄性好斗，性成熟的雄鼠放在一起时，易发生互斗并咬伤，但同窝雄性鼠离乳时放在同笼内则不发生互斗。雄鼠分泌醋酸铵臭气，是引起室内特异臭气的主要原因。

小鼠不耐饥饿，不耐热，对环境适应性差，对疾病抵抗力低。实验小鼠自发肿瘤多。白化小鼠怕强光。

(二)遗传特性

小鼠有 20 对染色体和相同数量的连锁群。目前已知小鼠基因 6 488 个，这仅仅是小鼠正常生长发育和生命活动全部基因中极少的一部分。毛色基因是识别小鼠品系最方便的标志，毛色受 C-c、A-a、B-b 3 个等位基因的控制。

二、解剖学和生理学特点

(一)解剖学特点

1. 骨骼系统

小鼠上、下颌各有 2 个门齿和 6 个臼齿，齿式为 2(门 1/1，犬 0/0，前臼 0/0，臼 3/3)=16。门齿终生不断生长，下颌骨喙状突较小，髁状突发达，其形态有品系特征，可采用下颌骨形态分析技术进行近交系小鼠遗传质量的监测。

小鼠的脊椎由 55～61 个脊椎骨组成，包括颈椎 7 个、胸椎 12～14 个、腰椎 5～6 个、荐椎 4 个、尾椎 27～30 个。肋骨有 12～14 对，其中 7 对与胸骨接连，其他 5～7 对呈游离状态。胸骨 6 块。前肢由肩胛骨、锁骨、肱骨(上腕骨)、桡骨、尺骨、腕骨和指骨组成，后肢由髋骨、大腿骨、胫骨、腓骨、跗骨、趾骨组成。

小鼠骨髓为红髓，终生造血。

2. 内部脏器

胸腔内有气管、肺、心脏和胸腺，心尖位于第 4 肋间。肺由 4 叶组成。腹腔内有肝、胆囊、胃、肠、肾、膀胱、脾等器官。

小鼠为杂食动物。食道细长，约 2 cm。胃分前胃和腺胃，有嵴分隔，前胃为食管的延伸膨大部分。胃容量小(1.0～1.5 mL)，功能较差，不耐饥饿。与豚鼠、家兔等草食性动物相比，肠道较短，盲肠不发达，肠内能合成维生素 C。有胆囊。胰腺分散在十二指肠、胃底及脾门处，色淡红，不规则，似脂肪组织。肝是腹腔内最大的脏器，分左、右、中、尾 4 叶，具有分泌胆汁、调节血糖、贮存肝糖和血液、形成尿素、中和有毒物质等功能。

3. 淋巴系统

淋巴系统很发达，包括淋巴管、淋巴结、胸腺、脾脏、外周淋巴结以及肠道派伊尔氏淋巴集结。性成熟时胸腺最大。脾脏可贮存血液并含有造血细胞，包括巨核细胞、原始造血细胞等，这些造血细胞组成造血灶，有造血功能。雄鼠脾脏明显大于雌鼠。小鼠没有腭或咽扁桃体。外来刺激可使淋巴系统增生。

4. 生殖系统

雌鼠的生殖器官有卵巢、输卵管、子宫、阴道、阴蒂腺、乳腺等。雌性子宫呈"Y"形，分为子宫角、子宫体、子宫颈。卵巢为系膜包绕，不与腹腔相通，故无宫外孕。阴蒂腺在阴蒂处开口，左右各一。阴道在出生时关闭，从断奶后至性成熟才慢慢张开。乳腺发达，共有 5 对，3 对位于胸部，可延伸至颈部和背部；腹部有 2 对，延续到鼠蹊部、会阴部和腹部两侧，并与胸部乳腺相连。

雄鼠的生殖器官有睾丸、附睾、精囊、副性腺(凝固腺、前列腺、尿道球腺、包皮腺)、输精管及阴茎等。雄性为双睾丸，幼年时藏于腹腔内，性成熟后则下降到阴囊，其表面为纤维结缔组织，内部有许多曲细精管和间质组织所组成。精子在通过附睾期间成熟，并与副性腺分泌物一同在交配时射入雌鼠阴道内。前列腺分背、腹两叶。凝固腺附着于精囊内侧，是呈半透明的半月形器官。副性腺分泌物有营养精子、形成阴道栓等作用。

(二)生理学特点

1. 生长发育

小鼠体型较小，一只刚出生的小鼠体重仅 1.5 g 左右，1 个月时体重可达 12～15 g，1.5～2 月龄时可达 20 g 以上。当然，小鼠生长发育的快慢，因小鼠的品系、母鼠的哺乳能力、生产胎次、哺乳的只数、饲料营养和环境条件等的不同而异。一般在 3 周龄即可断奶分离。

2. 生殖生理

小鼠发育速度较快，一般在 14～20 g 之间可供进行动物实验。但做种动物必须根据动物的生物学特性及选种育种要求进行。小鼠性成熟早(雄鼠 36 日龄时，可在附睾精液中找到运动活泼的精子，雌鼠 37 日龄即可发情排卵)，性成熟一般在 36～42 日龄。小鼠具有明显的性周期，性周期为 4～5 d。体成熟雄鼠为 70～80 日龄，雌鼠为 65～75 日龄，因此，小鼠开始繁殖的日龄一般在 65～90 之间。小鼠一年四季均有性活动，一般在发情后 2～3 h 即可排卵，分娩后 24 h 内又可受孕。小鼠的性活动一般可分为发情前期、发情期、发情后期和发情间期，性周期各阶段的特征可用阴道分泌物涂片和组织学检查加以区分。雌鼠的这些变化受卵巢机能所控制。卵巢能分泌两类激素，一类是由卵巢上皮细胞分泌的雌激素，一类是由黄体细胞分泌的孕激素。雌激素能促进子宫、输卵管的发育，促进副性征的出现和乳腺导管的发育，诱导发情，孕激素是黄体激素，在整个妊娠期中都需要黄体的存在，其主要功能是保护受精卵的附植及维护妊娠，并促进乳腺的发育，它是子宫维持正常机能的主激素。

3. 生理指标

体温 38(37～39)℃，呼吸频率 163(84～230)次/min，心率 625(470～780)次/min，通气量 24(11～36) mL/min，潮气量 0.15(0.09～0.23) mL，收缩压 113(95～125) mmHg，舒张压 81(67～90) mmHg，血量 7.78%。

三、常用小鼠品系

(一)远交群

(1)昆明小鼠(KM)　白色。1926 年美国 Rockfeller 研究所从瑞士引入白化小鼠培育成瑞士种小鼠(*Swiss mice*)。1946 年我国从印度 Haffkine 研究所将瑞士种小鼠引入云南昆明，1952 年由昆明引入北京生物制品所，1954 年推广到全国各地。该小鼠特点是高产、抗病力强、适应性强，常见的自发肿瘤为乳腺癌，发病率约 25%。国内各地昆明小鼠遗传背景不很一致。目前由 KM 小鼠已培育成 C-1(中国 1 号)、615、TA2、AMMS/1 等近交系。KM 小鼠广泛应用于教学，生殖生理、肿瘤、毒理、药理、免疫和微生物的科研工作以及药品、生物制品的制造和鉴定工作。

(2)NIH　白色。由美国国立卫生研究院培育而成，曾有一段时间的近交历史。繁殖力强，产仔成活率高，雄性好斗，易致伤。广泛用于药品的药理和毒理研究以及生物制品检定。

(3)LACA　白色。1935 年英国 Carworth 公司由美国 Rockfeller 研究所引进，经 20 代近交培育后，采用随机交配繁殖，命名为 CFW。后又引入英国实验动物中心(LAC)，改名为 LACA。我国 1973 年由英国实验动物中心引进。

(二)近交系

(1)A　白化，毛色基因为 abcD。特性：老年动物有肾病，可的松诱发先天性腭裂的发病率高，自发性肺肿瘤发病率高，对 X 射线非常敏感。

(2)AKR　白化，毛色基因为 aBcD。特性：淋巴细胞性白血病发病率为 68%～91%。AKR/J 和 AKR/Cum 对对方的自发性淋巴瘤排斥。血液内过氧化氢酶活性高，肾上腺脂类浓度低，补体 5 缺损，干扰素产量高。

(3)BALB/c　白化，毛色基因为 AbcD。与其他品系相比血压较高，对慢性肺炎敏感，对放射线特别敏感，繁殖期长。

(4)C3H　野生色、赤褐色，毛色基因为 ABCD。特性：对肝致癌物质感受性强，对炭疽杆菌有抵抗力。母性不强，繁殖困难。

(5)C57BL　黑色，毛色基因为 aBCD。特性：乳腺瘤发病率低，对化学致癌剂不敏感。全身照射后淋巴瘤发病率 90%～100%。干扰素产量高。常被认作“标准”的近交系，为许多突变基因提供遗传背景。

(6)DBA　灰色，毛色基因为 abCd。①DBA/1 特性：对许多 DBA/2 的肿瘤有抗性，75% 一年以上的繁殖母鼠或有些 18 月龄以上的处女鼠产生乳腺瘤；红细胞压积高；对结核杆菌敏感，全部老雌鼠都有钙质沉着，对鼠伤寒 C5 敏感。②DBA/2 特性：肿瘤发病率在不同鼠群有差异。血压相对低。听源性癫痫发病率为 35 日龄 100%，55 日龄 5%。大约一半动物产生肝颗粒细胞瘤；红细胞压积高。对鼠伤寒 C5 有抵抗力。

(7)TA1　白化，毛色基因为 abc。1955 年天津医学院由市售杂种白化小鼠和昆明小鼠近交培育而成。特性：卵巢癌发病率为 9.5%，肺癌发病率为 2.4%，淋巴性白血病发病率为 1%。对慢性肺炎敏感。平均寿命：雄性 555 d，雌性 673 d。平均体重(43 d)：雄性 21 g，雌性 20 g。

(8)TA2　白化，毛色基因为 aBcd。1963 年天津医学院由市售杂种白化小鼠和昆明小鼠近交培育而成。特性：肺癌发病率为 2.7%，卵巢癌发病率为 4.4%，淋巴性白血病发病率为 1.3%。寿命：雌性 416 d，雄性 479 d。平均体重(56 d)：雄性 22 g，雌性 21 g。

(9)615　灰色，毛色基因为 abC。1961 年中国医学科学院输血及血液病学研究所将普通白化小鼠与 C57BL/血研小鼠杂交，而后采用近亲交配繁育而成。特性：平均产仔数 6～7 只，平均断奶数 6.3 只；繁殖鼠乳腺瘤发病率为 14.3%，18 月龄肺腺瘤和白血病发病率分别为 36.7%和 5.8%。

(三)突变系

小鼠常见的突变基因有如下几种。

(1)nu　nude(裸体)。20 世纪 60 年代后期发现，是 8 号染色体上的隐性基因突变所致。当 nu 基因纯合时，小鼠表皮无毛，胸腺先天性缺陷，发育不全，T 淋巴细胞缺损，缺乏免疫应答性，致使免疫机能低下，易受外界细菌和病毒的侵染而发生疾病，因此需在无菌或无特定病原体的条件下饲养。纯合的新生仔鼠无鼻毛或有少量卷曲鼻毛，其寿命与环境控制密切相关，普通环境下存活 14～30 d，SPF 及无菌条件下寿命达 1 年以上，最长 2 年。许多不同类型的组织可在裸鼠身上移植成功而不发生免疫排斥反应，适于免疫生物学、免疫病理学、移植免疫、肿瘤免疫、病毒和细菌免疫学、胸腺功能研究，为实验免疫学和实验肿瘤学提供了新的有效工具，可用于建立人癌移植瘤模型，进行抗肿瘤药物的化学治疗研究。同时裸鼠也是寄生虫感染机制研究、疫苗、菌苗安全性和免疫源性生物制品检定的最好实验材料和动物模型。裸鼠还能感染麻风杆菌并在体内繁殖，这对研究麻风的发病机理和制造麻风疫苗提供了原料。

(2)dw　dwarf(侏儒)。这种小鼠由于缺乏脑下垂体前叶的生长素和促甲状腺激素，生长发生障碍，小鼠出生 7 d 后可看到小鼠体形相对小。两性均不育。这种动物可以作为研究内分泌的动物模型。

(3)hr　hairless(无毛)。出生后 14 d 左右上眼睑、下腭部、四脚趾背部开始脱毛，随后是尾背部及全身，只留下一些散在的毛，但触须还保留，几乎成裸体，雌性母性差或不育。

(4)ob　obese(肥胖症)。是 6 号染色体上的隐性基因纯合所致。ob 小鼠出生后 4～6 周即显示肥胖症，9～10 周出现高血糖，不育，可作为人类肥胖症(obesity 或 diabetes)的疾病模型。

四、在生物科学研究中的应用

小鼠在科学研究中的使用数量是首屈一指的。小鼠在生物学、医学、农业、化工、畜牧兽医等学科的科学研究中都有非常重要的作用。尤其在生命科学研究中其应用范围遍及各个领域，如生殖生理、肿瘤、毒理、药理、免疫和微生物的研究工作以及药品、生物制品的制造和检定工作。其主要用途有以下几方面。

(一)遗传学和遗传性疾病的研究

由于小鼠生长繁殖周期短，已培育成许多近交系及突变系，为遗传学研究提供了十分方便的条件。

小鼠的毛色基因已研究得比较清楚，因此毛色常作为小鼠遗传学分析中的遗传标记和品系鉴定的依据之一。具有遗传性疾病的突变系为研究人类遗传性疾病的病因、发病机理和治疗提供了自然的模型动物。如家族性肥胖、白化病、全身性红斑狼疮、侏儒症等都有相应的突变系小鼠可供研究使用。

转基因小鼠可用于研究基因的功能、表达和调节，探索疾病的分子遗传学基础及基因治疗的可能性和方法。

小鼠品系多，并存在遗传上相关的许多同源近交系、重组近交系等。重组近交系小鼠是将双亲品系的基因自由组合和重组产生一系列的子系，这些子系是小鼠遗传学分析的重要工具，主要用于研究基因定位及其连锁关系。同源近交系小鼠常用来研究多态性基因位点的多效性、基因的效应和功能以及发现新的等位基因。

(二)肿瘤学研究

由于小鼠有许多近交系，部分近交系有其特定的自发性肿瘤，可利用其自发肿瘤与人体肿瘤的相似之处作为动物模型进行肿瘤发生、发展和治疗的研究。同时，胸腺严重缺陷的裸小鼠可接受人类各种肿瘤细胞的植入，成为活的癌瘤细胞“试管”，是研究人类肿瘤生长发育、转移和治疗的绝佳动物。目前，小鼠已成为肿瘤研究中的主要动物，用于原病毒基因组学说和癌基因假说的研究。AKR 小鼠白血病被证明是遗传因素影响下由病毒诱发的传染病。

(三)传染性疾病的研究

小鼠对多种微生物易感，如沙门菌、日本血吸虫、脊髓灰质炎病毒和钩端螺旋体等，常用小鼠感染诱发出类似于人类的传染性疾病，制造出相应的动物模型，从而对病原体的致病力及宿主抵抗的机理、病理和治疗进行研究。如：麻风是由麻风杆菌引起的传染病，皮肤、鼻和上呼吸道以及外周神经均有病变，神经受累常可造成手足残废和面部毁形。将麻风杆菌接种于免疫功能低下(去胸腺加全身 X 光照射)小鼠的足垫或耳部，可构造此病的动物模型，用以研究麻风杆菌的生物学性状和评价抗麻风药物的药效等。

(四)药物研究

小鼠常用于药物安全性评价、治疗效果评价、效价测定及生物制品检定。小鼠特别适合于药物急性毒性实验，测定药物或化学制剂的半数致死量(LD_{50})和药物致癌性试验。小鼠广泛用于血清、疫苗等生物制品的检定。还可用小鼠热板技术引起的后爪运动或机械压尾评价止痛药。

(五)免疫学研究

利用免疫功能缺陷的小鼠可进行免疫机制的研究。20 世纪 80 年代培育出的 SCID 小鼠是一种先天性 T 和 B 细胞联合免疫缺陷的突变系动物，可用于研究 LAK 细胞、巨噬细胞等自然防御细胞和免疫辅助细胞的分化和功能。

使用 BALB/c、AKR、C57BL 等小鼠免疫后的脾细胞与骨髓瘤细胞融合，可进行单克隆抗体的制备和研究。单克隆抗体广泛用于疾病诊断、治疗和分子生物学研究。

(六)内分泌疾病的研究

小鼠自发或诱发的内分泌腺结构的缺陷常引起类似人类的内分泌疾病，是内分泌研究领域的很好的动物模型。如胰岛发育不全造成的肥胖症、垂体性侏儒症以及生长激素缺乏造成的侏儒症。

(七)老年学研究

由于小鼠寿命短，常用于研究衰老的起因和机理。如：对老年 C57BL/6J 雄性小鼠的研究表明，鼠脑纹状体多巴胺含量降低，酪氨酸转化率下降，一些物质在下丘脑和纹状体中分解代谢减慢等。垂体功能低下、生长激素缺乏的侏儒小鼠，其寿命只有 4.5 个月，且表现为灰发，皮肤萎缩，双眼白内障，H3-胸腺嘧啶吸收率低，说明生长激素与老化有关。

(八)其他

小鼠还用于其他许多方面的研究，如计划生育、物理损伤性疾病、营养学、悉生学等。另外，烧伤、冻伤、放射病、肝硬化、胰腺炎等疾病均可用小鼠复制。

第二节　大鼠

大鼠(Rat，*Rattus noruegicus*)属脊椎动物门哺乳纲啮齿目鼠科大鼠属(*Genns-ratlus*)。实验大鼠系由褐色家鼠驯化而成，19 世纪中期开始用于动物实验。欧美等国已培育成无菌大鼠。

一、生物学特性

大鼠性情温顺，行动迟缓，但捕捉方法粗暴或缺乏维生素 A 时常咬人。喜居安静环境，夜间活跃。嗅觉发达，味觉很差。汗腺不发达，温度过高时会流出唾液调节体温，易中暑死亡。对外界刺激反应敏感，强烈音响能引起吃仔。对空气中的灰尘、氨、硫化氢敏感，长期慢性刺激可引起肺部大面积坏死。湿度太低常导致大鼠坏尾症。大鼠不能呕吐，因此不能用于呕吐实验。抵抗力较强，容易饲养，但对营养、维生素缺乏敏感，可发生典型缺乏症。有多种毛色如白、黑、棕、黄、斑驳等。

二、解剖学和生理学特点

(一)解剖学特点

①大鼠上、下颌各有 2 个门齿和 6 个臼齿，齿式为 2(1003/1003)＝16，门齿终生不断生长，需磨损以维持其长度恒定。

②大鼠食道与十二指肠相距很近，胃中有一条皱折，收缩时会堵住贲门口，这是大鼠不会呕吐的原因。胃由前、后两部分组成，前部薄而透明，仅含黏液腺，后部壁厚，由胃腺组成。肠道较短，盲肠较大，长 6～8 cm，具有一定的消化功能。胰腺分散，位于十二指肠和胃弯曲处。

③无胆囊。大鼠、鸽、鹿、马、驴、象等动物没有胆囊，它们的胆、肝总管括约肌的阻力很小，肝分泌的胆汁通过胆总管进入十二指肠，受十二指肠端括约肌的控制。

④肝共分 6 叶，再生能力强，切除 60%～70%后仍可再生。

⑤肺结构特别，左肺为 1 个大叶，右肺分成 4 叶。

⑥心脏和外周循环与其他哺乳动物稍有不同。心脏的血液供给既来自冠状动脉,也来自冠状外动脉,后者起源于颈内动脉和锁骨下动脉。

⑦右肾比左肾靠近头侧,肾为蚕豆形,右侧比左侧稍高。单乳头肾,肾脏前端有一米粒大的肾上腺。

⑧雄性腹股沟终生开放,30～40 日龄时睾丸下降,有阴茎软骨,生殖器突出,副性腺很发达。雌性生殖器呈圆形,有凹沟,子宫为丫形双角子宫,胸部和腹部各有 3 对乳头。

⑨无扁桃体;眼角膜无血管,有棕色脂肪组织;长骨有骨骺线长期存在,不骨化。

⑩垂体位于视交叉之后,通过漏斗与脑的基部相连,较脆弱地附着在漏斗下部,不需要很大的吸力就可以除去而不破坏鞍膈和脑膜,适于制作去垂体模型。大鼠也很适于做肾上腺和卵巢等内分泌腺切除手术。

⑪大鼠汗腺极不发达,仅在爪垫上有汗腺,尾巴是散热器官。当周围环境温度过高时,靠流出大量唾液调节体温,但当唾液腺机能失调时,易中暑引起死亡。

(二)生理学特点

新生鼠体重 5.5～10 g,周身无毛,耳贴连皮肤,耳孔闭合,3～4 d 耳与皮肤分离,并长出体毛。8～10 d 长出门齿,14～17 d 睁眼,16 d 被毛长齐,19 d 生出第一臼齿,21 d 生出第二臼齿,35 d 后生出第三臼齿。大鼠生长发育速度的快慢因品系、母鼠的体质、生产胎次、哺乳只数、饲料营养和环境条件等的不同而有差异,一般成年雄鼠 300～600 g,雌鼠 250～500 g,寿命为 2～3 年。

大鼠 2 月龄时性成熟,为全年多发情动物,有产后发情,发情周期(性周期)为 4～5 d,可分为发情前期、发情期、发情后期和发情间期,通过阴道涂片可判断处于哪个时期。大鼠妊娠期为 19～23 d,平均 21 d 或 22 d,初产鼠的妊娠期略长于经产鼠。平均窝产仔 6～14 只。适配鼠龄,雄性为 90 日龄,雌性为 80 日龄,一般大鼠繁殖生产使用期为 90～300 d。

三、常用大鼠品系

白化型大鼠在生物医学研究中占据着重要的地位,在 1880 年前就已培育出 3 种隐性毛色基因的纯合子:白化型、黑色非野生色和斑驳色,大约在 19 世纪末,这些隐性株系即被引入美国加以培育。随着生物医学研究需要,现在全世界已培育出 100 多个近交品系。常用的非近交的纯种大鼠有 7 种,其中以 Wistar 大鼠用得最多,我国医药研究中应用也比较广泛。

(一)远交群

①Wistar:1907 年由美国 Wistar 研究所育成。使用数量最多,遍及全世界。我国从日本、前苏联引进。头部较宽,耳朵较长,尾长小于身长。该种群性周期稳定,繁殖力强,产仔多,生长发育快,性情温顺,对传染病的抵抗力较强,自发肿瘤率低。

②SD:1925 年由美国 Sprague 和 Dawley 农场育成。头部狭长,尾长度近于身长,产仔多,生长发育较 Wistar 快,抗病能力尤以对呼吸系统疾病的抵抗力强。自发肿瘤率较低。对性激素感受性高。常用于营养学、内分泌学和毒理学研究。

③Long-Evans:1915 年 Long 和 Evnas 用野生褐家鼠(♂)与白化大鼠(♀)进行交配育成。基因型为 hh 时,头部毛斑如包头巾;基因型为 hhaa 时,头、颈、尾基部呈黑色。

④Brown-Norway 大鼠:它是野生 Norway 大鼠的变种,褐色,最早用于遗传学研究。

(二)近交系

目前大鼠近交系达上百种，常用的大鼠近交品系有十几个，如 ACI、F344、LEW、SHR 等品系。

①ACI：1926 年哥伦比亚大学肿瘤研究所 Curtis 和 Dunning 培育。黑色，腹部和脚白色(a,h′)。28%的雄鼠和 20%的雌鼠有遗传缺陷，有时缺少一侧肾或发育不全或囊肿，雄性与其同侧的睾丸萎缩，雌性无子宫或有缺陷。自发肿瘤，雄鼠睾丸肿瘤自发率 46%，肾上腺肿瘤 16%，脑下垂体肿瘤 5%，皮肤、耳道及其他类型肿瘤 6%；雌鼠脑垂体瘤 21%，子宫瘤 13%，乳腺瘤 11%，肾上腺瘤 6%。该品系大鼠血压低。

②F344：1920 年由 Curtis 培育，白化(a,c,h)。乳腺肿瘤自发率雄鼠 23%，雌鼠 41%；脑下垂体腺瘤自发率雄鼠 24%，雌鼠 36%。睾丸间质细胞肿瘤自发率 85%，甲状腺肿瘤自发率 22%，单核细胞白血病自发率 24%。该品系大鼠可允许多种肿瘤移植生长。

③LEW：由 Wistar 远交群大鼠培育而来，白化(a,c,h)，血清中甲状腺素、胰岛素和生长激素含量高。对诱发自身免疫心肌炎高度敏感，可诱发过敏性脑脊髓炎、过敏性关节炎和自身免疫复合物血管球性肾炎等。可移植多种肿瘤，高脂肪食物容易引起肥胖症。

④M520：1920 年由哥伦比亚大学肿瘤研究所 Curtis 培育，1949 年 Heston 培养 49 代，1950 年 NIH 繁殖到 51 代。白化，收缩压低，苯胺的肝代谢率低(雄鼠 90%，雌鼠 70%)，但已基吗啡代谢率高，繁殖力强，极易患肾炎。对 2-乙酰胺诱发肿瘤敏感。多用于生理代谢和肿瘤发病率研究。

⑤GH 系：1930 年由牛津大学医学研究所采用美国 Wistar 大鼠培育。白化。为遗传型高血压，可能与肾及前列腺素的分解代谢有关。心率快于正常血压品系 20%，可自发心肌肥大和血管疾病，心脏重于正常 50%。是研究高血压和血管疾病的模型。

⑥SHR 系：1960 年 Okamoto 从 Wistar 大鼠中培育。白化，严重自发性高血压(200 mmHg)，心血管疾病发生率高。

(三)突变系

突变系大鼠是基因突变的产物，是由于大鼠染色体上的一个位点起了变化引起的。生物界的基因突变是常见的，生物在生长发育过程中少数基因发生变异，这个变异的性状能在子代表现出来并能世代相传而保存下去，这种变异就叫“突变”。大鼠突变系已有 20 多种。北京医科大学曾育成癫痫大鼠。

大鼠突变系符号及其特点是：ca—白内障，cb—丰满，cr—爬行(后肢麻痹)，di—糖尿病，dw—侏儒，fa—肥胖，Hd—缺趾，hy—稀毛、无毛，in—无门齿，j—黄黄疸，op—骨质石化病，r—红眼、毛浅色，rdy—视网膜营养不良，sk—皮包骨，sp—痉挛，tr—震颤，Tu—显性肾肿瘤，vb—无须亦无毛。此外，还有血胆红素过多症大鼠(jaundice)，睾丸雌性化(testicular feminization)或假两性畸形大鼠(pseudo-hermaphroditism)、隐睾症大鼠(cryptorchidism)，肾盂积水大鼠(hydronephrosis)，肾缺失大鼠(renal agenesis)，牛眼、青光眼大鼠(buphthalmos glaucoma)，癫痫大鼠(audiogenic seizures)，该大鼠随铃声旋转起舞数秒，然后一侧倒地发癫痫。

四、在生物医学研究中的应用

(一)神经-内分泌实验研究

大鼠垂体-肾上腺系统发达，应激反应灵敏，如可复制应激性胃溃疡模型。常用大鼠切除内分泌腺的方法，进行肾上腺、垂体、卵巢等内分泌实验。

(二)营养、代谢性疾病研究

大鼠是营养学研究的重要动物，曾用它做了大量维生素 A、维生素 B、维生素 C 和蛋白质缺乏等营养代谢研究。还常选用大鼠作氨基酸（苯丙氨酸、组氨酸、异亮氨酸、亮氨酸、色氨酸、蛋氨酸、赖氨酸和精氨酸）和钙、磷代谢研究。还可进行动脉粥样硬化、淀粉样变性、酒精中毒、十二指肠溃疡、营养不良等研究。

(三)药物学研究

大鼠血压和血管阻力对药物反应敏感，最适合于筛选新药和研究心血管药理。如常选用大鼠用直接血压描记法进行降压药的研究；灌流大鼠肢体血管或离体心脏进行心血管药理学实验；毒扁豆碱引起的大鼠升压反应实验模型，可用来研究影响肾上腺素能神经递质释放的药物。

(四)肿瘤研究

大鼠可复制成各种肿瘤模型，是肿瘤实验研究最常用的实验动物。它特别易患肝癌，可用二乙基亚硝胺、二甲基偶氮苯（DAB）复制大鼠肝癌动物模型，用甲基苄基亚硝胺诱发复制大鼠食管癌等。

(五)传染病研究

大鼠是研究支气管肺炎、副伤寒的重要实验动物。选用幼年大鼠进行流感病毒传代，进行厌氧菌细菌学实验，还可进行假结核、麻风、霉形体病、巴斯德杆菌病、葡萄球菌感染（用激素处理后）、念珠状链杆菌病及黄曲霉毒素中毒和烟曲霉毒素中毒等真菌病的研究。

(六)多发性关节炎和化脓性淋巴腺炎等的研究

大鼠足跖浮肿法是目前最常用的筛选抗炎药物的方法。大鼠的踝关节对炎症反应很敏感，常用它来进行关节炎的药物研究。

(七)行为表现的研究

目前，大鼠已广泛应用于高级神经活动的研究，它具有行为情绪的变化特征，行为表现多样，情绪敏感。

(八)五官科疾病的研究

在五官科疾病的研究方面应用较多，如中耳疾病和内耳炎的研究。

(九)生殖医学研究

在畸胎学和避孕药研究等计划生育研究领域应用较多。

(十)放射医学研究

如肿瘤的放射诊断与治疗。

(十一)肝脏外科研究

由于大鼠肝脏的枯否氏细胞 90%有吞噬能力，所以肝切除 60%～70%后仍能再生，常用于肝外科实验。

(十二)遗传学研究

大鼠的毛色变型很多，具有很多的毛色基因类，例如野生色（A）突变种[野生色等位基因（a）和白化等位基因（C）]、淡黄色（d）、粉红眼（p）、红眼（r）、银色（S）、沙色（sd）、黄色（e）、白灰色（wb）等，在遗传学研究中常可运用。

第三节　豚鼠

一、生物学特性

(一)采食行为

豚鼠是严格的草食动物，喜食纤维素较多的禾本科嫩草或干饲草。在自然光照条件下，日夜采食，两餐之间有较长的休息期。饥饿时听到饲养人员的声音特别是拿饲料的声音会发出“吱吱”的叫声，常整群一齐尖叫。豚鼠愉快时能发出“啾啾”声，类似鸟鸣的声音。豚鼠属于饮食不洁的动物，如果使用的食具不得当，豚鼠常在食物上边吃边排便，或把食物扒散、将饮水喷出。

(二)群居行为

一雄多雌的群体构成明显的群居稳定性，表现为成群活动、休息或集体采食、紧挨躺卧。幼鼠跟随成鼠追逐发情的雌鼠。群体中占支配地位的豚鼠会咬其他豚鼠的毛。在拥挤或应激情况下，也可发生群内 1 只或更多动物被其他个体咬毛，毛被咬断，呈斑状秃，而造成皮肤创伤和皮炎。如果放入新的雄鼠，雄鼠之间会发生激烈斗殴，导致严重咬伤。

(三)性情

豚鼠性情温顺，不会攀登，较少斗殴，很少咬伤工作人员，但脚趾锋利，可抓伤操作者。豚鼠胆小，喜欢安静、干燥、清洁的环境，突然的声响、震动或环境变化可引起四散奔逃、转圈跑或呆滞不动，甚至引起孕鼠流产。对经常性搬运和扰动很不习惯，搬运、重新安置或触摸可使豚鼠体重在 24～48 h 内明显下降，情况稳定后又很快恢复。这种现象很易影响试验结果，应引起注意。

(四)听觉

豚鼠听觉非常发达，能识别多种不同的声音，它听到的音域远大于人。当有尖锐的声音刺激时，常表现为耳郭微动以应答，即听觉耳动反射。听觉耳动反射减弱或缺失是听觉机能不良的表现。

二、解剖学和生理学特点

(一)解剖学特点

(1)外观　身形短粗，头圆、大，耳朵和四肢短小，尾巴只有残迹，眼睛明亮，耳壳薄而血管鲜红、明显，上唇分裂。前足有四趾，后足有三趾，每趾都有突起的大趾甲，脚形似豚，体长 225～355 mm。被毛紧贴体表，毛色有白色、黑色、棕色、灰色、淡黄色和杏黄色等，其毛色组成有单毛色、两毛色和三毛色。

(2)齿　齿式为 2(1013/1013)＝20。门齿呈弓形深入颌部，咀嚼面锐利，能终生生长。当咬合不正时，门齿臼齿会过度生长。豚鼠嚼肌发达。

(3)骨骼　可分为主轴骨和四肢骨两部分，其数量因年龄而异，成熟豚鼠有 256～261 块骨。脊椎由 36 块椎骨组成，其中颈椎 7 块，胸椎 13 块，腰椎 6 块，荐椎 4 块，尾椎 6 块。胸部有 13 对肋骨，其中真肋骨 6 对，与胸骨相连；假肋骨 7 对。四肢骨可分为前肢骨和后肢骨。前肢骨包括肩胛骨、锁骨、肱骨、桡骨和尺骨。后肢骨包括髋骨、股骨、胫骨、腓骨和膑骨。

(4)心肺　胸腔内有气管、肺、心脏和食道。心脏位于胸腔的中部偏左。肺呈粉红色，分为左肺和右肺，右肺由尖叶、中间叶、附叶和后叶组成，左肺由尖叶、中间叶和后叶组成。豚鼠胸腺与大小鼠不同，在颈部皮下气管两侧，附着不牢固，易摘除。

(5)消化系统　腹腔内有肝脏、肾脏、脾脏、胃、肠、胆囊、胰脏、膀胱和生殖器官等。胃壁非常薄，黏膜呈襞状。胃容 20～30 mL。肠管较长，约为体长的 10 倍，其中盲肠发达，约占整个腹部的 1/3。肝脏呈暗黄褐色，分为内侧左右叶、外侧左右叶和后叶。胆囊位于内侧左右叶之间。胰脏为一长而扁平的叶状腺体，粉红色，横位于腹腔前半部胃的背面，分头、体和尾叶。

(6)大脑　在胚胎期 42～45 d 脑发育成熟，大脑半球没有明显的回纹，只有原始的深沟，属于平滑脑组织，较其他同类动物发达。

(7)淋巴系统　淋巴系统较为发达。脾脏呈扁平板状，位于胃大弯部。肺部淋巴结具有高度的反应性，在少量机械或细菌刺激时，很快发生淋巴结炎。

(8)泌尿生殖器官　肾脏位于腹腔前部背侧，体正中线两侧右肾比左肾稍前，表面光滑，棕红色。肾上腺较大。雌雄豚鼠腹股沟部都有一对乳腺，但雌性乳头比较细长，位于鼠蹊部。雌性具有无孔的阴道闭合膜，发情时张开，非发情时闭合。卵巢呈囊圆形，位于肾脏下方。子宫有两个完全分开的子宫角，连接输卵管末端。子宫角会合后形成子宫颈，开口于阴道。雄性有位于两侧突起的阴囊，内含睾丸。睾丸呈椭圆形，纵行，稍向背外侧，排列于阴囊内，出生后睾丸并不下降到阴囊，但通过腹壁可以摸到。用手压迫包皮的前面能将阴茎挤出，包皮的尾侧是会阴囊孔。

(二)生理学特点

(1)生长发育　新生豚鼠的体重与双亲的遗传特征、母体的营养、窝间距、一窝产仔数和妊娠期的长短有关。一般为 50～115 g。产仔数 5 只以上时仔鼠往往因体质太弱、体重太小而难以成活。由于豚鼠妊娠期长，新生仔鼠出生后即能活动，全身覆有被毛，有门齿，眼耳已张开，数小时后即能采食软料。生长发育较快，在出生后 2 个月内平均每天增重 4～5 g。一般 2 月龄豚鼠体重可达 350 g；5 月龄雌鼠体重可达 700 g，雄鼠体重可达 750 g；成年雄鼠体重可达 950 g，成年雌鼠体重可达 800 g。豚鼠寿命一般为 4～5 年。

(2)血细胞指数　红细胞、血红蛋白数量和红细胞压积比其他啮齿动物低。外周血骨髓细胞的形态与人相似。其淋巴细胞中有一种 Kurloff 细胞，是一种特殊的单核白细胞，胞质内含有大的黏多糖包涵体，称为库氏小体。通常在血液、脾、骨髓、胎盘的血管系统或胸腺内发现，在雌激素刺激和妊娠情况下，其数量增多，最高密集点从肺和脾(红髓)转移至胸腺和胎盘。这种细胞的起源和机能尚不清楚。一般认为可以帮助保护细胞滋养层免受母源细胞的免疫损伤。

(3)速发型和迟发型超敏反应　致敏豚鼠再接触某抗原时常导致速发型过敏反应，其特征是发绀、虚脱或因支气管和细支气管平滑肌收缩发生窒息、死亡。皮内注射结核菌素可引起迟发型超敏反应.

(4)肠道菌群　豚鼠消化系统功能较弱，食物通过盲肠、大肠相当缓慢，部分食物可在肠道保持 48 h，许多营养成分由肠道微生物菌群将纤维素分解后释放出来，因而维持肠道微生物菌群的平衡是非常重要的。豚鼠对青霉素、四环素、杆菌肽、金霉素、红霉素等抗生素类药物反应大，较大剂量用药后常可引起急性肠炎甚至致死。这是由于豚鼠肠道正常微生物菌群中革兰氏阳性细菌如链球菌占优势，抗生素使革兰氏阳性菌明显减少，从而促使对豚鼠特别不利的革兰氏阴性细菌大量繁殖而产生内毒素所致。一次肌内注射5万U的青霉素能杀死75%以上的豚鼠，死亡发生在注射后的第4天，原因是小肠结肠炎、大肠杆菌型的菌血症或细菌内毒素中毒。

(5)其他生理特点　豚鼠体内缺乏左旋葡萄糖内酯氧化酶，其自身不能合成维生素C。豚鼠对麻醉药物及其他某些有毒物质如DDV也很敏感，麻醉死亡率较高，饲喂感染黑斑病的甘薯可引起豚鼠中毒而大批死亡。豚鼠抗缺氧能力强，比小鼠强4倍，比大鼠强2倍。

(三)生殖生理

(1)性成熟　豚鼠有性早熟特征(雌鼠一般为30～45日龄，雄鼠为70日龄)，雌鼠一般在14日龄时卵泡开始发育，于60 d左右开始排卵。雄鼠30 d左右开始出现爬跨和插入动作，90日龄后具有有生殖能力的射精。

(2)发情　雌鼠为全年多发情期动物，发情的雌鼠有典型的性行为，即用鼻嗅同笼其他豚鼠，爬跨同笼其他雌鼠。与雄鼠放置一起，则表现为典型的弓腰反应，即四条腿伸开，弓腰直背，阴部抬高。将一只手的拇指和食指放在雌鼠的两条后腿之间，生殖器两侧，髂骨突起前部，有节奏地很快紧捏，发情的雌鼠会采取交配姿势。检查雌鼠是否发情也可取阴道涂片，通过观察其角化上皮细胞是否积聚来确定。雌豚鼠性周期为15～16 d，发情时间可持续1～18 h，平均6～8 h，多在下午5点到第二天早晨，排卵是在发情结束后。发情时间可因交配而缩短。

(3)交配　豚鼠一般在5月龄左右才达到体成熟，此时方可进行配种繁殖，否则不但母鼠体质过度损耗，其产生的后代体质和生命力也较弱。雌鼠发情期间，雄鼠接近追逐并发出低鸣声，随后出现嗅、转圈、啃、舐和爬跨等动作。雌鼠交配时采取脊椎前凸的弓腰反应姿势。雄鼠进行插入，然后射精，终止交配。交配完成表现为舐毛，迅速跑开。射出的精液含有精子和副性腺分泌物，分泌物在雌性阴道内凝固、形成阴道栓(交配栓)。此栓被阴道上皮覆盖，并在适当的位置停留数小时后脱落。查找阴道栓可确定交配日期，准确率达85%～90%。另外还可检查雌鼠阴道内容物，看有无精子，以确定是否交配。

(4)妊娠　豚鼠妊娠期为65～72 d，平均68 d，比其他啮齿类动物长得多，青年豚鼠妊娠期有延长的趋势。在分娩2～3 h后，母鼠出现一次产后发情，此时交配妊娠率可达80%。

(5)分娩　分娩前1周耻骨联合出现分离，最大限度可达3 cm左右，可做产期判断。雌鼠于分娩时蹲伏，产后把仔鼠身上舔舐干净并吃掉胎盘。

(6)哺乳　产仔数1～8只，多数为3～4只。豚鼠虽然只有一对乳房，但泌乳能力强，可很好地哺乳4只仔鼠。母鼠间有互相哺乳的习惯，这一点与其他啮齿类及兔、犬不同。仔鼠一般在15～21 d断奶。

(7)繁殖期限　豚鼠繁殖使用期限一般为1～1.5年。

三、常用品种和品系

(一)近交系豚鼠

目前世界上有12个近交品系豚鼠。由于豚鼠妊娠期较长，为68(62～72) d，一胎生得少，一般2～3只，培育一个近交品系需要20～30年，所以近交品系较少。用于生命科研的为近交系2号和近交系13号。

①近交系2：毛色为三色(黑、红、白)，大部分在头部，其体重小于近交系13，但脾脏、肾脏

和肾上腺大于近交系13，老龄豚鼠的胃大弯、直肠、肾脏、腹壁横纹肌、肺脏和主动脉等部位都有钙质沉着，对结核杆菌抵抗力强。

②近交系13：其毛色也有三色（黑、白、红），大部分在头部。这个品系对结核杆菌抵抗力强，体形较大，生存期一年的豚鼠其白血病自发率为7%，流产率为21%，死胎为45%。

（二）封闭群豚鼠

在已有的30多个封闭群豚鼠中，使用最广泛的是Hartley品系，它是1926年Dunkin-Hartley用英国种豚鼠繁育而成。英国种豚鼠毛短，体格健壮，毛色有白、黑、棕、灰、淡黄、巧克力等单色，也有白与黑等双色或白、棕、黑等三色。其生长迅速，生殖力强，性情活泼，温顺，母鼠善于哺乳。英国种豚鼠主要有顿金哈德莱（Dunkin Hartley）、哈德莱（Hartley）、勃莱特哈德莱（Pirbright Hartley）和短毛种（Shorthair）4个品种。目前国内使用的豚鼠多为短毛的英国种豚鼠。

四、在生物医学中的应用

（一）免疫学

豚鼠特别是老龄雌鼠的血清中含有丰富的补体，是所有实验动物中补体含量最多的一种动物，其补体非常稳定，免疫学实验中所用的补体多来源于豚鼠血清。

由于致敏的豚鼠再次接触抗原会引起支气管平滑肌收缩甚至死亡的急性反应，因而豚鼠适合用于研究速发型过敏性呼吸道疾病。注射马血清很容易复制过敏性休克动物模型。豚鼠迟发性超敏反应与人类相似，如皮内结核菌素试验，因而较适合进行这方面的研究。2～3月龄、350～400 g的豚鼠最适于过敏反应的研究。

（二）传染病研究

豚鼠对多种病原体敏感，常用于病原的分离及诊断。如豚鼠对结核杆菌有高度敏感性，感染后的病变酷似人类的进行性结核病变，是结核菌分离、鉴别、诊断和各种抗结核病药物筛选以及病理研究的最佳动物。

（三）药物学

豚鼠妊娠期长，胎儿发育完全，幼鼠形态功能已成熟，适用于药物或毒物对胎儿后期发育影响的试验。豚鼠对多种抗生素类药物非常敏感，是研究抗生素如青霉素的专门动物。豚鼠还用来研究麻醉药及镇咳药的药效。

（四）营养学

豚鼠体内不能合成维生素C，对其缺乏十分敏感，是研究实验性坏血病和维生素C生理功能的理想动物模型和维生素C生物学检测的标准动物。豚鼠也可用于叶酸、硫胺素（维生素B_1）和精氨酸生理功能以及酮性酸中毒、眼神经疾病的研究。

（五）耳科学

豚鼠耳壳大，存在明显的听觉耳动反射。耳窝对声波极为敏感，特别是对700～2 000 Hz的纯音最敏感。所以豚鼠常用于听觉和内耳疾病的研究，如噪声对听力的影响、耳毒性抗生素的研究等。

（六）悉生学

由于可准确查知豚鼠剖宫产时间，幼仔发育完全，易成活，所以豚鼠经常用于悉生生物学的研究。

第四节 地鼠

一、生物学特性

地鼠为杂食性动物,食性广泛,有储存食物的习性,可将食物储存在颊囊内。

地鼠昼伏夜动,晚8~11点最为活跃。运动时腹部着地,不敏捷,易捕捉,但受惊或被激怒时会咬人。牙齿十分坚硬,能把木头、稻草、纸和布等物品咬碎做成巢穴,也可咬断细铁丝。兴奋时可发出金属性音响。地鼠好斗,雌性比雄性更凶,因此雄性常被雌性咬伤。地鼠易熟睡,熟睡时全身肌肉弛缓,不易弄醒。

二、解剖学和生理学特点

(一)解剖学特点

地鼠头骨较长,门齿孔小,臼齿呈三棱形,齿式为2(1003/1003)=16,门齿能终生生长。脊椎为43~44节,其中颈椎7,胸椎13,腰椎6,荐椎4,尾椎13~14。

口腔内两侧各有一个颊囊,深3.5~4.5 cm,直径2~3 cm,一直延伸到耳后颈部,由一层薄而透明的肌膜构成,容量可达10 cm^3。颊囊缺少腺体和完整的淋巴通路,因此对外来组织不产生免疫排斥反应,可用于异体移植。

肺有5叶,右肺4叶,左肺1叶。胃可分为前胃和腺胃。

(二)生理学特点

(1)繁殖特性　性成熟一般30日龄,性周期4~5 d,妊娠期平均15.5 d,是妊娠期最短的哺乳类实验动物。哺乳期21 d,平均窝产仔6~8只。为全年发情动物,有产后发情特点。生育期从6~8周起可延续到15月龄,每年可产7~8胎。地鼠雄性比雌性腺体发育完全。臀髋部有一种腺体,当地鼠处于性兴奋状态时,分泌物会使局部皮肤湿润。

(2)生长发育　新生金黄地鼠体重2 g左右,全身无毛,眼、耳紧闭,约5 d后耳张开,15 d睁眼。生长发育很快,2个多月的成年金黄地鼠体重可达80~100 g,以后雌、雄就产生差异,4周后雌鼠体重超过雄性,雌鼠最大可达180 g(平均140 g),雄鼠最大可达160 g(平均130 g),而成年中国地鼠雄鼠大。金黄地鼠8周龄体重雄性90~125 g,雌性95~140 g,12周龄的中国地鼠与8周龄小鼠大小大体相同。寿命一般2~3年。地鼠的尾巴短,金黄地鼠尾长1.7~2.2 cm,中国地鼠尾长1.3 cm。颈部短,体躯大,四肢也短,前足四趾,后组五趾。中国地鼠雌鼠乳房数4对,金黄地鼠7~8对。中国地鼠的尾根突出、与地面接触,睾丸也比较大,成熟的中国地鼠的睾丸下降到阴囊内,阴囊长约1.3 cm,从阴囊到阴茎之间为2.5~3 cm。中国地鼠无胆囊,胆总管直接开口于十二指肠,大肠相对较短。金黄地鼠的大肠长度与体长比值比中国地鼠大1倍,睾丸更大。

三、常用品种和品系

(1)金黄地鼠　又称叙利亚地鼠。常见地鼠脊背为鲜明的淡金红色,腹部与头侧部为白色。由于突变毛色呈多样,可有野生色、褐色、乳酪色、白色等。目前,世界上育成的金黄地鼠近交系有 38 种，突变系 17 种，封闭群 38 个。

(2)中国地鼠　又称黑线地鼠或背纹地鼠。中国地鼠体型小，体重约 40 g，体长约 10 cm，背部从头顶直至尾基部有一黑色条纹。现有群、系 20 个。我国已育成的有山西医科大学的山医群体近交系中国地鼠，军事医学科学院的 A:CHA 白化黑线仓鼠突变群。

四、在生物医学中的应用

(一)肿瘤研究

地鼠主要用于肿瘤研究。颊囊对可诱发肿瘤的病毒敏感，能成功地移植某些正常或肿瘤组织及细胞，甚至非近交品系也能移植成功。金黄地鼠无原发肺肿瘤，但最适合诱发支气管性肺癌和肺肿瘤。可广泛用于研究肿瘤移植、增殖，致癌，抗癌药物筛选及 X 射线治疗。

(二)生理学研究

地鼠成熟早，发情周期准确，可确切得知其怀孕期。妊娠期短，繁殖快，便于进行生殖生理研究；人的精子能穿透金黄地鼠卵子的透明带完成受精过程，便于计划生育研究。颊囊黏膜适合用来观察淋巴细胞、血小板和血管反应变化，进行血管生理学和微循环研究，低温环境能诱导冬眠，所以可进行自然与人工诱导、低体温及其生理代谢的研究，还可用于内分泌如肾上腺、脑垂体和甲状腺的研究。

(三)遗传学研究

中国地鼠染色体大，数量少，且相互易于识别，是研究染色体畸变和复制机理的好材料。还可用地鼠进行细胞遗传、辐射遗传和进化遗传研究。

(四)传染病研究

地鼠自发感染疾病种类很少，但对实验诱导发病很敏感，可用来研究小儿麻疹病毒、溶组织阿米巴、利氏曼原虫和旋毛虫等。地鼠的睾丸很大，是传染病研究的良好接种器官。

(五)牙科研究

地鼠蛀牙的产生与饲料和口腔微生物有关，被广泛地用于牙科如龋齿的研究。

(六)组织移植

利用同群地鼠皮肤有易接受移植的特点，进行皮肤、心脏、胰腺等移植的研究。

(七)组织培养研究

在组织细胞体外培养中，用以建立二倍体细胞株，肾细胞也可被做成细胞培养物接种病毒，进行分离或制造疫苗。已建立了不少突变性细胞株。

(八)糖尿病研究

中国地鼠常用于糖尿病研究，它是Ⅰ型糖尿病的良好动物模型。

(九)营养学研究

可用于维生素 A 维生素 E 缺乏症、维生素 B_2 缺乏症的研究。

第五节　家兔

一、生物学特性

(1)夜行性、嗜眠性　家兔在夜间十分活跃，晚上采食的饲料占全天采食量的 75%左右，饮水占60%左右。白天家兔表现安静，除喂食时间外，常常闭目睡眠。若使其仰卧，顺毛向抚摸其胸腹部并按摩太阳穴，可使其进入睡眠状态。利用这一特点，在不麻醉的情况下可进行短时间的实验操作。

(2)听觉、嗅觉灵敏　家兔具有发达的听觉和嗅觉器官并特别灵敏，但异常胆小，如受惊过度往往乱奔乱窜，甚至冲出笼门。可凭嗅觉来判断仔兔，对非亲生仔兔常拒绝哺乳，甚至把仔兔咬死。散养的家兔喜欢穴居，有在泥土地上打洞的习性。

(3)性情温顺，群居性差　如果群养，同性别成年兔经常发生斗殴咬伤，因此实验兔适于笼养，较易于管理。虽性情温顺，但若捕捉不当常被其利爪抓伤皮肤，在饲养管理和实验操作中要注意正确的抓取方法。

(4)厌湿喜干，耐寒怕热　家兔的被毛较发达，汗腺较少，能够忍受寒冷而不能耐受潮热。当气温超过30℃或环境过度潮湿时，易引起成年母兔减食、流产、不肯哺乳仔兔等现象，炎热的夏季还是家兔传染病易暴发的季节。

(5)啮齿行为　家兔的牙齿终生处在不断生长的状态，因此同啮齿类一样喜欢磨牙且有啃咬的习惯，在设计笼舍和饲养器具时应注意这一点，特别是饲料中应有一定比例的粗纤维。

(6)食粪特性　正常的兔粪有两种类型。一种是通常看到的圆形颗粒硬粪，为正常粪便，是消化正常的象征；一种是暗色成串的小球状粪便，表面附着少量黏液，内含流质物，即软粪。硬粪在白天排泄，软粪在晚上排出。据实验分析，软粪中粗蛋白质含量要比硬粪高3倍左右并含有丰富的维生素，家兔食粪即直接从肛门吞食软粪，一般认为有促进营养物质再利用的意义。家兔的食粪行为是一种正常的生理行为，开始于3周龄，哺乳期的仔兔无食粪现象。

二、解剖学和生理学特点

(一)解剖学特点

(1)运动系统　全身骨骼共275块，构成身体的支架。前肢较短而弱，后肢较长而有力。前、后脚各有5趾，第一趾短，特别是后脚的第一趾隐在毛内几乎看不到，除第一趾外每趾都有3节趾骨，末节趾骨的头端有略弯的指爪，极为锐利。全身有肌肉300多条，肌肉总重量约为体重的35%。兔的前半身肌肉不发达，而后半身肌肉很发达。

(2)消化系统　上唇纵裂，形成豁嘴，因而门齿外露。牙齿齿式为2(2033/1023)=28。唾液腺有4对，即腮腺、颌下腺、舌下腺及家兔所特有的眶下腺。家兔为单室胃，胃底特别大，分为前小弯和后大弯。小肠和大肠的总长度约为体长的10倍。盲肠非常大，容积占腹腔的1/3以上，长度和体长相接近，在所有家畜中兔的盲肠比例最大。盲肠末端为一个约10 cm长的较细的弯状蚓突，其壁较厚，是一个淋巴组织，其中富有淋巴小结。在回肠和盲肠相接处膨大形成一个厚壁的圆囊，这就是兔所特有的圆小囊(淋巴球囊)。圆小囊有发达的肌肉组织，内壁呈六角形蜂窝状，囊壁内富含淋巴滤泡，其黏膜不断分泌碱性液体，可以中和盲肠中微生物分解纤维素所产生的各种有机酸，有利于消化吸收功能。

(3)生殖系统　雄兔的腹股沟管宽短，终生不封闭，睾丸可以自由地下降到阴囊或缩回腹腔。雌兔有2个完全分离的子宫，为双子宫类型。左、右子宫不分子宫体和子宫角，两个子宫颈分别开口于单一的阴道。

(4)循环系统　胸腔构造与其他动物不同，其特点为中部纵隔连于胸腔的顶、底及后壁之间，将胸腔分为左、右两室，互不相通。肺被肋胸膜隔开，心脏又被心包膜隔开。开胸后打开心包暴露心脏进行实验操作时，家兔不需作人工呼吸。

(5)神经系统　颈神经血管束中有 3 根粗细不同的神经。最粗、白色者为迷走神经；较细、呈灰白色者为交感神经；最细者为减压神经，位于迷走神经和交感神经之间。减压神经属于传入性神经，其神经末梢分布在主动脉弓血管壁内。在感觉器官中，耳大而薄，且表面分布有清晰的血管，便于实验操作。

(6)皮被系统　表皮很薄，真皮较厚，坚韧而有弹性。被毛是皮肤的附属物，被毛的颜色和长度是一种遗传性状，可以作为识别品种的主要特征。成年家兔全身被毛一年更换两次。汗腺很不发达，仅在唇边及腹股沟部有少量分布；皮脂腺遍布全身，能分泌皮脂、滋润被毛。雌兔有乳头 3～6 对，一般 4～5 对。

(二)生理学特点

1.生长发育

仔兔出生时全身裸露，眼睛紧闭，耳闭塞、无孔，趾趾相连，不能自由活动；3～4 日龄即开始长毛；4～8 日龄脚趾开始分开；6～8 日龄耳出现小孔与外界相通；10～12 日龄眼睛睁开，出巢活动并随母兔试吃饲料；21 日龄左右即能正常吃料；30 日龄左右被毛形成。

仔兔出生时体重约 50 g，1 个月时体重相当于初生时的 10 倍，初生至 3 月龄期体重增加迅速，3 月龄以后体重增加相对缓慢。不同品种与不同性别的幼兔，其生长速度并不完全相同。家兔的性成熟较早，小型品种 4～5 月龄，中型品种 5～6 月龄，大型品种 6～7 月龄，体成熟年龄约比性成熟推迟 1 个月，寿命为 8～10 年。

2.一般生理学特性

①家兔属于恒温动物，正常体温一般认为是 38.5～39.5℃，主要利用呼吸散热维持其体温平衡。外界温度由 20℃上升到 35℃时，呼吸次数可增加约 7 倍。可见高温对家兔是有害的，如果外界温度在 32℃以上，生长发育和繁殖效果都显著下降。

②对环境温度变化的适应性有明显的年龄差异，幼兔比成年兔可忍受较高的环境温度。初生仔兔体温调节系统发育很差，因此体温不稳定，至 10 日龄才初具体温调节能力，至 30 日龄被毛形成，热调节机能进一步加强。适应的环境温度因年龄而异，初生仔兔窝内温度 30～32℃；成年兔 15～20℃，不高于 25℃。

③家兔在正常的生命活动中有两种换毛现象，一种是年龄性换毛，一种是季节性换毛。年龄性换毛：仔兔初生时无毛，第 4 天开始长毛，30 d 后乳毛全部长齐，到 100 d 左右就开始年龄性换毛的第一次脱换乳毛，从 130～190 d 开始第二次换毛，此时换毛结束，就意味着基本上已经成年。季节性换毛：成年兔每年在春(4～5 月份)、秋(9～10 月份)均有一次换毛现象。换毛期间是兔体抵抗力最差的时候，特别是育成兔，在第二次年龄性换毛过程中抵抗力更差，最易发生消化系统疾病。

3.消化生理特点

①属草食性动物。家兔盲肠特别发达，并特有圆小囊，其黏膜不断地分泌碱性液体，可中和盲肠中微生物分解纤维素所产生的各种有机酸，因此给盲肠中分解纤维素的微生物提供了良好的生活环境，借助微生物的发酵作用，使得纤维素消化率高于其他实验动物。为了满足消化生理机能上的需要，家兔的饲料中应保证一定比例的粗纤维的供应，若纤维素供应不足，将会影响大肠中菌群的变化而引起消化不良症，并诱发各种疾病。

②有食粪特性，是正常的生理现象。软粪是一种软的团状粪便，在夜间排出。软便排出后

即被兔自己吃掉，经分析软便含有很高的蛋白质和维生素。但无菌兔和摘除盲肠兔无食粪行为。

③家兔本性贪食，尤其喜食青绿饲料。但在冬春寒冷季节喂给多量的冰冷的湿料和青绿饲料时，易引起肠道代偿性的运动增强而使内部机能失去平衡，造成肠道菌群异常增殖而形成腹泻。

④家兔的回肠管壁较薄，具有较大的通透性，特别是幼兔的通透性更为明显。当幼兔消化道发生炎症时，其肠壁渗透性增强，使有毒物质可直接进入体内，所以幼兔患消化道疾病时症状严重，并常有中毒现象。

⑤在遗传学上家兔具有产生阿托品脂酶(atropinesterase)的基因，因此家兔即使吃了含有颠茄叶的饲料也不会引起中毒症状，认为是由于其血清和肝中的阿托品脂酶破坏了生物碱所致。

4. 生殖生理特点

(1)性成熟　用于实验的家兔品种很多，性成熟期也有差异。一般大型兔如新西兰白兔性成熟较迟，在 7 月龄以上，体重可达 5.5～6.5 kg。中型兔如日本大耳白兔，性成熟在 6 月龄，体重 4.5 kg。一般对于初配年龄的掌握是，雌兔 6～7 月龄，雄兔 8～9 月龄。家兔的生育年龄可达 5～6 年，一般情况下随着年龄的增加产仔率降低，在生产中可利用年限为 2～3 年。

(2)发情与排卵　家兔属刺激性排卵，交配后 10～12 h 排卵。雄兔无发情期而是经常处在发情状态，在任何时候均有可能交配。但雌兔可出现性欲活跃期，表现为活跃、不安、跑跳踏足、抑制、少食，外阴稍有肿胀、潮红、有分泌物，持续 3～4 d，此时交配极易受孕。但无效交配后，由于排卵后黄体的形成，可出现“假孕”现象，表现为乳腺、子宫增大等，经 16～17 d 而终止。

(3)雄兔的性活动　雄兔的交配能力依年龄、品种、健康状况、环境温度和交配次数而异，虽一年四季均可顺利交配，但在换毛期和高温季节性活动减弱。在正常情况下以每周交配 3～5 次为宜。

(4)交配　一般发情雌兔除后肢蹬踏和颚部擦笼外，还表现为同笼雌兔间相互爬跨、有类似雄兔交配姿态，其中外阴部肿胀呈粉红色者最易接受交配。雌兔产仔后 1～2 d 内可有发情表现，称为产后发情，此时的母兔也可顺利接受交配。交配时可将雌兔放到雄兔笼中，此时雄兔会追逐雌兔，若交配顺利则在 5～15 min 内完成。一般为了保证雌兔受孕，可于第二天重复交配一次。

(5)妊娠　交配成功 3～5 h 后，精子可到达输卵管。精子和卵子在输卵管膨大部和狭窄部的结合处进行结合，结合后的受精卵经 22～26 h 为 2 个细胞卵裂期，并继续分裂，72 h 后移行至子宫内，继续形成胚囊，在第 7 天左右着床。着床时的胚囊直径达到 5 mm，受精卵有 3%～10%在着床前或有 20%以上在着床后妊娠 8～17 d 死亡。此种死亡的胚胎组织迅速被组织吸收。98%的家兔的妊娠期在 30～33 d 之间，一般与光照和周围温度有关。若超过 35 d 多为死产。一般在怀孕的第 10～12 天有经验的人可以触摸到胎儿，第 14～16 天可明显地摸到胎儿。

(6)分娩　雌兔在怀孕最后 2～3 d 期间，开始叼草筑巢并从自体的胸部和腹部拉毛铺垫其上为幼兔营造巢穴，此时孕兔食欲不振，一般在最后一天的凌晨左右分娩。在无其他因素影响的情况下，30 min 内可完成分娩过程。包在羊膜内的胎儿带着胎盘一起产下，母兔咬破羊膜并吃掉羊膜和胎盘，舔净仔兔体上的羊水和血液。一般情况下，家兔的分娩过程不需人工辅助，并应尽可能保证环境的安静，防止雌兔受到惊吓而引起吃仔现象。

(7)哺乳　母兔通常在凌晨或夜间哺乳仔兔，且时间短。一般情况下哺乳期可为 42 d，若为频密繁殖则只能为 28 d。

(8)产仔数和新生仔体重　雌兔可产仔 1～12 只，一般为 5～10 只，依品种不同而异，往往是小型兔高产而大型兔低产。所产仔兔越多初生重就越低。

三、常用品种和品系

(1)大耳白兔　日本使用中国白兔和日本兔杂交选育而成。兔体格强健，较耐粗饲，适应性强，生长发育较快。该兔头大小适中，额宽，面凸，眼红色，颈较粗，母兔颌下有肉髯，被毛全白且浓密而柔软，皮张面积大，质地良好。体型中等偏大，成兔体重 4～5 kg。繁殖力强，每胎产仔 8～10 只，初生重 60 g 左右。兔母性好，泌乳量大。生长发育较快，2 月龄平均重 1.4 kg，4 月龄 3 kg。耳大、耳根细、耳端尖、耳薄，形同柳叶并向后竖立，血管明显，适于注射和采血，是理想的实验用兔。

(2)新西兰兔　肉用兔品种，20 世纪初在美国用弗朗德兔、美国白兔和安哥拉兔等杂交选育而成，也是美国用于实验研究最多的品种，已培育成近交品系。被毛全白，头宽圆而粗短，耳较宽厚而直立，臀圆，腰肋部肌肉丰满，四肢粗壮有力。体型中等，成兔体重 4～5 kg，繁殖力强，平均每胎产仔 7～8 只。该品种性情温和，易于管理，广泛用于皮肤反应试验、热原实验等方面。

(3)青紫蓝兔　属于皮肉兼用型兔，其外貌特征是被毛整体为蓝灰色，耳尖及尾面为黑色，眼圈、尾底、腹下和后额三角区呈灰白色。单根纤维自基部至毛梢的颜色依次为深灰色、乳白色、珠灰色、雪白色和黑色，被毛中夹杂有全白或全黑的针毛。眼睛为茶褐色或蓝色。耳一垂一竖，母兔颌下有肉髯。大型，体重可达 4～6 kg。体健壮，耐寒，适应性强，生长快。

(4)中国白兔　又名菜兔，体型偏小，但全身各部结构紧凑而匀称，头型清秀，嘴端较尖，无肉髯，耳短小而直立，被毛洁白而紧密，眼睛红色。该兔种间有灰色或黑色等其他毛色，杂色兔的眼睛为黑褐色。中国白兔为早熟小型品种，性成熟较早，约 2.5 月龄。仔兔初生重 40～50 g，30 日龄断奶体重 300～450 g，3 月龄体重 1.2～1.3 kg；成年母兔体重 2.2～2.3 kg，公兔 1.8～2.0 kg。繁殖力较强，母兔有乳头 5～6 对，年产 4～6 胎，平均每胎产仔 6～8 只，最多达 15 只以上。

四、在生物医学研究中的应用

(一)发热研究及热源试验

家兔对热原物质反应灵敏，常规用于制药和药检部门检查制品的热原。

(二)在微生物学、免疫学和生物制品方面的应用

①家兔对多种微生物都非常敏感，因此可建立天花、脑炎、狂犬病、慢性葡萄球菌骨髓炎和血吸虫、弓形虫等病的动物模型，用于研究人体相应的疾病。

②抗原刺激机体后，家兔体液免疫应答反应强烈，被广泛用于制备高效价和特异性强的免疫血清。

(三)在心血管疾病及肺心病研究方面的应用

家兔颈部神经血管和胸腔很适合做急性心血管实验；可以复制心血管病和肺心病的动物

模型；家兔形成的高脂血症、主动脉粥样硬化斑块、冠状动脉粥样硬化等病变与人类的病变极其相似。

(四)在生殖生理及胚胎学研究方面的应用

家兔属刺激性排卵，雄兔的交配动作或注射绒毛膜促性腺激素 80～100 U 均可诱发排卵，可准确判定排卵时间并容易取得同期胚胎材料，也可用于避孕药研究中，观察药物对排卵的影响。

(五)在其他方面的应用

①家兔的眼球大，便于进行手术操作和观察，是眼科研究中最常用的动物。颈部、颌部血管分布类似人类，为观察牙髓 Arthus 反应的敏感动物，可用于口腔黏膜病、牙周病及整形材料毒性试验和唇裂、腭裂等畸形的研究。

②常选用家兔进行化妆品对皮肤影响的研究，做各种人用和畜用生物制品中的毒素、类毒素等皮肤反应试验。

③家兔是复制糖尿病模型、快速性心律失常模型等人类疾病模型的常用实验动物。

第六节　犬

一、生物学特性

犬有服从主人的天性，能领会人的简单意图。听、嗅觉灵敏，反应灵敏。犬的视力不发达，每只眼仅有单眼视野；视角仅为 25°以下，正面近距离看不到，这是由于水晶体较大的缘故；测距性差，视网膜上没有黄斑，即无清楚的视觉点；视力仅为 20～30 m。犬无色觉，是红绿色盲。犬的听觉极为灵敏，超过人的听觉，可听到 55 000 Hz。犬的嗅神经极为发达，鼻黏膜布满嗅神经末梢，嗅觉能力是人的 1 200 倍。对外界环境适应性强。鼻尖如油状滋润，触摸有凉感。喜吃肉类，习惯啃骨头。雄性爱斗，有合群与欺弱的特点。温度高时加速呼吸，舌头伸出口外，以便散热。犬有不同的神经类型，以致性格不同，用途也不一样。犬类的神经类型分为 4 型：Ⅰ型，均衡的灵活型——多血质(活泼的)；Ⅱ型，均衡的迟钝型——黏液质(安静的)；Ⅲ型，不均衡、兴奋占优势的兴奋型——胆汁质(不可抑制的)；Ⅳ型，兴奋和抑制不发达型——忧郁质(衰弱的)。

二、解剖学和生理学特点

(一)解剖学特点

①犬齿呈食肉动物的特点，善于咬、撕，臼齿能切断食物，但咀嚼较粗。犬齿分乳齿和恒齿世代。犬的乳齿 28 个，其中有 12 个切齿、4 个犬齿和 12 个臼齿；恒齿为 42 个，其中有 12 个切齿、4 个犬齿和 26 个臼齿。从牙齿的更换及磨损程度可以判断年龄。犬的骨骼可分为中轴骨骼和四肢骨骼两部分，中轴骨骼由躯干骨和头骨组成，四肢骨骼包括前肢骨和后肢骨。头骨形态变异很大，有的头形狭而长，有的头形宽而短。犬的头骨连着颈椎，犬有 7 节颈椎、13 节胸椎、7 节腰椎，3 节融合在一起的脊椎成为一块骶骨，尾椎 8～22 个；犬的前 9 根肋骨为真肋，后 4 根肋为假肋。犬的前肢骨包括肩胛骨、肱骨、前臂骨、腕骨、掌骨、指骨和籽骨；后肢骨包括髋

骨、股骨、胫骨、腓骨、跗骨和柘骨。犬无锁骨，肩胛骨由骨骼肌连接躯体，后肢由骨关节连接骨盆。阴茎骨是犬科特有的骨头。

②犬具有发达的血液循环和神经系统以及和人相似的消化过程，在毒理方面的反应和人比较接近，内脏与人相似。

③犬的嗅脑、嗅觉器官和嗅神经极为发达。鼻黏膜上布满嗅神经，能够嗅出稀释 $1/10^7$ 的有机酸，特别是对动物性脂肪酸更为敏感，犬嗅觉能力超过人的 1 200 倍。

④犬的听觉也很灵敏，比人灵敏 16 倍，可听到 55 000 Hz 的声音，因此鼠类的吱吱声、人兽的脚步声及人所听不到的很多其他声音犬都可能听到。

⑤一般说犬的视觉不如人，犬视网膜上没有黄斑，即没有最清楚的视觉点，视力仅 20～30 m 左右。每只眼睛有单独视野，产生双眼效应，能够准确测定前面物体的远近。犬不能看到正面近距离的物体，这是由于水晶体较大所致。对移动着的物体感觉却较灵敏。犬是红绿色盲，故不能以红绿色作为条件刺激来进行条件反射实验。

⑥犬的汗腺很不发达，只有鼻和指枕有较大的汗腺，所以散热很少。犬在炎热天气时，靠加快呼吸频率、舌头伸出口外行喘式呼吸加速散热。

⑦犬有 5 种血型，即 A、B、C、D、E 型。只有 A 型血（具有 A 抗原）能引起输血反应，其他 4 型血可任意供各型血的犬受血（包括 A 型血犬在内）而无输血反应（指溶血问题）。

⑧犬的胰腺小，分左、右两支，扁平长带状，于十二指肠降部各有一胰腺管开口处，胰腺向左横跨脊柱而达胃大弯及脾门处，因犬胰腺是分离的，易摘除。脾脏是犬最大的储血器官，当奔跑需要更多的血动员出来参加循环代谢时，靠其有丰富的平滑肌束收缩将脾中的血挤到周围血管中。心脏较大，占体重的 0.72%～0.96%。胸腺在幼年犬发达，而在 2～3 岁时已退化萎缩。肝脏很大，占犬体重的 2.8%～3.4%。犬胃较小，相当人胃长径的一半，容易做胃导管手术。肠道较短，仅为身体长度的 3 倍，肠壁厚薄与人相似。

⑨雌犬有双角子宫，每年春、秋两季发情。发情后 1～2 d 排卵，但卵第一极体在排卵时未曾排出，这与其他动物不同，卵在此时尚未成熟，所以要数日后极体脱去，才能受精，这也是选择发情后 2～4 d 交配的原因。性周期 180 d（126～240）d，妊娠期 60（58～63）d，哺乳期 60 d。每胎产仔 2～14 只。雄犬阴茎根部有两个很清楚的海绵体。

⑩犬的寿命一般为 15～22 年。染色体为 78 条。

（二）生理学特点

1. 一般生理值

体重：5～65 kg

寿命：10～20 年

体温：37.5～39℃（直肠）

心率：80～120 次/min

呼吸频率：15～30 次/min

血压（颈动脉）：收缩压 108～189 mmHg

舒张压 75～122 mmHg

总血量：占体重 7.7%（5.6%～8.3%）（1/23）

氧耗量：72 mL/min（10 kg）

心输出量：14 mL/次

2.血液有形成分指标

红细胞数:680 万/mm^3(550 万~850 万/mm^3)

红细胞直径:7 μm(6.7~7.2 μm)

白细胞:11 500/mm^3(6 000~17 000)

血红蛋白:80%(65%~95%)

全血比重:1.054 0~1.062 0

红细胞比重:1.090

血浆比重:1.023 4~1.027 6

白细胞分类计数:中性杆状核 0.8%(0~3%),中性分叶核 70%(60%~77%);嗜酸性粒细胞 4%(2%~10%),嗜碱性粒细胞 0(0~0.75%),淋巴细胞 20%,大单核细胞 5%(3%~10%)。

网织红细胞:2.15±0.416

血小板:(21.86±9.22)万 mm^3

凝血时间:6.5~9 s

血液黏稠度:4.6(3.8~5.5)

血液氢离子浓度:7.4(7.31~7.48)

血浆氢离子浓度:7.31~7.42

红细胞沉降速度:2 mm/1 h,4 mm/2 h,10 mm/10 h

3.血液中生化指标

总蛋白:7.1(6.3~8.1) g/dL

血清白蛋白量:4.0(3.4~4.5) g/dL

血清球蛋白量:3.0(2.0~3.7) g/dL

白蛋白/球蛋白比例:1.34(1.06~1.84)

尿素:次溴酸盐法 56(44~65) mg/dL

　　氧蒽醇法 39(30~45) mg/dL

尿酸:1.7(0.7~2.2) mg/dL

非蛋白氮:38(32~44) mg/dL

胆固醇总量:165(122~227) mg/dL

胆固醇酯:93(88~104) mg/dL

胆固醇酯/胆固醇总量比例:0.79(0.70~0.90)

糖:血浆 85(64~100) mg/dL

　全血 93(82~100) mg/dL

氯:红细胞 207(203~213) mg/dL

　血浆 394(372~408) mg/dL

无机磷:4.6(3.0~5.8) mg/dL

碱性磷酸酶(Bodansky 法):2.7(0.96~9.1) U

钙:11(9.5~12) mg/dL

钾:18(15~19) mg/dL

钠:360(340~380) mg/dL

碱储量:血清 41(36~45) mol/dL

血浆 58.5 mol/dL

全血 45～46 mol/dL

脑磷脂：血浆 22 mg/dL（以下）

铁：全血 450 mg/dL

血清 240 mg/dL

总脂肪：全血 465～640 mg/dL

脂酸：全血（309～439）mg/dL

纤维蛋白原：血浆中 0.42～0.64 g/dL

250（150～300）mg/dL

乳酸：血浆 13～36 mg/dL

全血 7～29 mg/dL

红细胞 8.5～37 mg/dL

磷：全血 43 mg/dL

残余氮：血清 25～30（17～50）mg/dL

4. 尿液指标

尿量：每千克体重 24 h 排尿量 25～41 mL

尿 pH：6.1

尿比重：1.018～1.060

尿总氮：0.27 g

三、常用品种品系

（1）比格犬（小猎兔犬） 公认的实验用犬，已成为目前实验研究型别中最标准的动物，多用于长期的慢性实验。在国外，它已被用于生物化学、微生物学、病理学、病毒学、药理学以及肿瘤学（如癌的病因学和癌的治疗学等）等基础医学的研究工作中，而农药的各种安全性试验，特别是制药工业中的各种实验，使用该犬最多。

（2）四系杂交犬 专门用于外科手术。

（3）纽芬兰犬（Labrador） 专用于实验外科。

（4）墨西哥无毛犬 用于研究黑头粉刺病。

（5）Boxer 犬 用于淋巴肉瘤、红斑狼疮的研究。

（6）Dalmation 犬（黑白斑点短毛犬） 适用于特殊的嘌呤代谢研究以及白细胞减少症、青光眼、白血病、肾盂肾炎等疾病的研究。

（7）华北犬、西北犬 适用于烧伤、放射损伤等研究。

（8）哈巴犬、藏袖犬、猎犬、四川松潘犬 用于科研及教学。

（9）狼犬 用于胸外科、脏器移植等实验研究。

（10）杂种犬 用于整形外科、复合器官移植。

四、在生物医学中的应用

（1）实验外科学研究 犬的应用主要在实验外科方面，如心血管外科、脑外科、断肢再植、器官和组织移植等。临床医生在研究新的手术或麻醉方法时往往选用犬来做动物实验，取得经验和技巧后用于临床。

(2)基础医学研究　犬是目前基础医学研究和教学中最常用的动物之一,尤其是生理、病理研究。犬的神经、血液循环系统发达,适合做失血性休克、弥散性血管内凝血、脂质在动脉中的沉积、急性心肌梗死、心律失常、急性肺动脉高血压、肾性高血压、脊髓传导实验、大脑皮层定位试验、条件反射试验、内分泌腺摘除试验、各种消化道和腺瘘(食道瘘、肠瘘、胃瘘、胆囊瘘、唾液腺瘘、胰液管瘘)试验等。

(3)药理、毒理学实验　如磺胺类药物代谢研究、各种新药临床前的毒性试验等。

(4)某些疾病研究　如蛋白质营养不良、高胆固醇血症、动脉粥样硬化、糖原缺乏综合征、先天性白内障、胱氨酸尿、遗传性耳聋、血友病A、先天性心脏病、先天性淋巴水肿、家族性骨质疏松、视网膜发育不全、黑头粉刺病、淋巴肉瘤、红斑狼疮病、嗜中性粒细胞减少症、肾盂肾炎、青光眼、狂犬病等。

(5)慢性病实验研究　犬的消化系统与人比较接近,饲养过程容易调教,特别适合做条件反射试验、各种疗效效果试验、内分泌试验和慢性毒性试验。

第七节　实验用禽类

禽类实验动物属鸟纲(Aves),分为鸡形目(Galliformes)、雁形目(Anseriformes)和鸽形目(Columbiformes)3个目,其中较为常用的实验动物有鸡、鸽、鸭、鹌鹑等多个品种。家鸡(chicken)学名*Gallus domesticus*,属于鸟纲鸡形目雉科(Phasianidae),经由野鸡驯化而成,作为实验动物是从1789年Pastaur用鸡研究禽霍乱而开始的。实验鸡近交程度很高,生产和饲养环境控制水平高。和其他禽类相比,SPF鸡和SPF鸡胚被广泛应用。

一、鸡

(一)一般生物学特征

(1)生活习性　家鸡白天视力敏锐,听力灵敏。家鸡具有神经质的特点,闪烁的光照、异常声响、明暗阴影的变化、气压的突变常会导致歇斯底里样发作,乱飞和挤成一团。

(2)采食习性　家鸡习惯于四处觅食,不停地活动,用灵活的两脚爪向后刨。食性广泛,借助吃进砂粒、石砾以磨碎食物。对色彩很敏感,如鲜红的血会对鸡形成刺激,引起鸡追随啄食,造成严重损伤。环境和管理不良易产生异嗜癖。

(3)群居性　鸡具有成群结队采食的习性,不同群体一般不出现斗殴现象。

鸡仍然保持鸟类某些生物学特性:没有汗腺,通过呼吸散热,体表被有丰满的羽毛,怕热更甚于怕冷。生长速度快,代谢旺盛。

(二)解剖学和生理学特点

(1)消化系统　由口、咽、食管、嗉囊、胃(腺胃和肌胃)、小肠、大肠和泄殖腔以及唾液腺、肝、胰等器官组成。特点是没有唇、齿,颊也严重退化。由上、下颌形成喙。唾液腺种类多而体积小。没有软腭,食管宽大,在入胸腔前扩大成嗉囊。有两个胃,肠道短,小肠分十二指肠、空肠和回肠,大肠包括两条盲肠和直肠。直肠后接泄殖腔。肝体积较大,分左、右两叶,胆囊位于右叶。胰位于十二指肠袢内。胆囊和胰都有管道通向十二指肠腔。无膀胱,每天排尿很少,与粪一起排出，尿呈白色，为尿酸及不溶解的尿酸盐，呈碎屑稀粥状混于粪的表面。

(2)呼吸系统　由鼻腔、眶下窦、喉、气管、支气管、肺、胸膜腔和气囊等器官组成。肺呈海绵状，紧贴于肋骨上，无肺膜及横膈，肺上有许多小支气管直接通气囊，共有 9 个气囊。

(3)母鸡生殖系统　由卵巢和输卵管两部分组成。特点是左侧的卵巢和输卵管发育，右侧的退化。发育的输卵管可分漏斗部、蛋白分泌部、峡部、子宫部和阴道部，其末端开口于泄殖腔。鸡为卵生，一次交配后 12 d 仍可使 60%卵受精，30 d 仍有受精能力。其生殖和光照关系密切，换羽时常停止产蛋。鸡卵经孵化至出生之前均称之为鸡胚，以鸡胚为来源进行的细胞培养和接种技术被用于各种生命科学研究中。

(4)生理学指标　鸡性成熟年龄 4～6 个月，鸡蛋的孵化期为 21 d，体温 41.7℃(41.6～41.8℃)，呼吸频率 12～21 次/min，潮气量 4.5 mL，心跳频率 120～140 次/min，血压(颈动脉压)20.00 kPa，总血量占体重的 8.5%，红细胞 335(306～344)万/mm^3，白细胞 32 600/mm^3，血小板 13 万～23 万/mm^3，血红蛋白 10.3(7.3～12.9) g/100 mL，红细胞比重 1.090，血浆比重 1.029～1.034，血液 pH 7.42。鸡有 39 对染色体，其中 29 对是微型染色体。部分位点的基因定位与连锁关系明确。目前已知鸡的血型位点有 13 个，每个基因位点上各有一组等位基因。鸡的血型位点是位于常染色体上相互独立的位点，表达于红细胞表面，有的也表达于淋巴细胞或其他组织中，具有共显性特点，是鸡遗传检测的主要指标。

(三)主要品种和品系

鸡的品种很多，但对实验用鸡的品种及品系国内外尚无统一规定，实验用品种主要是产白壳蛋的鸡，主要品种为来航鸡，原产于意大利，现已分布于世界各地。它的体型紧凑、清秀，全身羽白色毛；单冠，鲜红色，公鸡直立，母鸡多偏向一侧；喙、胫部皮肤黄色；成熟早，开产于 5～5.5 月龄；产蛋率高，年产蛋量可在 250 枚以上，蛋重 54～60 g；饲料消耗少。鸡作为实验动物除少数用鸡本身外，大多数用鸡胚来进行实验。鸡的近交系要求近交系数达到 90%以上，鸡的主要近交系列如下。

(1)CSIRO(澳大利亚联邦科工组织)系列　现在维持的有 13 个白来航鸡系和 4 个澳大利亚系，全同胞交配 17～18 代，其中 WL 列已命名为 B_1，它有 3 个携带不同主要组织相容性位点的亚列(AA、BB、CC)，这个列主要用作移植片对宿主反应的材料。

(2)IU(美国艾奥瓦州立大学)系列　现在维持的有 7 个系，均采用全同胞或半同胞交配，近交代数 9 代以上，其中 IU-19、IU-GH、IU-HN 带有 3 个不同的 B 基因。

(3)PR(捷克布拉格分子遗传研究所)系列　来自 RH 系列，白来航鸡，具有 B^1、B^2、B^{13}、B^6、B^9、B^{10} 等 6 种 B 基因型，现维持 10 个系列，全同胞交配 20 代，用于血型研究。

(4)PRC-R(英国爱丁堡家禽研究中心)系列　棕色来航鸡，半同胞交配 20 代以上。

(5)RH(英国国家家禽研究所北方繁育站)系列　有 4 个系列，其中 3 个是白来航鸡，全同胞交配 20 代以上。

(6)RPRL(美国农业部地区家禽研究所)系列　现维持 13 个近交系，正在发展 7 个同类系，均为白色来航鸡，全同胞交配 15 代以上，具有 B^2、B^5、B^{13}、B^{15}、B^{19}、B^{21} 等 6 种 B 基因型，主要用于鸡的马立克氏病、白血病的研究。

(7)UCD(美国加利福尼亚大学)系列　白来航鸡，现仅有 3 个列，兄妹交配 20 代以上，具有 B^2、B^4、B^6 三种 B 基因型，用于先天性肌营养不良的研究。

(四)在生物医学中的应用

(1)疫苗生产和鉴定 鸡胚是生物制品生产的重要原料。鸡胚常用于病毒的培养、传代和减毒,因此常用于病毒类疫苗生产鉴定和病毒学研究。鸡胚是生产小儿麻疹疫苗、狂犬病疫苗和黄热病疫苗的主要材料。鸡和鸡胚还是研究生产和检验鸡新城疫疫苗、马立克疫苗、鸡法氏囊病疫苗、山羊传染性胸膜炎培养浓缩苗的主要材料和实验手段。通过鸡胚传代还可以使某些病毒毒力减弱。

(2)药物评价 在某些药物评价试验中要用鸡或鸡的离体器官。利用1~7日龄鸡膝关节和交叉神经反射,可评价脊髓镇静药的药效;6~14日龄雏鸡用来评价药物对血管功能的影响;离体嗉囊可评价药物对副交感神经肌肉连接的影响;离体心耳评价药物对心脏的影响;离体直肠评价药物对血清素的影响。还可用于筛选抗癌及抗寄生虫药等。

(3)传染病研究 用于研究支原体感染引起的肺炎和关节炎,用于研究链球菌感染、细菌性内膜炎。

(4)激素代谢研究 研究公鸡阉割后引起的内分泌性行为改变,如斗殴减少,性情温顺,啼鸣少,利用这个特点,进行雄性激素、甲状腺机能减退及垂体前叶囊肿等内分泌性疾病研究。

(5)动物模型研究 作为高脂血症、动脉粥样硬化的动物模型。

(6)营养学研究 研究B族维生素,特别是维生素B_{12}和维生素D缺乏症。其高代谢率适合于研究钙磷代谢的调节和嘌呤代谢调节。还用于碘缺乏症研究。

(7)老年学研究 随着年龄的增长,鸡生殖功能明显衰退,其产蛋可作为研究老化的一个较客观的指标。

(8)环境污染研究 有机磷化合物对鸡的脱髓鞘作用可用于监测环境有机磷水平。鸡易通过空气感染疾病,可由此监测空气中微生物的污染水平。

二、鸽

鸽(*Columba livia*,pigeon)属鸟纲鸽形目鸠鸽科,是由野鸽(岩鸽)驯化而成的变种。为了适应飞行,家鸽在身体结构上出现一系列的适应性变化。它具有流线型的体型,前肢变为翅。牙齿、膀胱、大肠和一侧卵巢都已退化,也是利于飞行而减轻体重的适应性变化。

(一)生物学特性

鸽已失去营巢能力,居于人造巢内,以谷粒及昆虫为食。其脏器结构与鸡大致相似。牙齿、膀胱、大肠和一侧卵巢都已退化以利飞行。大脑皮层不发达,但纹状体发达,嗅叶不发达。由中脑分化的视叶则很发达,故鸽的视觉敏锐。小脑也很发达,上有横沟,中央有蚓部,两侧有小脑鬈。3个半规管也很发达。

正常生理指标:成熟年龄为6个月,寿命10年,妊娠期18 d,心跳频率140~200次/min,总血量占体重的7.7%~10.0%,颈动脉血压145 mmHg,呼吸频率25~30次/min,潮气量4.5~5.2 mL,红细胞$3.2\times10^6/mm^3$,血红蛋白12.8 g/100 mL,白细胞$(1.4\sim3.4)\times10^3/mm^3$。

(二)在生物医学研究中的应用

鸽的听觉非常发达,对姿势的平衡反应很敏锐,故生理学实验中常用鸽观察迷路与姿势的关系。当破坏一侧半规管后,其肌紧张协调发生障碍,在静止和运动时失去正常的姿势。可用切除鸽大脑半球方法来观察其大脑半球的一般功能。鸽的大脑皮层不发达,纹状体是中枢神经系统的高级部位，单切除大脑皮层影响不大，若将大脑半球全部切除，则不能正常生活。食用高胆固醇、高脂肪饲料后易形成动脉粥样硬化病变，适宜进行动脉粥样硬化实验研究。对强心苷的反应性个体差异小，常用作强心苷类药物的生物检定。呕吐反应灵敏，故适宜做呕吐实验。

三、鸭

鸭(*Anas platyrhyncha domestica*)属鸟纲雁形目鸭科。原祖为野鸭，为人工饲养的变种。鸭可用于测定血压等实验，经济简便，便于饲养，因此在犬、兔等供应困难时，常用鸭代替。1980年首次在我国肝癌高发区江苏启东地区麻鸭血清中分离到鸭乙型肝炎病毒(DHB-V)，为研究肝癌与乙型肝炎病毒、黄曲霉毒素之间的关系提供了理论依据。因此，鸭可以用于肝癌的研究。

四、鹌鹑

鹌鹑(quail)属鸟纲鸡形目雉科鹌鹑属。被称为鹌鹑的鸟很多，但家禽化的很少，如日本鹌鹑(Japanese quail，*Coturnix coturnix joponica*)等。

(一)生物学特性

(1)一般特性　体型小，健壮，成年体重雄性100～120 g，雌性120～150 g。寿命为2～6年，笼养寿命较低。生长快，繁衍传代迅速。饲喂时要求含量为26%～28%的高蛋白饲料。

(2)脏器特点　有哺乳类不具有的气囊，有助于和哺乳类的肺进行相同的气体交换。心脏发育良好，其体重值比哺乳类大。肾脏嵌入脊椎骨，产生尿酸。尿由总排泄口直接排泄尿酸。食道一部分成为嗉囊。胃分化成腺胃和肌胃。

(3)生殖生理　6～7周龄性成熟，6周龄时雌性产卵，开始交尾活动。雄性泄殖腔腺发达，总排泄腔背部有黑红腺，这是其特有的器官，按时排出白色泡沫状分泌物，这种分泌物可能与大鼠的阴道栓形成物质类似，腺体受雄性激素支配，一次射精量约0.1 mL，能在1周期间得到受精卵。雌性产卵率比鸡高，卵重7～11 g，受精卵16 d孵化。

(4)免疫学特性　胸腺是细胞免疫的中枢器官之一，腔上囊是体液免疫的中枢器官之一。脾脏形态与哺乳动物不同，为相对较小的球形。对绵羊红细胞形成空斑能力与哺乳类相同。淋巴细胞分为胸腺T细胞和腔上囊B细胞。T细胞不能形成类似小鼠的绵羊红细胞所形成的玫瑰花环，但可用鸡红细胞和兔红细胞及一部分淋巴细胞来形成。鹌鹑虽有巨噬细胞的存在，但与哺乳动物不同，没有玻璃黏着性，形态学上也有区别。

(5)染色体　染色体数$2n=78$，由6对大型染色体和6对中型染色体及27对小型染色体组成。雄性的性染色体是ZZ，雌性的是ZW，Z染色体是大型中间着丝粒染色体，W染色体是大型具近端着丝粒染色体。

(6)正常生理指标　血量占体重的6.5%，红细胞$(3.9\sim4.1)\times10^6/\text{mm}^3$，白细胞$(2.0\sim2.3)\times10^4/\text{mm}^3$，其中淋巴细胞占72%～74%，假嗜酸性粒细胞21%～22%，嗜酸性粒细胞2%～4%，嗜碱性粒细胞0.2%～0.4%，单核细胞2%～3%，血红蛋白15.8 g/dL，血清总蛋白2.0～3.0 g/dL，平均收缩压20 kPa。

(二)在生物医学研究中的应用

鹌鹑在繁殖生产等方面类似于大小鼠，适宜用作实验动物，不仅可作为免疫学的实验材料，而且还可利用胚胎卵做致畸形性试验研究。对二氧化氮的敏感性比大小鼠、地鼠等哺乳类动物显著性高，可用于环境污染的监测及对机体影响，尤其可作为研究重金属、残留化合物对机体的影响的动物模型。

此外，鹌鹑卵有壳，便于消毒，并对甲醛气体有耐受性，宜进行无菌化和SPF化，适于微生物学的净化和无菌化研究。

第八节　实验用小型猪

小型猪(Miniature swine)是用于生物医学实验的猪，它属于哺乳纲(Mammalia)偶蹄目(Artiodactyla)野猪科(Suidae)猪属(*Sus*)的动物。野猪经过人类长期驯化、选择，被培育成现在的家猪，家猪体躯肥大，不便于实验处理和饲养管理，同时遗传控制也不符合实验动物的要求。为解决这方面的问题，20世纪50年代后培育出专门用于动物实验的实验用小型猪。

一、生物学特性

1. 生活习性

小型猪为杂食性动物，吃得多，消化快，能消化大量饲料，有择食性，能辨别口味，喜爱甜食。性格温驯，易于调教，喜群居，嗅觉灵敏，有用吻突到处乱拱的习性。对外界温、湿度变化敏感。

2. 寿命

猪寿命最长达27年，平均16年。通常成年小型猪体重在30 kg左右(6月龄)，而微型猪最小达15 kg左右。

3. 繁殖特性

猪的性成熟年龄，雌性为4～8月龄，雄性为6～10月龄，为全年性多发情动物，性周期21(16～30) d，发情期2.4(1～4) d，排卵在发情开始后25～35 h，最适交配期在发情后10～25 h，妊娠期114(109～120) d；产仔数2～10头，哺乳期1个月。

4. 与人类生理结构的相似性

猪的心血管系统、消化系统、皮肤、营养需要、骨骼发育以及矿物质代谢等都与人类的情况极其相似(表5-1和表5-2)。

表5-1　人类与3月龄小猪皮肤结构厚度的比较　　mm

皮肤结构	人类	小猪
皮肤	2.0(0.5～3.0)	1.3～1.5
表皮	0.07～0.17	0.06～0.07
真皮	1.7～2.0	0.93～1.7
基底细胞层所处的深度	0.07	0.03～0.07
表皮和真皮厚度的比例	1∶24	1∶24

表 5-2 人类和猪的脏器系数(脏器重量/体重) %

脏器	人(体重 70 kg)	小型猪(体重 50 kg)
脾	0.21	0.15
胰	0.10	0.12
睾丸	0.45	0.65
眼	0.43	0.27
甲状腺	0.029	0.618
肾上腺	0.29	0.006
其他器官	9.4	8.3

二、解剖学和生理学特点

(一)解剖学特点

齿式为 2(3143/3143)=44,有发达的门齿和犬齿,齿冠尖锐突出,也有发达的臼齿,齿冠有台面,上有横纹,既便于食肉,又便于食草。颈椎 7,胸椎 13～16,腰椎 5～6,荐椎 4,尾椎 21～24。吻突、唾液腺发达,汗腺不发达。有上皮绒毛膜型胎盘。胃为单室混合型,在近食管口端有一扁圆锥形突起,称憩室。消化器官发达,消化特点介于食肉类与反刍类之间。盲肠较发达。肺分叶明显,叶间结缔组织发达。肺、肝均分 5 叶,两肾位于Ⅰ-Ⅳ腰椎水平位,蚕豆状。

(二)生理学特点

小型猪既是杂食动物又是甜食动物,舌体味蕾能感觉甜味,具有广泛的遗传多样性,其胃内分泌腺分布在整个胃内壁上,这与人很接近。此外其心血管分支、红细胞成熟时期、肾上腺及雄性尿道形态结构以及血液生化部分指标都与人接近。

染色体数 $2n=38$。唾液腺可分泌含量较多的淀粉酶,胃分泌各种消化酶,胆囊浓缩胆汁能力低。盲肠内含大量微生物,在消化中起重要作用。母源抗体不能通过胎盘屏障,初生仔猪体内缺少母源抗体,只能从初乳中获得。生理指标为体温 39(38～40)℃,心率 55～60 次/min,呼吸数 12～18 次/min,收缩压 22.5(19.2～24.7) kPa,舒张压 14.4(13.1～16.0) kPa,红细胞总数 6.4×10^{12} 个/L,白细胞总数(7.5～16.8)$\times10^{9}$ 个/L,血红蛋白 100～160 g/L,血小板 2.4×10^{8}/L。

三、主要品种品系

(一)国内小型猪品系

从 20 世纪 80 年代初,我国开始对小型猪资源进行调查和实验动物化研究,目前国内的小型猪品系主要有西双版纳近交系小耳猪、贵州小型香猪、广西巴马小型猪和五指山小型猪等。

(1)中国实验用小型猪　1985 年北京农业大学(现中国农业大学)引进贵州小香猪,会同三院一所的科研人员经计划遗传选育而成。建成的封闭种群目前仍是国内主要供应动物实验猪的种群。中国实验用小型猪有Ⅰ.Ⅱ.Ⅲ三个品系,Ⅰ系小型猪体型小,6 月龄后生长缓慢,12 月龄体重只有 45～50 kg,适用于长期实验;Ⅱ系小型猪耐受寒冷,适于北方寒冷地区选用;Ⅲ系小型猪毛色为白色,适于皮肤试验研究。近年来在实验动物化和 SPF 化上进行了有意义的探索。

(2)五指山小型猪　又称老鼠猪,产于海南省的白沙县、东方县等偏僻山区。中国农业科学院畜牧所冯书堂教授等于1987年从原产地引种了2头母猪、1头公猪至北京扩群繁育，迁地保种获得成功，并且开展了近交培育、胚胎移植等方面的工作。老鼠猪头小而长，耳小直立，胸部较窄，背腰直立，腹部下垂，臀部不发达，四肢细长，全身被毛大部分为黑毛，腹部和四肢内侧为白毛。成年体重30～35 kg，很少超过40 kg。

(3)西双版纳小耳猪　云南农业大学曾养志教授等以西双版纳小耳猪为基础种群，经过十多年近20代严格的亲子或兄妹交配，初步培育成2个体型大小不同的JB(成年体重70 kg)和JS(成年体重20 kg)近交系，其中分化为6个不同家系，家系下再进一步分化为带有不同遗传标记的多个亚系，近交系数已高达98%以上。

(4)广西巴马小香猪　广西大学王爱德教授等从1987年开始，从原产地引入广西地方猪种巴马香猪公2头、母14头，组成零世代基础种群，采用基础群内闭锁纯繁选育及半同胞为主的近交方式进行选育，至1994年已进入第5世代，近交系数为35%。该小型猪的最大特点为白毛占体表面积大，在92%以上，个体具有较为整齐的头臀黑、其余白的独特"两头乌"毛色，而且出现双白耳突变个体及除尾尖少许黑毛的全白突变个体。该小型猪还具有体形矮小(24月龄母猪体重40～45 kg，公猪30～40 kg)、性成熟早、多产(初产8.5头，经产10头)等优点。

(5)贵州小型香猪　贵州中医学院甘世祥教授等于1985年以原产于贵州从江县的从江香猪为基础种群，以小型化、早熟化为育种目标进行定向选育，曾于1987年以"贵州小型香猪作为实验动物的研究"通过省级鉴定。近年来开展了近交系培育工作。

(二)国外小型猪品系

(1)明尼苏达小型猪　美国明尼苏达大学Hormel研究所从1949年用亚拉巴马州的几内亚猪、加塔里那岛的卡塔利猪和路易斯安那州的皮纳森林猪等4种猪杂交培育而成。毛色有黑白斑。成年猪体重平均80 kg，遗传性质较稳定。

(2)毕特曼-摩尔系小型猪　由毕特曼-摩尔制药公司从佛罗里达野生野猪和加利夫岛的猪育成。毛色有各种各样斑纹。

(3)海福特小型猪　海福特研究所用白色帕洛斯猪和毕特曼-摩尔系小型猪，再导入墨西哥产的拉勃可种育成，成年体重70～90 kg。被毛稀少，白皮肤，作为供给化妆品的实验猪而受到重视。

(4)葛廷根系小型猪　葛廷根大学用明尼苏达-荷曼系小型猪和缅甸的Vietnamese小型猪交配，再导入德国改良长白种育成。成年猪体重40～60 kg。

(5)科西嘉系小型猪　法国原子能研究所用地中海科西嘉岛上的猪选育而成的小型猪，成年平均体重45 kg。

(6)阿咪尼种小型猪　原始基础种群是1942年从中国东北输入的小型东北民猪(荷包猪)的后代。日本经10余年选育而成。其8月龄体重为25 kg，成年体重40～50 kg。

(7)埃塞克斯种小型猪　从美国得克萨斯州西南部遗留的黑色埃塞克斯种育成的小型猪，2周岁体重70 kg左右。

(8)日本现有的小型猪　目前现有的小型猪有会津系、阿咪尼种、克拉文系、皮特曼系、CSK系和尤卡它系。

四、在生物医学研究中的应用

小型猪是生物医学研究最理想的实验动物之一，常使用3～5月龄、体重为5～20 kg的幼龄猪，主要用于肿瘤、烧伤、免疫学、糖尿病、环境监测、畸形学、产期生物学、心血管病、遗传性和营养性疾病、心脏外科、牙科、外科手术等方面的研究。

(1)肿瘤学研究　猪是肿瘤研究较好的模型。美洲辛克莱小型猪有80%可发生自发性皮肤黑色素瘤，有典型的皮肤自发性退行性变化，这些黑色素瘤的瘤细胞和临床表现，与人类黑色素瘤从良性到恶性的变化过程很相似，是研究人类黑色素瘤的良好动物模型。

(2)心血管病研究　小型猪特别适用于冠状血管疾病的研究。幼猪和成年猪可以自然发生粥样硬化，其粥样变前期与人类相似。猪和人类对高胆固醇食物的反应是相似的，饲料中加入10%乳脂即可在2个月左右得到动脉粥样硬化的典型病灶。猪的冠状动脉循环在解剖学、血液学、血液动力学方面与人类很相似，因此是研究人类冠心病的较佳的动物模型。

(3)皮肤烧伤研究　猪的皮肤与人非常相似，包括体表毛发的疏密、表皮厚薄、表皮具有的脂肪层以及表皮形态学和生成动力学(猪30 d，人27 d)、烧伤皮肤的体液和代谢变化机制等，故猪是进行实验性烧伤研究的理想模型。猪的皮肤用于烧伤后创面敷盖，比常用的液状石蜡纱布要好，其伤口愈合速度比后者快1倍(13 d和30 d)，既能减少疼痛和感染，又无排斥现象。

(4)糖尿病研究　尤克坦小型猪(墨西哥无毛猪)是研究糖尿病的良好模型。只需一次静脉注射水合阿脲(每千克体重200 mg)就可以产生典型的临床体征，如高血糖症、烦渴、多尿和酮尿。由尿嘌呤引起的糖尿病的猪，在12个月内产生眼底微血管增厚性失明。这种人为的糖尿病可由亲代传给后代。

(5)免疫学研究　猪的母源性抗体只能通过初乳传给仔猪，剖宫产仔猪在几周内体内球蛋白和其他免疫球蛋白很少，无菌猪体内没有任何抗体，一旦接触抗原，能产生极好的免疫反应。可利用这些特点进行免疫学研究。

(6)营养学研究　仔猪和幼猪与新生儿的呼吸系统、泌尿系统、血液系统很相似。仔猪像婴儿一样，也患营养不良症，因此仔猪可以广泛用于儿科营养不良症如蛋白质、铁、铜和维生素A等缺乏症的研究。由于母猪泌乳期长短适中，一年多胎，每胎多仔，易管理和便于操作，同时对仔猪胚胎发育和胃肠道菌群也易了解，因此仔猪亦可成为畸形学、毒理学、免疫学和儿科学的动物模型。

(7)牙科研究　猪牙齿的解剖结构与人类相似，给予致龋菌丛和致龋食物可产生与人类一样的龋损，是复制龋齿的良好动物模型。主要用于口腔基础医学、牙齿发育规律、口腔细菌分布、龋齿及牙颌疾病、口腔新药物、植牙、正畸及牙齿钙质沉积规律等及比较医学研究。

(8)外科手术方面的研究　在猪腹壁安装拉链是可行的，且对猪正常生理机能无较大干扰，保留时间可达40 d以上，这为解决治疗和科研中需进行反复手术的问题提供了较好的方法。猪的颈静脉插管可保留26～50 d，这为进行频繁采血提供了良好而方便的手段。

(9)悉生猪和无菌猪的应用　猪不仅可用于研究人类包括传染性疾病在内的各种疾病，更是研究猪病不可缺少的实验动物。它完全排除了其他猪病抗原、抗体对所研究疾病的干扰作用。无菌、悉生猪还能提供心瓣膜供人心瓣膜修补使用。

(10)其他疾病研究　猪的病毒性胃肠炎可做婴儿病毒腹泻动物模型，猪的支原体关节炎可做人的关节炎动物模型。双白蛋白血症只见于人和猪，猪是特有的动物模型。Von Willbrand猪是血友病模型。此外，还可用猪研究十二指肠溃疡、胰腺炎、食物源性肝坏死等疾病。

第九节 非人灵长类动物

一、分类

非人灵长类动物包括除人以外所有灵长类动物，属于哺乳纲灵长目。灵长目下分原猴亚目和猿亚目，原猴亚目下分树鼩下目、狐猴下目、懒猴下目和眼镜猴下目，猿亚目下分阔鼻下目和狭鼻下目。

猿亚目按分布规律可分为新大陆猴和旧大陆猴两类。新大陆猴具有长而能缠绕树枝的尾巴，以绢毛猴、卷尾猴、蜘蛛猴和吼猴为代表，主要分布在中南美洲。旧大陆猴的尾都不具有缠绕功能，以猕猴类、叶猴类、长臂猿类、猩猩类、狒狒类为代表，分布于亚洲、非洲。灵长类动物集中于南北回归线之间的热带、亚热带地区，欧洲、北美、澳洲没有灵长类动物。

二、生物学特征

以猕猴属为例。

（一）猕猴的生活习性

猕猴一般栖居于树木和岩石坡面上，少数在平原地面上。一般难于驯养，常龇牙咧嘴、暴露野性，通常怕人，不容易接近。捕捉时可能抓咬人。猕猴喜欢清洁卫生，经常整饰自己的皮毛，清除皮屑、异物和寄生虫，并把这些东西塞进嘴里吃下去或吐出来。

（二）猕猴的采食特性

猕猴主要以植物果实、嫩叶、根茎为主，有些种类兼食某些昆虫（尤其是新大陆猴）。缺乏维生素 C 合成酶，所以自身不能合成维生素 C，所需维生素 C 来源于饲料。

（三）猕猴的脑部发育

猕猴聪明伶俐，模仿力极强，具有发达的大脑，有大量的脑回和脑沟，因此善攀登、跳跃，会游泳。有较发达的智力和神经控制，能用手操纵工具。猴之间经常斗架，受惊吓发出叫声。

（四）猕猴的视觉、嗅觉和味觉

猕猴视觉较人类敏感，嗅觉不灵敏。猴的视网膜有黄斑，有中央凹，视网膜与人类十分相似，有立体感，能辨别物体的形状和空间位置；有色觉，能辨别各种颜色，并有双目视力。嗅脑不发达，嗅觉不灵敏，而听觉敏感，有发达的触觉和味觉。

（五）猕猴的敏感病原体

猕猴对痢疾杆菌和结核杆菌高度敏感，并且携带可感染人的 B 病毒。

（六）猕猴的群居性

猕猴的活动和觅食均在白天，群居性较强，每群猴均有一只最强壮、最凶猛的雄猴为“猴王”。从拂晓开始采食活动，夜晚回到大树和岩石上过夜。

三、解剖学和生理学特点

（一）解剖学特点

①猕猴的牙齿在大体结构和显微解剖方面，在发育的次序和数目方面与人类牙齿有共同之处。乳齿齿式为 2(2102/2102)＝20，恒齿齿式为 2(2123/2123)＝32。根据长出牙齿的顺序

及齿的磨损程度可判断其年龄的大小。

②猕猴胃为单室，呈梨形。肠长度与身长的比例为(5～8)∶1，盲肠发达，无蚓突。肝分6叶，胆囊位于肝脏的右中央叶。肺分为左、右两肺，左肺分上叶、中叶和下叶，右肺分为上叶、中叶、下叶和奇叶。猴的血液循环系统与人类相似。

③猿猴类的共同特征是前指能握物，掌面上有各种不同的指纹和掌纹，圆环状的眼窝外缘，双眼并列向前，视物有立体感，能辨识颜色等。

(二)生理学特点

(1)繁殖特点　雄猴性成熟为4.5岁，雌猴为3.5岁。雌猴为单子宫，月经周期为28 d(变化范围为21～35 d)，月经期多为2～3 d(变化范围为1～5 d)。雌猴在交配季节生殖器官周围区域发生肿胀，外阴、尾根部、后肢的后侧面、前额和脸部等处的皮肤都会发生肿胀，这种肿胀称为“性皮肤”。雄猴精液射出后1 min内形成凝块。雌猴怀孕期为164 d(156～180 d)。哺乳期为7～14个月。每年可怀1胎，每胎产1仔。

(2)血型特点　血型分两类。一类同人的A、B、O和Rh型相同，有A、B、C、Lewis、MN、Rh、Hr型等，其Rh系统全是RhO(又叫Rh_1)。另一类是猕猴属特有的，有A^{rh}、C^{rh}、D^{rh}、E^{rh}、F^{rh}、G^{rh}、H^{rh}、I^{rh}、X^{rh}、Y^{rh}、Z^{rh}、K^{rh}、J^{rh}型。这些血型抗原可产生同族免疫，在同种异体间输血时要做血型配合试验，但不会发生新生仔猴溶血和成红细胞增多症，不必考虑同群中雌雄血型配合的繁殖问题。

(3)生理学指标　正常体温白天为38～39℃，夜间为36～37℃。心率(168±32)次/min，心率随年龄增长而减慢。收缩压(120±26) mmHg，舒张压(84±12) mmHg，年龄大、体重大的猕猴血压较高，雄性比雌性高10～15 mmHg。呼吸频率40(31～52)次/min，潮气量21.0(9.8～29.0) mL，通气率860(310～1 410) mL/min。饲料要求量100～300 g/(只·d)，发热量1.06～3.26 kJ/(只·h)，饮水量450(200～900) mL/(只·d)，排尿量110～550 mL/min，排便量110～300 g/d，红细胞数5.2(3.6～1.8)×10^6/mm^3，血红蛋白12.6(10～16) g/100 mL，白细胞数10 100(5 500～12 000)/mm^3，血小板数(21.72±1.79)万/mm^3，全血容量54.1(44.3～66.6) mL/kg体重，血浆容量36.4(30～48.4) mL/kg体重，血比容39.6(35.6～42.8)。

四、常用品种品系

研究工作中，使用量最多的是旧大陆猴，其中猕猴属最为重要，其次是新大陆猴和少量原猴亚目人猿上科的动物。

(一)猕猴属中作为实验动物的主要品种

(1)恒河猴(罗猴，广西猴)　最初发现于孟加拉的恒河河畔。多生活于我国广西，西南、华南各省及福建、江西、浙江、安徽黄山、河北东陵也有分布。身上大部分毛为灰褐色，腰部以下毛细，有橙黄色光泽，胸腹部、腿部灰色较淡，面部、两耳多肉色，少数红面。臀胝多红色。眉高眼深。

(2)熊猴(阿萨密猴，蓉猴)　产于缅甸北部阿萨密及我国云南、广西。形态和恒河猴相似。体型较大，毛色灰褐，缺少腰背部橙黄色光泽，毛粗。老猴面部常生雀斑。头皮薄，头顶有旋，头毛向四面分开。不如恒河猴敏捷、聪明。叫声哑，有如犬吠。

(3)断尾猴　①红面断尾猴(华南断尾猴、黑猴、泥猴)：产于两广、福建省等地。泰国、缅甸、印度和我国云南产模式亚种红面断尾猴。毛色黑褐，随年龄、性别稍有不同。面部较红，随年龄红色加深，老龄又渐退成紫色或肉色，甚至黑面。小猴出生时呈乳白色，平顶毛长，由正中向两边分开。雌猴乳头红色，有时一红一蓝。尾短或基本消失。②四川断尾猴：是红面断尾猴另一亚种，产于四川西部、西藏东部。毛的褐色较多，胸腹部浅灰色，被毛稍厚，红面较少，老龄两颊和额下常生大胡子。体型略大。

(4)台湾岩猴　产于我国台湾，肩毛长有花纹，体大。

(5)平顶猴(猪尾猴)　产于东南亚各国，尾圆、粗。

此外还有日本猕猴、食蟹猴(爪哇猴)、头巾猴(产于印度)、狮尾猴、蛮猴、苏拉威西猴(童猴，产于印度尼西亚)等。

(二)其他品种

(1)狨猴(囊猴)　属狨科，有3属35种之多。产于中南美洲。体小毛长，尾不具缠绕性，头圆，无颊囊。鼻孔侧向。活泼，温驯，易养，可放在衣袋和手笼中。需经常食昆虫，不然难以长期存活。分为绢毛狨、银狨、倭狨、棉顶狨。主要用于生殖生理、避孕药、寄生虫、甲型肝炎研究。

(2)獭猴　用于视觉生理研究。

五、在生物医学研究中的应用(以猕猴为主)

由于猕猴解剖生理学特点与人类近似，尤其高级神经活动比较发达，是其他实验动物无法比拟的，所以是现代生物学、医学和药物学等科学研究中最重要的动物模型。

(一)传染病学研究

几乎感染人类的疾病都能感染猕猴，最易感染人的痢疾杆菌和结核杆菌，特别是其他动物不能复制的传染病，但猕猴的肝炎、结核病、痢疾、沙门氏菌病以及疱疹病毒等会传播给人，造成人类发病。

(二)营养、代谢的研究

猕猴在正常代谢、血脂、动脉粥样硬化疾病的性质和部位、临床症状以及各种药物的疗效等方面都与人体非常相似。因此，可用于制备胆固醇代谢、脂肪沉积、肝硬化、铁质沉着症、肝损伤、维生素A、维生素B_{12}缺乏症、镁离子缺乏伴随的低血钙、葡萄糖利用降低等的模型。用添加胆固醇的饲料饲喂猕猴，可发生严重而广泛的粥样硬化症，且可产生心肌梗死，还可出现冠状动脉、脑动脉、肾动脉及股动脉的粥样硬化。猕猴也可用于老年性白内障、慢性气管炎、肺气肿、老年性耳聋、牙龈、牙科口腔疾病的研究。

(三)生殖生理研究

猕猴的生殖生理与人类非常接近，是人类研究避孕药物极为理想的实验动物，可作为类固醇型避孕剂、非类固醇型避孕剂、子宫内留置器研究的动物模型和宫颈发育不良、雌性激素评价、胎儿发育迟滞、子宫内膜生理学、淋病、妇科病理学、妊娠肾盂积水、胎粪吸引术、前列腺发育、妊娠毒血症、孪生、子宫肿瘤、输精管切除等的动物模型。猕猴也作性周期、性行为研究的动物模型。

(四)环境卫生、公害方面的研究

大气污染，如一氧化碳、二氧化碳、臭氧、硅肺病，采煤工人肺、肺石棉沉着症均可采用猕猴做动物模型。

(五)药理学和毒理学研究

目前筛选抗震颤性麻痹药物最有价值的方法是电解损伤引起的猴震颤。猕猴对麻醉药与毒品的依赖表现与人类接近,戒断症状又较明显,且易于观察,已成为新麻醉剂和其他新药进入临床试用前必需的试验。猕猴也是研究致畸的良好动物。

(六)器官移植的研究

非人灵长类动物是研究人类器官移植的重要动物模型。猕猴的主要组织相容性抗原(RHLA)同人的 HLA 抗原相似,有高度的多态性。猕猴是灵长类动物组织相容性复合体基因区域的主要研究对象,基因位点排列同人类有相似性。

第十节　实验用鱼

一、生物学特性

作为实验用鱼类,必须具有某些独特的生物学特征。

①小型鱼类,体长短、体重小,易于在实验室喂养。

②卵粒大,卵壳透明,显微操作过程可实时监测,容易观察到发育的胚胎并进行操作。

③皮肤透明或半透明,肉眼可识别血管、大脑以及其他内脏器官,易于从体外进行显微操作。

④具有许多独特、易于鉴别且由基因调控的表型,可形成不同品系。

⑤生活周期短、发育成熟期短,可用于同时研究亲本和子代的遗传与发育。

二、常用品系和种群

(一)斑马鱼

斑马鱼属鲤科短担尼鱼属,原产于南亚,已有约 20 个斑马鱼品系,是一种常见的热带鱼。斑马鱼体型纤细,成年体长 3～4 cm,对水质要求不高。孵出后约 3 个月达到性成熟,成熟鱼每隔几天可产卵一次。卵子体外受精,体外发育,胚胎发育同步且速度快,胚体透明。发育温度要求在 25～31℃之间。斑马鱼的细胞标记技术、组织移植技术、突变技术、单倍体育种技术、转基因技术、基因活性抑制技术等已经成熟,且有数以千计的斑马鱼胚胎突变体,是研究胚胎发育分子机制的优良资源,有的还可作为人类疾病模型。2004 年美国科学家培育成功了无菌斑马鱼。

(二)青鳉

青鳉是起源于东亚的一种小型鱼类,易于饲养。因为有突变个体存在,最早被作为研究材料用于遗传学的分析工作。青鳉有伴性的体色基因 r,利用其等位基因可制出通过体色差异区别雌雄的系统,这系统进行人工性转换时,能靠体色分清遗传的雌雄,非常方便。由于产卵是可控的,1994 年,青鳉作为脊椎动物的代表被送上太空,完成了从受精到个体的整个发育过程,实现了真正意义的“太空育种”。

(三)新月鱼和剑尾鱼

新月鱼和剑尾鱼属于花鳉科剑尾鱼属鱼类。剑尾鱼属有 23 个种,大部分已被收集。很多脊椎动物进行属内杂交时会出现后代不育或产仔少的现象,剑尾鱼属杂交后代没有这种现象,加上属内的鱼有不同表型，体色各异，所以通过杂交、回交等手段可进行基因遗传连锁研究。剑尾鱼在行为学和进化方面的研究比较深入，也是神经研究的常用材料。新月鱼和剑尾鱼也有多个近交品系建立，剑尾鱼属是完成基因连锁图谱较早的鱼类。

三、在生物医学研究中的应用

(一)生物发育学研究

鱼类动物胚胎发育上的机制与哺乳动物非常相似，许多重要的调控蛋白的表达时空类似于哺乳动物。体型小、生长快、繁殖力强的鱼类备受青睐，斑马鱼、青鳉就是发育学研究的好对象。斑马鱼 3 个月达到性成熟，条件合适时隔几天就可产卵一次，胚胎体外发育，而且胚胎在体外 1 d 的发育程度就相当于人类胚胎 3 个月的发育水平。胚体透明，可观察原肠期的细胞运动、脑区形成和心跳等胚胎发育事件；结合嵌合克隆和颜料示踪等分析法，可跟踪细胞的发育命运，进行细胞的谱系分析，应用于组织器官的起源研究。

(二)生理学和内分泌学研究

鱼鳃、鱼肾被用于研究膜生理学，金鱼眼被用来研究视觉器官结构与功能，鲫鱼的 M 细胞作为优秀模型被用来研究神经元突触生理，斑马鱼在运动神经回路和生物钟的研究中有突出贡献，有灵敏电感觉的鲶鱼被用于研究电生理学等。

(三)遗传学研究

鱼类种类繁多，还存在着很多特化种和突变体，基因资源丰富。鱼类繁殖能力强，繁殖周期短，数量性状基因丰富，易于属内杂交，人工性别控制可行，核移植、单倍体育种等技术也发展成熟，是遗传研究不可多得的好材料。

(四)人类疾病模型

某些鱼类容易出现特定的疾病，是疾病研究的适当材料。能复制出来的有几个相当成功的模型，如鲤鱼营养性糖尿病模型、金鱼白化病模型等，方便了相关的研究。鱼类的种类繁多，有的又经过特定的培育，为疾病研究提供基础材料。

(五)环境监测

鱼类对某些药物、毒物十分敏感，只要含有极微量的成分就可引起很强的反应。鱼类试验法结果判断明确且易于掌握，特别是耗时长的慢性环境毒性试验。以体型较小的鱼直接放入不同浓度药液，对研究某些含量低或药理作用弱而需长期口服给药的药物(如中草药)可能更为适宜。

由于鱼类动物在毒性试验上的应用优势，国际标准化组织在 20 世纪 80 年代推荐黑头软口鲦、斑马鱼、蓝鳃鱼、青鳉、虹鳉等为毒性试验标准材料。已有研究者将转基因鱼应用于毒性试验，转入基因使鱼体对一些毒物更加敏感，拓宽了检测限，提高了灵敏度。有实验室通过针对不同污染物的不同的启动子，用以启动表达荧光蛋白的基因，设想培育出一些在特定条件下显示绿色或红色荧光的转基因斑马鱼，作为污染常规测试的替代物，对污染物进行直观的监测。

(六)转基因鱼研究

脊椎动物的克隆技术是从鱼类核移植发展起来的。转基因技术也应用于鱼身上，转入荧光蛋白基因的青鳉和斑马鱼已开始出现于观赏鱼市场。

第六章　实验动物安死术和废弃物的无害化处理

第一节　实验动物淘汰和安死术

一、实验动物淘汰和安死术定义

在实验动物生产繁殖过程中，由于实验动物不能达到遗传、健康和繁殖等的要求，必须对其进行淘汰并实施安死术。在研究方案结束后，或在应用镇痛剂、镇静剂或其他措施无效时作为解除疼痛或痛苦的一种手段，可能都必须采用安死术。

“安死术”即安乐死术，是指以人道的方法处死动物的过程。在处死动物的过程中尽量减少动物的惊恐或焦虑，使其迅速地、安静地、无痛苦地死亡。

安死术应以避免动物痛苦的方式来实施。在有些情况下，在引起动物意识丧失的过程中，动物会发生呻吟或释放外激素。因此，在实施安死术时，其他动物不应在场。

二、安死术需满足的要求

①动物死亡时没有惊恐、疼痛表现；

②能使动物在短时间内失去意识迅速死亡；

③方法可靠且可重复；

④对操作人员安全；

⑤采用的方法要与研究要求和目的一致；

⑥对观察者和操作者的情绪影响最小；

⑦对环境污染的影响最小；

⑧需要的机械设备简单、价廉、易操作；

⑨处死动物地点远离动物饲养室。

三、安死术的常用方法

(1)颈椎脱位法　常用于大小鼠。操作者右手抓住小鼠的尾巴，将小鼠放在实验台上，左手按住小鼠头颈部，右手用力向后上方拉尾，感觉动物脊柱断开，动物立即死亡。对于体重大于 125 g 的大鼠，应结合麻醉使用。

(2)空气栓塞法　此法是向动物静脉注入一定量的空气，使之发生栓塞而死。该方法须结合动物麻醉来使用。常用于兔、犬、猫、豚鼠。一般兔、猫的注入空气量为 20～40 mL，犬为 80～150 mL。

(3)过量麻醉处死　使用过量巴比妥钠(100 mg/kg)，静脉或腹腔注射。

(4)二氧化碳吸入法　放入动物前，先将二氧化碳灌入密闭的透明塑料箱中 20～30 s。关闭二氧化碳，放入动物。再将二氧化碳气体通入箱中，封住塑料箱口，1～5 min(兔子需要较长时间)，确定动物不动、不呼吸、瞳孔放大，停止通入二氧化碳。观察 2 min，以确定动物死亡。

(5)放血处死法　此法适用于各种实验动物。具体做法是将麻醉后的实验动物股动脉、颈动脉、腹主动脉剪断，或剪破、刺穿实验动物的心脏放血，导致急性大出血、休克、死亡。

(6)断头处死法　此法适用于鼠类等较小的实验动物。动物断头前，实验人员应对其进行麻醉。操作时，用左手按住实验动物的背部，拇指夹住实验动物右腋窝，食指和中指夹住左前肢，右手用剪刀在鼠颈部垂直将鼠头剪断，使实验动物因脑脊髓断离且大量出血死亡。使用专用断头器可以缩短动物的死亡时间，减少其痛苦。

第二节　实验动物尸体和废弃物的无害化处理

实验动物饲养、繁殖及动物实验过程中会产生许多废弃物，主要包括实验动物尸体、污水和污物等，这些都必须按照国家有关的规定进行妥善处理，以达到不污染环境的目的，即为废弃物的无害化处理。

一、组织管理

废弃物的无害化处理工作往往是各单位从事动物实验工作的薄弱环节。因此，在各单位实验动物管理委员会的指导下，所属的实验动物中心(或室)应对废弃物的无害化实行专人领导和专人负责制，并制定相应的规章制度强化实验动物的废弃物无害化处理的管理。

二、实验动物尸体的无害化处理

实验结束后或淘汰的实验动物经过安乐死，其尸体装入专用尸体袋中密封存放于冰柜，由持有许可证的商业化医疗垃圾处置机构定期进行处理。如实验过程中或实验动物生产、繁殖、饲养过程中怀疑实验动物是因其他疾病死亡，应及时查明原因，动物尸体经消毒处理后装入尸体袋中冷冻，等待医疗垃圾处置机构定期处理。如果动物尸体含有放射性物质，参照本节放射性废弃物处理方法进行处理。

三、污水的无害化处理

实验动物中污水来自动物的尿粪液、笼器具洗刷、废弃的消毒液、实验中废弃的试剂等，并且使用量大，因此动物实验应有相对独立的污水初级处理设备，尤其是新建或改建实验动物设施，在建设过程中应将污水处理设备和设施建议纳入计划。负责污水监测管理人员应具有一定污水处理知识。

实验室排出的污水应首先集中在贮水池中进行消毒。消毒方法使用最多的是化学处理，一是向污水中通以氯气(1 000～2 000 mg/L，作用 2～6 h)，或是通以臭氧(100～750 mg/L，作用 30～90 min)。臭氧通过氧化作用，除可杀菌外还可使其他污物物质无害化，故使用日益增多。除化学处理外，实验室污水还可用加热法处理。一般认为，加热法较化学法更为可靠。污水消毒可加热至 200℉(93℃)作用 30 min，如有炭疽杆菌芽孢存在时需加热至 260℉(127℃)作用 10 min，然后才能排入公用下水管道。

如果是做动物感染实验所产生的污水，必须先彻底灭菌后方可排入污水储水池进行消毒。

对于实验过程中产生的废弃试剂,应该按照有关规定对其分类。对于安全的废弃试剂,如氯化钠、氯化钾溶液等,可以直接排入下水系统;对于含有有毒、有害物质的废弃试剂,可分类回收,妥善放置,由有关部门或机构定期回收,集中处理;对于含有微生物的培养液和试剂,可以集中高温高压(120℃,30 min)灭活后排放。

四、污物的无害化处理

(一)实行专人管理和处理

在实验动物中心或实验室领导下,要设置专职人员管理和处理污物,不要任意更换。

(二)分类收集

①污物应分类收集,实验动物废垫料与实验废弃物要分开,不得混放。

②收集的实验动物污物不得直接向垃圾道内倾倒,污物要用污物处理容器盛装,然后汇总于专用污物袋中进行一次性封闭处理。

③有机垃圾盛装器应密封有盖,防渗漏、防蝇、防鼠并便于搬运及消毒。

(三)无害化处理

①一次性口罩、帽子等使用后应装入专用垃圾袋回收焚烧处理。

②一次性使用的注射器、手术刀片等尖利物使用后直接投入坚固的专用利器盒中,装满后封闭,由持有许可证的商业化医疗垃圾处置机构定期进行处理,绝不可自行处理和随意扔掉。

③用过的废垫料要装入垃圾袋中或专用的垫料容器内,注意防蝇、防渗漏,并及时焚烧处理。

④放射性废弃物应该盛放于具有专门标志的容器中,其处置过程应有放射性安全专家密切协作,遵守地方相关法规。进行放射性实验所产生的废弃物,如果属于短半衰期且放射性较低的物品,放置6～10个半衰期后可以焚化处理;其他放射性废弃物应进行中、长期安全包装后送放射性废物处理站处理。

参考文献

[1] 方喜业.医学实验动物学.北京:人民卫生出版社,1995.

[2] 郝光荣.实验动物学.上海:第二军医大学出版社,1999.

[3] 何诚.实验动物学.北京:中国农业大学出版社,2006.

[4] 贺争鸣,李冠民. 动物实验替代方法概论. 北京:学苑出版社,2003.

[5] 金国砥. 制冷与空调技术. 北京: 电子工业出版社, 1994.

[6] 李华,史晓萍,张景云,等. 新编实验动物学.沈阳:辽宁民族出版社,2006.

[7] 李凤奎,王纯耀. 实验动物学. 郑州:郑州大学出版社,2001.

[8] 李海山,梁崇礼,张红祥. 实验动物环境学. 昆明: 云南科技出版社, 2002.

[9] 李厚达.实验动物学.2版.北京:中国农业出版社,2002.

[10] 刘福英,吕占军.实验动物学.北京:中国农业科学技术出版社,1997.

[11] 刘伟成, 李明云.斑马鱼及其人工繁殖.水利渔业,2006,26(1):31.

[12] 潘光炎.实验动物医学.兰州:甘肃科学技术出版社,1990.

[13] 全军医学实验动物管理办公室.全军实验动物从业人员上岗培训教材(试行),2005.

[14] 任晓明. 实验动物技术. 北京: 北京农业大学出版社, 1994.

[15] (日本)山内忠平. 实验动物的环境与管理. 沈德余译. 上海: 上海科学普及出版社, 1989.

[16] 邵义祥.医学实验动物学教程.南京:东南大学出版社,2003.

[17] 施新猷.医用实验动物学.西安:陕西科学技术出版社,1989.

[18] 施新猷.现代医学实验动物学.北京:人民军医出版社,2000.

[19] 石岩. 医学动物实验实用手册. 北京:中国农业出版社,2002.

[20] 孙靖.实验动物学基础.北京:北京科学技术出版社,2005.

[21] 孙清.实验动物基础学.上海:第二军医大学出版社,1999.

[22] 孙敬方. 动物实验方法学. 北京:人民卫生出版社, 2001.

[23] 孙以方. 医学实验动物学.兰州:兰州大学出版社,2005.

[24] 王钜,陈振文. 现代医学实验动物学概论. 北京:中国协和医科大学出版社,2004.

[25] 王海桥,李锐. 空气洁净技术. 北京: 机械工业出版社, 2006.

[26] 王建飞,陈筱侠,译.实验动物饲养管理和使用手册.上海:上海科学技术出版社,1998.

[27] 王禄增,王捷,于海英. 动物暨实验动物福利法规学进展.沈阳:辽宁民族出版社,2004.

[28] 魏泓.实验动物医学.成都:四川科学技术出版社,1998.

[29] 魏泓.医学实验动物学.成都:四川科学技术出版社,2001.

[30] 吴端生,张健. 现代实验动物学技术. 北京:化学工业出版社,2007.

[31] 杨萍. 简明实验动物学. 上海:复旦大学出版社,2003.

[32] 张鹏, 渡边邦夫.非人灵长类饲养与管理过程中的福利保障.动物学研究,2007,28(4):448-456.

[33] 张立志. 除湿技术. 北京：化学工业出版社，2005.
[34] 郑爱平. 空气调节工程. 北京：科学出版社，2002.
[35] 邹移海，徐志伟，苏钢强. 实验动物学. 北京：科学出版社，2004.
[36] GB 14924.1 实验动物 配合饲料通用质量标准. 北京：中国标准出版社，2001.
[37] IATA. IATA Live Animal Regulations. 22nd edition. Montreal, Quebec: International Air Transport Association, 1995.

内 容 简 介

《中级实验动物专业技术人员考试参考教材》共6章，分别为绪论、实验动物质量控制、实验动物环境控制、实验动物营养与饲料、常用实验动物、实验动物安死术和废弃物的无害化处理。本书内容安排充分考虑到中级实验动物专业人员应较全面地掌握实验动物科学专业知识，在通过培训考核后应能独立开展实验动物专业相关工作，具备管理一个中型实验动物设施或小型饲养场的能力和水平。

图书在版编目(CIP)数据

中级实验动物专业技术人员考试参考教材/郑振辉等主编. —北京：中国农业大学出版社，2011.10

ISBN 978-7-5655-0387-0

Ⅰ.①中… Ⅱ.①郑… Ⅲ.①实验动物-专业技术人员-资格考试-教材 Ⅳ.①Q95-33

中国版本图书馆 CIP 数据核字(2011)第 177646 号

书　　名　中级实验动物专业技术人员考试参考教材
作　　者　郑振辉　李根平　陈振文　孙德明　主编

策划编辑　孙　勇　宋俊果　　**责任编辑**　张苏明
封面设计　郑　川　　**责任校对**　王晓凤　陈　莹
出版发行　中国农业大学出版社
社　　址　北京市海淀区圆明园西路2号　　**邮政编码**　100193
电　　话　发行部 010-62818525,8625　　读者服务部 010-62732336
编辑部 010-62732617,2618　　出　版　部 010-62733440
网　　址　http://www.cau.edu.cn/caup　　**e-mail** cbsszs @ cau.edu.cn
经　　销　新华书店
印　　刷　北京市庆全新光印刷有限公司
版　　次　2011年10月第1版　　2015年4月第2次印刷
规　　格　787×1 092　　16开本　　10.5印张　　255千字
定　　价　40.00元